高等职业教育计算机系列教材

自动化测试实战教程

（基于 Python 语言）

（微课版）

彭 玲 于海平 主 编

张 慧 孙 萍 汪 念 副主编

电子工业出版社
Publishing House of Electronics Industry
北京·BEIJING

内 容 简 介

本书是一本面向软件测试工程师和自动化测试初学者的实用教材。本书以 Python 语言为基础，全面介绍了自动化测试的基础知识、测试流程、测试工具，以及测试用例的设计和自动化测试脚本的编写。本书不仅涵盖了自动化测试环境的搭建、Python 编程基础，还深入探讨了 Selenium、unittest、pytest 和 Appium 等自动化测试工具和框架的应用。

通过详细的理论讲解和丰富的实战案例，本书旨在帮助读者掌握自动化测试的核心技能，提高测试效率和质量。本书采用 Selenium 4.0 版本，强调了 Page Object 设计模式的应用，以及在 App 自动化测试中 Appium 和 uiautomator 2 的使用方法，使读者能够快速适应当前自动化测试的发展趋势。

本书结构清晰，内容由浅入深，适合作为高职院校软件技术及计算机相关专业培养软件测试技能型人才的教材，也适用于软件测试工程师和自动化测试爱好者自学。通过学习本书，读者将能够独立设计和执行自动化测试，有效提高软件测试的实战能力。

未经许可，不得以任何方式复制或抄袭本书之部分或全部内容。
版权所有，侵权必究。

图书在版编目（CIP）数据

自动化测试实战教程 ：基于 Python 语言 ：微课版 /
彭玲，于海平主编. -- 北京 ：电子工业出版社，2025.
5. -- ISBN 978-7-121-50144-9

Ⅰ．TP311.561

中国国家版本馆 CIP 数据核字第 20258ZN100 号

责任编辑：徐建军
印　　刷：三河市鑫金马印装有限公司
装　　订：三河市鑫金马印装有限公司
出版发行：电子工业出版社
　　　　　北京市海淀区万寿路 173 信箱　　邮编：100036
开　　本：787×1092　1/16　印张：15.25　字数：401 千字
版　　次：2025 年 5 月第 1 版
印　　次：2025 年 5 月第 1 次印刷
印　　数：1200 册　　定价：53.00 元

凡所购买电子工业出版社图书有缺损问题，请向购买书店调换。若书店售缺，请与本社发行部联系，联系及邮购电话：（010）88254888，88258888。

质量投诉请发邮件至 zlts@phei.com.cn，盗版侵权举报请发邮件至 dbqq@phei.com.cn。
本书咨询联系方式：（010）88254570，xujj@phei.com.cn。

前言

当前,软件测试行业正面临着前所未有的发展机遇和挑战。一方面,随着互联网、大数据、人工智能等技术的广泛应用,软件系统的复杂性日益增加,对软件测试的效率和质量提出了更高的要求。另一方面,传统的手动测试方法已经难以满足快速迭代、持续交付的软件开发模式,自动化测试成为提高测试效率和质量的重要手段。然而,自动化测试人才的培养相对滞后,现有的教材和课程体系往往偏重理论知识的讲解,缺乏与实际项目相结合的案例和实训内容。为弥补这一不足,我们结合多年的教学和实践经验编写了本书。

本书共分为3篇,系统地介绍了自动化测试基础知识、Web自动化测试和App自动化测试。第1篇自动化测试基础知识详细介绍了自动化测试概述、Web自动化测试环境的搭建和Python编程基础,为读者打下坚实的理论基础。第2篇Web自动化测试详细介绍了Selenium基础方法、常见控件操作、Selenium高级应用、unittest单元测试框架、pytest单元测试框架和Page Object设计模式,通过实战案例帮助读者掌握Web自动化测试的技能。第3篇App自动化测试详细介绍了Appium和uiautomator 2,并且通过自动化项目实战讲解如何进行Web自动化测试和App自动化测试。

在本书的编写过程中,我们始终坚持立德树人的根本任务,将爱国情怀、民族自信、社会责任、法制意识、职业态度和职业素养等元素融入其中,以期达到课程思政的教育目标。通过对本书的学习,读者不仅能掌握自动化测试的专业知识和技能,也能在思想上得到升华,成为具有社会责任感和职业素养的优秀软件测试工程师。

本书由武汉软件工程职业学院的彭玲、于海平担任主编,由张慧、孙萍、汪念担任副主编。其中,孙萍负责编写第1、2章,于海平负责编写第3章,彭玲负责编写第4、5、6、12章,张慧负责编写第7、8、9章,汪念负责编写第10、11章。彭玲负责全书的框架设计、统稿和内容审核工作,彭玲和张慧负责教材配套的微课、二维动画等电子资源的制作。

为了方便教师教学,本书配有电子教学课件,请有需要的教师登录华信教育资源网,注册后免费下载,如有问题可在网站留言板中留言或发送邮件至hxedu@phei.com.cn,或与作者联系(pengling_2024@163.com)。

由于编者水平有限,书中难免有不妥和疏漏之处,敬请同行专家和广大读者批评指正。

编　者

目 录

第 1 篇 自动化测试基础知识

第 1 章 自动化测试概述 ... 2
1.1 自动化测试简介 ... 3
- 1.1.1 自动化测试的背景 ... 3
- 1.1.2 自动化测试的定义 ... 3
- 1.1.3 自动化测试的分类 ... 3
- 1.1.4 自动化测试的工作原理 ... 4
- 1.1.5 自动化测试的适用范围 ... 4
- 1.1.6 自动化测试的趋势与发展 ... 4

1.2 自动化测试的优势与挑战 ... 5
- 1.2.1 自动化测试的优势 ... 5
- 1.2.2 自动化测试的挑战 ... 5

1.3 测试策略与生命周期 ... 6
- 1.3.1 测试策略 ... 6
- 1.3.2 软件测试生命周期 ... 7

1.4 自动化测试工具的选择与比较 ... 7
- 1.4.1 Selenium 简介 ... 8
- 1.4.2 Appium 简介 ... 9
- 1.4.3 TestComplete 简介 ... 10

第 2 章 Web 自动化测试环境的搭建 ... 12
- 2.1 安装 Python ... 13
- 2.2 安装 PyCharm ... 14
- 2.3 安装 Selenium ... 17
- 2.4 安装浏览器驱动 ... 18
- 2.5 编写 Selenium 自动化测试脚本 ... 21

第 3 章 Python 编程基础 ... 23
3.1 基础语法 ... 24
- 3.1.1 打印 ... 25
- 3.1.2 编码规范 ... 25
- 3.1.3 引号与注释 ... 26

  3.1.4 缩进 27
3.2 变量与数据类型 28
  3.2.1 整型、浮点型、字符串型 29
  3.2.2 列表 31
  3.2.3 变量作用域与命名规则 32
3.3 控制结构 34
  3.3.1 条件语句 35
  3.3.2 循环结构 36
  3.3.3 break、continue 与 pass 语句 37
3.4 函数 39
  3.4.1 函数的定义与调用 41
  3.4.2 参数传递机制 42
  3.4.3 返回值与递归函数 43
3.5 面向对象编程 44
  3.5.1 类与对象 45
  3.5.2 构造方法与析构方法 46
  3.5.3 属性与方法 47
  3.5.4 继承与多态 49
3.6 异常处理与调试技术 51
  3.6.1 异常类型与捕获异常 53
  3.6.2 抛出异常与自定义异常 53
3.7 文件操作 54
  3.7.1 打开与关闭文件 55
  3.7.2 读取文件的基本操作 56
  3.7.3 文件路径管理 56
3.8 推导式 58
  3.8.1 列表推导式 59
  3.8.2 字典推导式 59
  3.8.3 集合推导式 60
3.9 常用模块与第三方库 60
  3.9.1 导入模块 60
  3.9.2 创建模块与包 60
  3.9.3 sys 模块与模块搜索路径 61
  3.9.4 常用的第三方库 61

第 2 篇 Web 自动化测试

第 4 章 Selenium 基础方法 64

4.1 WebDriver 简介 65
  4.1.1 WebDriver 的特点 65
  4.1.2 WebDriver API 常用方法概览 65

4.2 浏览器操作 66
4.2.1 打开、关闭浏览器 66
4.2.2 网页的前进和后退 67
4.2.3 刷新浏览器页面 68
4.2.4 浏览器窗口的最大化、最小化和全屏 68
4.2.5 获取、设置浏览器窗口的大小 69
4.2.6 获取、设置浏览器窗口的位置 69
4.2.7 浏览器操作方法和属性总结 70
4.3 Selenium 元素定位 71
4.3.1 页面元素定位方法概览 72
4.3.2 使用 ID 定位元素 74
4.3.3 使用 name 定位元素 75
4.3.4 使用 class name 定位元素 75
4.3.5 使用 tag name 定位元素 76
4.3.6 使用 link_text 定位元素 76
4.3.7 使用 partial_link_text 定位元素 76
4.3.8 使用 XPath 定位元素 76
4.3.9 使用 CSS 选择器定位元素 77
4.3.10 使用 find_element()方法定位单个元素 79
4.3.11 使用 find_elements()方法定位一组元素 80
4.3.12 Selenium 的相对定位器 80
4.4 鼠标操作 81
4.4.1 内置鼠标操作包 81
4.4.2 鼠标悬停操作 82
4.4.3 鼠标拖曳操作 82
4.4.4 其他鼠标操作 83
4.5 键盘操作 84
4.5.1 模拟键盘进行文字输入 84
4.5.2 键盘常用组合键操作 85
4.6 对象操作 85
4.6.1 单击对象 85
4.6.2 输入内容 86
4.6.3 清空内容 86
4.6.4 提交表单 86
4.6.5 获取文本内容 86
4.6.6 获取对象属性值 87
4.6.7 对象显示状态 87
4.6.8 对象编辑状态 87
4.6.9 对象选择状态 87
4.7 获取页面及其元素的相关信息 87
4.7.1 获取页面的标题、文本和属性 87

	4.7.2 获取当前页面的 URL	88
	4.7.3 获取页面的源代码	88
	4.7.4 判断元素是否可见	88
	4.7.5 判断元素是否可用	88
	4.7.6 判断元素的选中状态	89

第 5 章 常见控件操作 … 90

5.1	复选框	91
5.2	下拉框	91
5.3	警告框	92
5.4	非 JavaScript 弹窗	93
5.5	表格	93
5.6	日期时间控件	94
5.7	文件下载	95
5.8	文件上传	96
5.9	多窗口切换操作	97
5.10	多表单切换操作	98

第 6 章 Selenium 高级应用 … 100

6.1	复杂控件操作	101
	6.1.1 滑动滑块操作概述	101
	6.1.2 操作 Ajax 选项	102
	6.1.3 操作富文本编辑器	102
6.2	WebDriver 的特殊操作	103
	6.2.1 定位 class 属性包含空格的元素	103
	6.2.2 attribute、property 与 text 的区别	104
	6.2.3 定位具有动态 ID 的元素	104
	6.2.4 截图功能	105
6.3	浏览器定制启动参数	106
6.4	影响元素加载的外部因素	107
6.5	设置元素等待	108
	6.5.1 显式等待	108
	6.5.2 隐式等待	109
6.6	JavaScript 的应用	109

第 7 章 unittest 单元测试框架 … 112

7.1	unittest 的基本结构	113
	7.1.1 unittest 简介	113
	7.1.2 setUp()方法和 tearDown()方法	114
	7.1.3 跳过测试和条件执行	116

7.2 执行测试用例的方法 117
7.2.1 运行命令行工具 118
7.2.2 在 PyCharm 中执行自动化测试脚本 119
7.2.3 分组测试 122
7.3 unittest 中测试用例的执行顺序 126
7.4 编写测试断言 126
7.5 自动生成 HTML 测试报告 129
7.6 数据驱动测试 132
7.6.1 数据驱动测试的概念 132
7.6.2 数据驱动测试支持的数据类型 132

第 8 章 pytest 单元测试框架 139
8.1 pytest 的基本结构 140
8.1.1 pytest 简介 140
8.1.2 setup()方法与 teardown()方法 142
8.2 pytest 的基本使用 145
8.2.1 pytest 中的 fixture 机制 145
8.2.2 pytest 断言 149
8.2.3 pytest 的运行方式 151
8.2.4 pytest 中测试用例的执行顺序 159
8.3 pytest 参数化 159
8.3.1 数据驱动之 parametrize 159
8.3.2 数据驱动之 fixture 164
8.4 pytest 测试报告 168

第 9 章 Page Object 设计模式 172
9.1 认识 Page Object 设计模式 173
9.2 实现 Page Object 设计模式 173
9.2.1 使用 Page Object 设计模式的简单案例 173
9.2.2 优化 Page Object 框架结构 176

第 3 篇 App 自动化测试

第 10 章 Appium 186
10.1 Appium 简介 187
10.1.1 Appium 的工作原理 188
10.1.2 Appium 环境搭建 190
10.2 Desired Capabilities 解析 195
10.3 控件定位 197
10.3.1 使用 ID 定位控件 197

10.3.2 使用 class name 定位控件 197
10.3.3 使用 XPath 定位控件 198
10.3.4 使用 Accessibility ID 定位控件 198
10.3.5 使用 Android uiautomator 定位 199
10.3.6 使用 uiautomatorviewer、inspect 定位 199
10.4 Appium 的常用 API 200
10.4.1 上下文操作 200
10.4.2 键盘操作 201
10.4.3 触摸操作 202
10.4.4 移动端特有的操作 204
10.4.5 其他常用操作 205
10.5 常用的 adb 命令 206
10.6 Appium Desktop 的操作方法 209
10.6.1 测试准备工作 209
10.6.2 控件定位 209
10.6.3 脚本执行和调试 211

第 11 章 uiautomator 2 213

11.1 uiautomator 2 环境搭建 214
11.1.1 什么是 uiautomator 2 214
11.1.2 uiautomator 2 的环境搭建 214
11.2 常见的定位方式 217
11.3 常见 API 的使用方法 219
11.4 编译运行方式 221

第 12 章 自动化测试项目实战 223

12.1 Web 自动化测试实战项目 223
12.1.1 测试项目需求分析 223
12.1.2 测试环境准备 225
12.1.3 设计测试用例 225
12.1.4 自动化测试脚本设计 226
12.2 App 自动化测试实战项目 230
12.2.1 测试项目需求分析 230
12.2.2 测试环境准备 231
12.2.3 自动化测试脚本设计 231

第1篇

自动化测试基础知识

第 1 章

自动化测试概述

♻ 学习目标

1. 知识目标
（1）理解自动化测试的基本概念、工作原理及其在软件开发过程中的重要性。
（2）掌握自动化测试在质量保证体系中的定位和作用。
（3）了解自动化测试与其他测试方法（如手动测试、探索性测试）的异同。

2. 能力目标
（1）能够评估项目是否适合引入自动化测试，以及选择合适的自动化测试工具和框架。
（2）学习如何设计有效的自动化测试用例，确保覆盖关键测试场景。
（3）能够对自动化测试结果进行分析。

3. 素养目标
（1）培养对自动化测试技术的兴趣和持续学习的习惯，关注行业动态和技术发展。
（2）提升团队合作和沟通能力，在团队中推广和实施自动化测试策略。
（3）培养批判性思维，能够评估自动化测试的适用性和局限性。

♻ 任务情境

小明是某互联网公司的测试工程师，随着公司产品线的不断扩展和功能的快速迭代，测试团队面临着巨大的测试压力。为了提高测试效率，确保产品质量，公司决定引入自动化测试。小明被选为自动化测试项目的负责人，他需要：

（1）了解现状：调研当前测试团队的测试流程、测试方法和工具使用情况，识别测试过程中的瓶颈和痛点。

（2）制定策略：根据调研结果，制定自动化测试策略，明确自动化测试的目标、范围、工具和资源分配。

（3）搭建环境：选择合适的自动化测试工具（如 Selenium、Appium 等）和框架，搭建自动化测试环境。

（4）实施测试：组织测试团队学习和使用自动化测试工具，设计并编写自动化测试用例，执行测试并收集测试结果。

（5）持续优化：根据测试结果和反馈，不断优化自动化测试脚本和测试策略，提高自动化测试的效率和覆盖率。

为此，小明决定踏上自动化测试的学习之旅，希望通过系统的学习和实践，掌握自动化测试的核心技能，为未来的软件测试工作打下坚实的基础。接下来，我们将与小明一起，深入了解自动化测试的相关知识，共同探索自动化测试的奥秘。

1.1 自动化测试简介

【预备知识】

在学习本节内容之前，应该了解以下内容。

（1）软件测试基础：了解软件测试的基本概念和流程，包括单元测试、集成测试、系统测试等。

（2）编程语言：掌握至少一种编程语言（如 Python、Java），能够编写基本的代码和脚本。

（3）软件开发流程：了解软件开发的基本流程，以及敏捷开发和持续集成的概念。

1.1.1 自动化测试的背景

随着软件开发周期的缩短和应用程序复杂度的提高，传统的手动测试已经难以满足快速交付高质量软件的需求。手动测试不仅效率低，而且在面对大量重复性测试任务时，容易出现疏漏和错误。为了应对这些挑战，自动化测试逐渐成为测试领域的重要手段。

1.1.2 自动化测试的定义

自动化测试是指使用软件工具或脚本自动执行测试用例、比较实际结果与预期结果，并且生成测试报告的过程。自动化测试的核心优势在于其能够模拟用户的行为，高效地执行测试用例，并且自动收集测试结果，而无须人工的持续干预。这一特性使测试团队能够更快速地执行测试，覆盖更广泛的测试场景，从而极大地提升测试的广度和深度。同时，自动化测试还能在软件开发过程中及时发现并定位缺陷，进而降低修复成本，显著提高软件的整体质量。

然而，要成功实施自动化测试并非易事。测试团队需要精心选择适合的测试工具，编写并维护复杂的自动化测试脚本，还要配置和管理测试环境。这些任务无一不要求测试团队具备深厚的专业技能和丰富的实践经验，以确保自动化测试的有效性和可靠性。

值得注意的是，尽管自动化测试具有很多优势，但它并非万能钥匙。在某些特定的测试场景下，如用户界面测试或探索性测试，手动测试仍然发挥着不可替代的作用。因此，在实际应用中，测试团队需要根据项目的具体需求和测试目标，结合自动化测试和手动测试，以制定最高效和全面的测试策略。

自动化测试作为现代软件开发过程中不可或缺的一部分，对于提高测试效率、缩短发布周期、确保软件质量具有重要意义。然而，要充分发挥其潜力，测试团队必须不断提升自身的专业技能和实践经验，并且合理选择和使用测试工具。

1.1.3 自动化测试的分类

根据测试目标和应用场景的不同，自动化测试可以分为以下几类。

（1）单元测试：针对代码的最小功能单元进行测试，确保每个单元功

自动化测试的基础概念

能的正确性。

（2）集成测试：测试多个单元模块之间的接口和交互，确保单元模块之间能够正确协同工作。

（3）功能测试：验证软件的功能是否符合需求规格说明书的要求，通常通过模拟用户操作来进行。

（4）回归测试：在软件修改或升级后，重新执行测试用例，确保新版本中没有引入新的缺陷或破坏原有的功能。

（5）性能测试：评估系统在高负载条件下的性能表现，通常包括压力测试、负载测试和容量测试等。

1.1.4 自动化测试的工作原理

自动化测试的核心是将测试步骤、输入数据和预期结果转化为代码脚本或测试工具的配置项。在执行测试时，这些脚本或工具会自动执行一系列的操作，并且将实际的执行结果与预期结果进行对比。

一般来说，自动化测试的工作流程如下。

（1）需求分析：根据需求文档确定哪些测试可以自动化执行。

（2）测试用例设计：设计测试用例，包括输入数据、预期结果和执行步骤。

（3）脚本编写：使用测试工具或编程语言编写自动化测试脚本。

（4）测试环境配置：搭建和配置与生产环境相似的测试环境，确保测试结果的可靠性。

（5）执行测试：在测试环境中执行自动化测试脚本，记录测试结果。

（6）生成报告：分析测试结果并生成测试报告，用于反馈给开发团队。

1.1.5 自动化测试的适用范围

尽管自动化测试具有很多优势，但并非所有测试场景都适合自动化测试。一般来说，以下场景适合自动化测试。

（1）重复性测试：需要频繁执行的测试任务，如回归测试、构建验证等。

（2）数据密集型测试：需要使用大量数据集进行测试的场景，如数据导入/导出测试。

（3）性能测试：需要模拟大量用户请求或高负载条件的场景。

对于那些涉及复杂用户交互或需要视觉判断的测试场景，如用户界面测试和体验测试，通常仍然需要依赖手动测试。

1.1.6 自动化测试的趋势与发展

随着技术的不断发展，自动化测试也在不断演进。例如，人工智能和机器学习技术正在逐步融入自动化测试，应用智能测试工具能够更加有效地识别测试用例、优化测试覆盖率并预测可能的缺陷。此外，随着DevOps和持续交付的普及，自动化测试已经成为软件交付流水线中不可或缺的一部分，推动了软件开发的现代化转型。

通过对本节的学习，读者可以理解自动化测试的背景、定义、分类、工作原理和适用范围，并且对当前自动化测试的趋势和发展有初步的认识，为学习后续章节打下坚实的基础。

1.2 自动化测试的优势与挑战

【预备知识】

在学习本节内容之前，应该了解以下内容。

（1）软件测试生命周期：包括需求分析、测试计划、测试设计、测试执行和测试报告等阶段。

（2）自动化测试框架：了解常见的自动化测试框架，如 Selenium、JUnit、TestNG 等。

（3）编程基础：具备基本的编程能力，能够理解自动化测试脚本的逻辑和结构。

1.2.1 自动化测试的优势

自动化测试的优势如下。

1．提高测试效率

自动化测试可以快速执行大量的测试用例，特别是在需要频繁执行的回归测试场景中，自动化测试能够在极短的时间内完成手动测试需要数小时甚至数天才能完成的任务，从而大幅提高测试效率，缩短测试周期，加速软件发布流程。

2．增强测试一致性

手动测试由于人为因素，容易导致测试结果的差异。而自动化测试通过预先编写的自动化测试脚本执行测试，确保每次测试都能按照相同的步骤进行，避免了人为操作的不一致性，从而提高了测试结果的一致性和可靠性。

3．提高测试覆盖率

通过自动化测试，测试团队可以轻松覆盖更多的测试场景和用例，特别是对于那些业务流程复杂或大量数据驱动的测试。自动化测试的脚本可以重复使用，确保每次测试都能覆盖所有必要的功能点，从而提高测试覆盖率，减少疏漏。

4．支持持续集成和持续交付

在持续集成（Continuous Integration，CI）和持续交付（Continuous Delivery，CD）环境中，自动化测试是不可或缺的一部分。通过将自动化测试集成到持续集成/持续交付流水线中，开发团队可以在每次提交代码时自动执行测试，及时发现问题，确保每次代码变更不会破坏系统的稳定性。

5．降低长远成本

尽管自动化测试的初始投入较高，包括脚本编写、工具配置和环境搭建等，但随着自动化测试脚本的积累和复用，从长远来看，自动化测试可以显著降低维护成本。自动化测试减少了手动测试的人力需求，也降低了人为失误导致的修复成本。

1.2.2 自动化测试的挑战

自动化测试的挑战如下。

1．初始投入大

自动化测试的初期成本通常较高，需要投入大量的时间和资源进行自动化测试脚本的编写和维护。此外，还需要购买或配置合适的自动化测试工具，并且确保测试环境的稳定性。这些初期投入可能会让一些项目难以快速见效。

2．脚本维护复杂

自动化测试脚本需要随软件的变化而不断更新和维护。如果软件需求变动频繁，维护自动化测试脚本的工作量可能会显著增加，甚至超过手动测试的工作量。这对测试团队的技术水平和经验提出了更高的要求。

3．技术门槛高

自动化测试通常需要测试人员具备编程能力并对工具有深入的理解，对测试团队的综合技能要求较高。对于缺乏技术背景的测试人员，自动化测试的学习曲线较为陡峭，可能会影响测试团队的整体效率。

4．适用场景有限

并非所有的测试场景都适合自动化测试。例如，涉及复杂用户交互、视觉判断或体验测试的场景，通常很难通过自动化测试脚本实现。此外，某些高度动态的 Web 页面或移动应用界面可能需要使用特定的工具和策略才能有效地进行自动化测试。

5．难以完全替代手动测试

尽管自动化测试在许多方面具备优势，但它难以完全替代手动测试。特别是在探索性测试、用户体验测试和非功能性测试（如安全测试）中，手动测试仍然具有不可替代的作用。因此，如何有效地结合自动化测试和手动测试，是制定测试策略的一大挑战。

1.3 测试策略与生命周期

【预备知识】

在学习本节内容之前，应该了解以下内容。

（1）软件测试基础：了解软件测试的基本原理，包括测试的目的、测试类型（如功能测试、性能测试、安全测试等）和测试的关键术语（如缺陷、回归测试等）。

（2）软件开发模型：了解不同的软件开发模型，如瀑布模型等，以及它们对测试策略的影响。

（3）测试金字塔：了解测试金字塔的概念，它是一种测试自动化的分层结构模型，通常包括单元测试、服务级别测试和用户界面测试。

测试策略与生命周期是软件测试的核心，合理的测试策略能够确保测试过程高效有序，而生命周期管理则帮助测试团队在不同阶段精准地执行测试。

1.3.1 测试策略

测试策略是指导软件测试活动的高层次计划，定义了测试工作的总体规划和方案，包括测试目标、测试范围、测试方法、测试工具、风险管理、测试进度与资源规划等多个方面。一个清晰、全面的测试策略可以有效地引导测试活动，优化资源配置，降低测试风险，提高测试效率和质量。测试策略的组成要素如下。

（1）测试目标：明确测试活动的目标，如发现并修复缺陷、验证功能是否符合需求、评估系统性能等。这些目标将决定测试的重点和方法。

（2）测试范围：定义测试的范围，包括哪些功能模块需要测试，哪些功能模块可以跳过。明确测试范围有助于集中资源和时间，确保关键功能模块得到充分测试。

（3）测试方法：选择合适的测试方法，如手动测试、自动化测试、探索性测试等。不同的测试方法适用于不同的测试场景，如回归测试适合自动化进行，而用户体验测试更适合手动进行。

（4）测试工具：确定使用的测试工具，包括测试管理工具、自动化测试框架、性能测试工具等。测试工具的选择应考虑测试团队的技术水平和项目的实际需求。

（5）风险管理：识别潜在的测试风险，如资源不足、时间限制、技术挑战等，并且制定相应的应对措施。有效的风险管理可以预防问题发生，或者在出现问题时快速采取行动。

（6）测试进度与资源规划：制定详细的测试进度安排，分配测试人员、时间和其他资源。测试进度规划应包括测试准备、执行、评审和报告的时间节点。

1.3.2　软件测试生命周期

软件测试生命周期（Software Testing Life Cycle，STLC）是从测试计划到测试结束的全过程，它贯穿软件开发的各个阶段。STLC 通常包括以下几个阶段。

（1）测试计划：制订详细的测试计划，包括测试目标、测试范围、测试方法、资源规划等。测试计划应明确每个阶段的任务和责任人。

（2）测试设计：设计测试用例和测试脚本，定义测试数据和测试环境。测试用例应覆盖所有功能需求和业务场景。

（3）测试执行：执行测试用例，记录测试结果，跟踪和报告缺陷。在测试执行过程中需要关注测试进度和测试质量。

（4）缺陷跟踪：对发现的缺陷进行记录、分类和优先级排序。与开发团队沟通，确保缺陷得到及时修复。

（5）测试评估：评估测试的效果和效率，包括测试覆盖率、缺陷发现率和测试成本等。根据评估结果进行测试过程的改进。

（6）测试结束：总结测试工作，包括测试结果报告、缺陷总结和经验教训。完成测试文档的归档，并且进行项目交付。

1.4　自动化测试工具的选择与比较

【预备知识】

在学习本节内容之前，应该了解以下内容。

（1）编程基础：了解如何编写和执行基本代码，尤其是使用 Python 语言的基本技能。

（2）软件测试基础：了解软件测试的基本概念，掌握常见的测试类型（如功能测试、回归测试、性能测试等）。

（3）自动化测试概述：理解自动化测试的基本原理及其在软件开发过程中的重要性。

自动化测试工具是进行自动化测试的关键支撑。当前市场上存在许多自动化测试工具且各具特色，因此选择合适的自动化测试工具对于提高测试效率和效果至关重要。本节将对几种主流的自动化测试工具进行介绍并进行比较，帮助读者在实际项目中做出合理选择。

1.4.1 Selenium 简介

Selenium 是一款开源的 Web 自动化测试工具，支持多种编程语言，能够在多种浏览器上运行，是 Web 自动化测试的事实标准。

Selenium 简介

1. Selenium 的版本

Selenium 主要有 4 个版本，分别是 Selenium 1.0、Selenium 2.0、Selenium 3.0 和 Selenium 4.0。

Selenium 1.0 版本也被称为 Selenium RC（Remote Control），是 Selenium 的最初版本，包括 Selenium IDE、Selenium RC 和 Selenium Grid，将 Selenium RC 的服务器作为代理服务器来访问应用，即可达到测试的目的。此版本适用于较早的 Web 自动化测试，但由于性能和维护问题，已逐渐被淘汰。

Selenium 2.0 版本在 Selenium 1.0 版本的基础上引入了 WebDriver，极大地改进了浏览器的自动化控制能力，逐渐成为新一代的核心组件，并且成为业界标准，可以满足多种自动化测试需求。

Selenium 3.0 版本是对 Selenium 2.0 版本的改进和扩展，强调稳定性和兼容性，增加了 Edge、Safari 的原生驱动。此版本适用于需要提高稳定性和兼容性的 Web 自动化测试。

Selenium 4.0 是最新的版本，包含了许多新功能和改进内容，适应现代 Web 应用开发和测试需求。全新的 W3C WebDriver 标准使浏览器与 WebDriver 之间的通信更加标准化、稳定化。增加了丰富的浏览器开发工具协议（DevTools）支持，可以实现如网络请求拦截、性能监控等高级功能。改进的浏览器自动化功能和用户友好的 API 简化了自动化测试脚本的编写和调试。引入 Selenium Grid 4，增强了分布式测试的能力，支持 Docker 容器和更高效的测试任务管理。适用于现代 Web 应用的自动化测试，在高并发和分布式测试环境中表现尤其优异。

2. Selenium 的架构

Selenium 的客户端（如 Python、Java、Ruby 等）负责编写和发送自动化测试脚本的指令，浏览器驱动（如 ChromeDriver）接收这些指令并翻译成浏览器可以理解的命令。浏览器根据命令执行相应的操作（如单击、输入等）并将结果返回给浏览器驱动，再传递给客户端，从而完成整个自动化测试过程。这种分工确保了自动化测试脚本与不同浏览器之间的兼容性和稳定性。Selenium 的架构如图 1-1 所示。

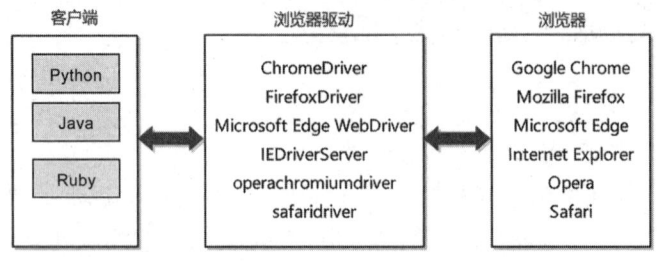

图 1-1 Selenium 的架构

3. Selenium 4.0 版本的核心组件

Selenium 4.0 版本的核心组件包括 WebDriver、Selenium IDE 和 Selenium Grid。WebDriver

使用浏览器提供的 API 来控制浏览器，就像用户在操作浏览器一样。Selenium IDE 是一个用于 Web 测试的集成开发环境，是 Chrome 和 Firefox 的扩展插件，可以记录和回放与浏览器的交互过程。Selenium Grid 用于 Selenium 的分布式，用户可以在多个浏览器和操作系统上执行测试用例，如图 1-2 所示。

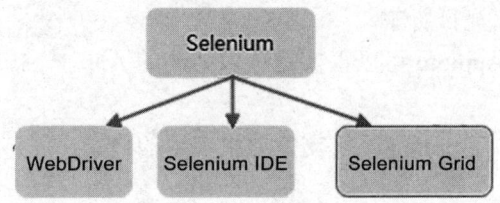

图 1-2　Selenium 的核心组件

4．Selenium 的核心功能

（1）跨浏览器支持：Selenium 能够在主流浏览器上执行自动化测试，如 Chrome、Firefox、Edge、Safari 等。

（2）多语言支持：支持使用多种编程语言编写自动化测试脚本，如 Java、Python、C#等，灵活性较高。

（3）浏览器操作模拟：Selenium 能够模拟用户在浏览器中的各种操作，如单击、输入、导航等。

（4）广泛的社区支持：作为开源工具，Selenium 拥有活跃的社区，资源丰富。

5．Selenium 的优点

（1）开源免费，适用于各种规模的项目。

（2）具有强大的跨平台和跨浏览器支持能力。

（3）能与多种工具和框架（如 TestNG、Jenkins）集成，提高了测试的扩展性。

6．Selenium 的缺点

（1）需要较高的编程技能，对初学者来说学习曲线较陡。

（2）使用 Selenium 处理动态网页元素需要处理动态加载和异步请求，以及元素定位、用户交互等，其过程往往相对复杂。

7．Selenium 的适用场景

（1）功能测试，验证 Web 应用的各项功能是否按预期运行。

（2）回归测试，在应用更新后快速验证现有功能的完整性。

（3）跨浏览器测试，确保应用在不同浏览器和操作系统上的兼容性。

1.4.2　Appium 简介

Appium 是一款开源的移动应用自动化测试工具，支持 Android 和 iOS 平台。基于 WebDriver，Appium 允许使用多种语言编写自动化测试脚本。

Appium 简介

Appium 是一个合成词，由 Application 的前三个字母和 Selenium 的后三个字母组成。Application 意为"应用"，一般将移动平台上的应用简称为 App。Selenium 是当前主流的 Web 自动化测试工具。Appium 意为移动端的 Selenium 自动化测试工具。

1．Appium 的核心功能

（1）跨平台支持：Appium 能在 Android 和 iOS 两大平台上执行自动化测试，无须为每个平台编写不同的自动化测试脚本。

（2）多语言支持：与 Selenium 类似，Appium 支持使用多种编程语言（如 Java、Python、JavaScript 等）编写自动化测试脚本。

（3）无须应用修改：Appium 可以直接测试未修改的 App，不需要重新编译或接入额外的测试框架。

（4）持多种应用类型：Appium 不仅支持原生应用的自动化测试，还支持混合应用和移动 Web 应用的自动化测试。

2．Appium 的优点

（1）开源免费，支持跨平台和多语言。

（2）API 与 Selenium 一致，便于 Web 测试工程师转向移动测试。

（3）社区活跃，文档与示例代码丰富。

3．Appium 的缺点

（1）环境配置较复杂，初始设置对新手不够友好。

（2）对某些平台特性（如 iOS 的一些 UI 控件）的支持有限。

（3）性能有时会受测试设备和连接方式的影响。

4．Appium 的适用场景

Appium 适用于移动应用（Android 和 iOS）的功能测试。

1.4.3　TestComplete 简介

TestComplete 是一款商业化的自动化测试工具，支持 Web 应用、移动应用和桌面应用的自动化测试。其功能丰富，包括记录回放、可视化脚本编辑和关键字驱动测试等。

1．TestComplete 的核心功能

（1）全面的测试支持：TestComplete 不仅支持 Web 应用和移动应用的自动化测试，还支持桌面应用的自动化测试。

（2）用户友好：提供易于使用的记录回放功能和可视化界面，降低了使用门槛。

（3）强大的集成能力：与 Jenkins、Git、Azure DevOps 等持续集成/持续交付工具无缝集成。

2．TestComplete 的优点

（1）支持多种应用类型的测试，功能强大且全面。

（2）用户界面友好，适合非开发者使用。

（3）具有强大的内置报告功能，可以帮助用户快速分析测试结果。

3．TestComplete 的缺点

（1）TestComplete 是商业工具，使用成本较高。

（2）与开源工具相比，扩展性和社区支持有限。

4．TestComplete 的适用场景

TestComplete 适用于需要多平台支持且预算充足的项目，特别适合团队协作和大规模

测试。

简单来说，Appium 更适合移动应用测试，支持多平台和设备。Selenium 是 Web 自动化测试的首选，提供强大的跨浏览器和多语言支持。TestComplete 提供了功能全面的解决方案，适用于 Web 应用、移动应用和桌面应用的综合测试，但需要购买商业许可证。选择哪种工具取决于具体的测试需求、预算和技术能力。

【综合实训】

在学习了本章的内容后，完成以下综合实训，巩固所学知识。

1．实训任务：对 3 种工具的测试结果进行比较，分析每种工具在测试流程中的优缺点。

2．实训报告：描述每种工具的使用体验；总结工具在不同测试场景中的适用性；对工具的性能、易用性、配置复杂度等方面进行对比分析。

【想一想】

1．自动化测试在什么情况下比手动测试更有效？思考自动化测试在重复性、稳定性和效率上的优势，特别是在大规模回归测试或复杂业务逻辑验证中的应用。

2．自动化测试面临的主要挑战是什么？从测试环境的搭建、脚本维护、数据准备等方面思考如何克服测试工具和技术的局限性。

3．在选择自动化测试工具时，应该考虑哪些关键因素？结合测试工具的技术支持、成本、兼容性、社区资源等，思考如何为项目选择最优的测试工具。

4．未来自动化测试的发展趋势是什么？思考智能化、低代码、持续集成/持续交付等新技术如何影响自动化测试的发展，并且如何为测试人员赋能。

第 2 章

Web 自动化测试环境的搭建

学习目标

1. 知识目标
（1）了解 Python 及其在自动化测试中的作用。
（2）掌握安装与配置 PyCharm 集成开发环境的方法。
（3）熟悉 Selenium 的基本概念及安装方法。
（4）了解不同浏览器驱动的作用及安装步骤。
（5）掌握编写基本 Selenium 自动化测试脚本的流程。

2. 能力目标
（1）能够独立完成 Python 及 PyCharm 的安装与配置。
（2）能够使用 pip 安装并配置 Selenium。
（3）能够下载并配置与浏览器适配的驱动程序。
（4）能够编写并调试基本的 Selenium 自动化测试脚本。
（5）能够在脚本中实现基础的用户操作模拟（如打开网页、单击按钮、输入文本等）。

3. 素养目标
（1）培养自主学习与解决问题的能力，通过实验和实践深化对工具与技术的理解。
（2）培养细致、耐心的工作态度，确保测试环境配置的每一步准确无误。
（3）培养团队合作精神，通过交流与合作完成复杂测试环境的搭建。

任务情境

在一个充满科技感的小公司里，实习生小明刚刚加入测试团队。小明从小就对计算机充满兴趣，但在面对新的工作环境和全新的工具时，他感到有些茫然。

一天，测试团队的项目经理告诉小明，他们的一个重要客户即将发布新版本的网站，而这个网站的关键功能必须通过自动化测试来确保没有问题。由于时间紧迫，经理决定将这项任务交给小明，作为他入职后的第一个任务。

"别担心，"经理笑着对小明说，"我相信你能行。首先，你需要搭建一个 Web 自动化测试环境。这包括安装 Python、配置 PyCharm、安装 Selenium，以及准备好浏览器驱动。然后，你还需要编写一个简单的 Selenium 脚本，模拟用户的基本操作。"

小明兴奋地接下了任务，但他明白，如果没有准备好工具，他的测试之旅就无法顺利开始。于是，小明决定从基础的环境搭建开始，一步一步学习如何完成自动化测试的所有准备工作。

在本章的学习中，我们将跟随小明的步伐，一步步掌握搭建自动化测试环境的关键知识和技能，为自动化测试实战打下坚实的基础。

2.1 安装 Python

Python 是当前最流行的编程语言之一，在自动化测试领域中具有极高的应用价值。PyCharm 是由 JetBrains 开发的一款 Python IDE，提供了强大的编辑、调试、代码分析功能，非常适合开发自动化测试脚本。在 Python 官网可以下载 Python 解释器，Python 解释器针对不同平台分为多个版本。下面演示如何在 Windows 64 位操作系统中安装 Python 解释器。

（1）访问 Python 官网，下载页面如图 2-1 所示。

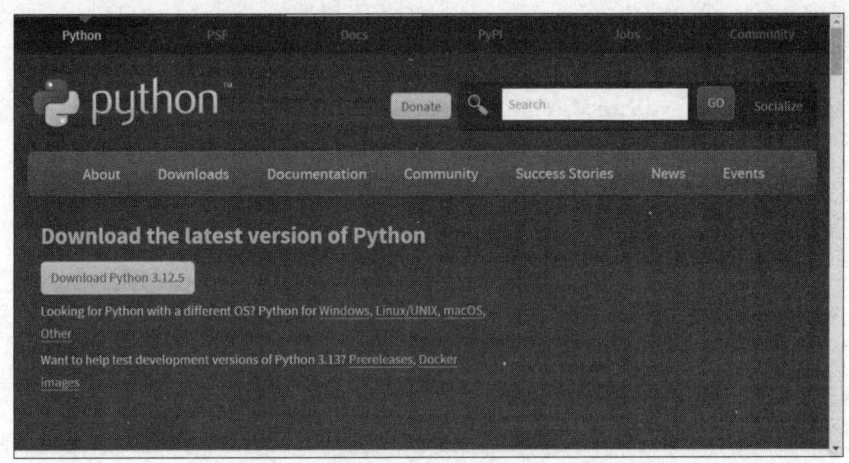

图 2-1　Python 下载页面

（2）单击图 2-1 中的"Windows"超链接，进入 Windows 版本软件下载页面，根据自己的 Windows 系统版本选择相应的软件包，如图 2-2 所示。Selenium 和 Python 版本众多，本书使用 Selenium 4.10.0 版本和 Python 3.7.6 版本。

Files					
Version	Operating System	Description	MD5 Sum	File Size	GPG
Gzipped source tarball	Source release		3ef90f064506dd85b4b4ab87a7a83d44	22.1 MB	SIG
XZ compressed source tarball	Source release		c08fbee72ad5c2c95b0f4e44bf6fd72c	16.4 MB	SIG
macOS 64-bit installer	macOS	for OS X 10.9 and later	57915a926caa15f03ddd638ce714dd3b	26.9 MB	SIG
macOS 64-bit/32-bit installer	macOS	for Mac OS X 10.6 and later	0dfc4cdd9404cf0f5274d063eca4ea71	33.4 MB	SIG
Windows help file	Windows		8b915434050b29f9124eb93e3e97605b	7.8 MB	SIG
Windows x86 embeddable zip file	Windows		accb8a137871ec632f581943c39cb566	6.4 MB	SIG
Windows x86 executable installer	Windows		9e73a1b27bb894f87fdce430ef88b3d5	24.6 MB	SIG
Windows x86 web-based installer	Windows		c7f474381b7a8b90b6f07116d4d725f0	1.3 MB	SIG
Windows x86-64 embeddable zip file	Windows	for AMD64/EM64T/x64	5f84f4f62a28d3003679dc693328f8fd	7.2 MB	SIG
Windows x86-64 executable installer	Windows	for AMD64/EM64T/x64	cc31a9a497a4ec8a5190edecc5cdd303	25.6 MB	SIG
Windows x86-64 web-based installer	Windows	for AMD64/EM64T/x64	f9c11893329743d77801a7f49612ed87	1.3 MB	SIG

图 2-2　选择相应的软件包

（3）下载完成后，双击安装包启动安装程序，如图 2-3 所示。

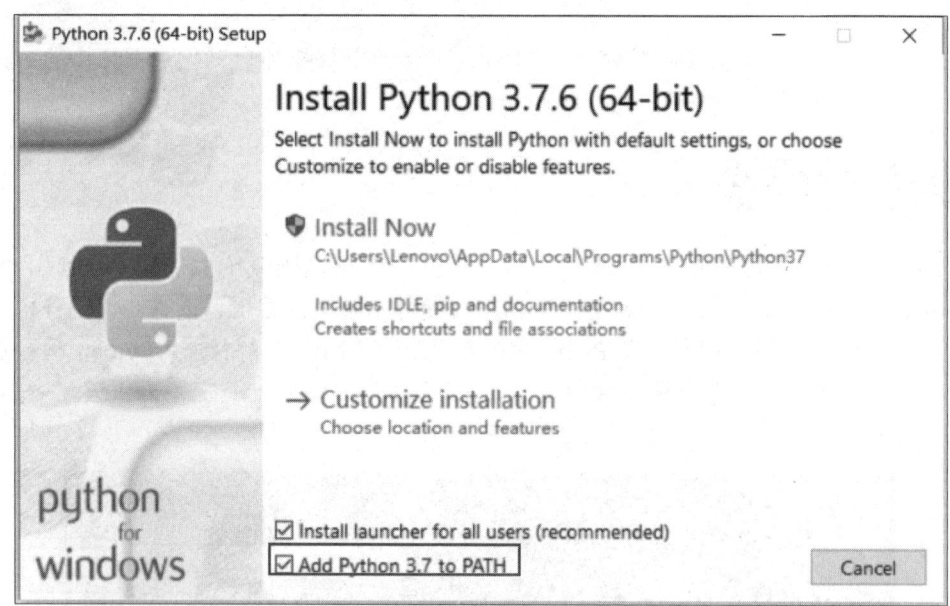

图 2-3　Python 安装程序启动界面

Python 有两种安装方式，其中，"Install Now"表示采用默认安装方式，"Customize installation"表示采用自定义安装方式。

注意：图 2-3 界面下方有一个"Add Python 3.7 to PATH"复选框，如果勾选此复选框，则安装完成后 Python 将被自动添加到环境变量中；如果不勾选此复选框，则在使用 Python 解释器之前需要手动将 Python 添加到环境变量中。

（4）勾选"Add Python 3.7 to PATH" 复选框，选择"Install Now"选项，开始安装 Python。安装成功后，可以打开控制台，在控制台中执行"python"命令，进入 Python 环境，验证 Python 是否成功安装并查看 Python 的版本号，如图 2-4 所示。

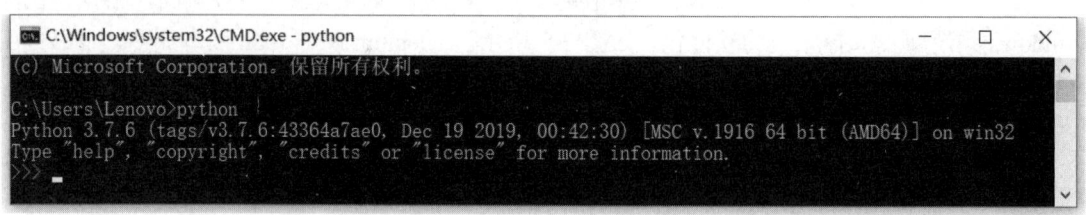

图 2-4　验证 Python 是否成功安装并查看 Python 的版本号

使用 quit、exit 命令或 Ctrl+Z 组合键可以退出 Python 环境，也可以直接关闭控制台退出 Python 环境。

2.2　安装 PyCharm

（1）访问 PyCharm 官网，下载页面如图 2-5 所示。图 2-5 中的"PyCharm Professional"和"PyCharm Community Edition"是 PyCharm 的两个版本，下载适合自己操作系统的版本即可。

Python+PyCharm 环境搭建

第 2 章　Web 自动化测试环境的搭建

图 2-5　PyCharm 下载页面

（2）双击安装包（pycharm-community-2019.2.4.exe），打开 PyCharm 安装向导，"Welcome to PyCharm Community Edition Setup"界面如图 2-6 所示。

（3）单击"Next"按钮，进入"Choose Install Location"界面，如图 2-7 所示。用户可以在此界面中设置 PyCharm 的安装路径，此处使用默认安装路径。

图 2-6　"Welcome to PyCharm Community Edition Setup"界面

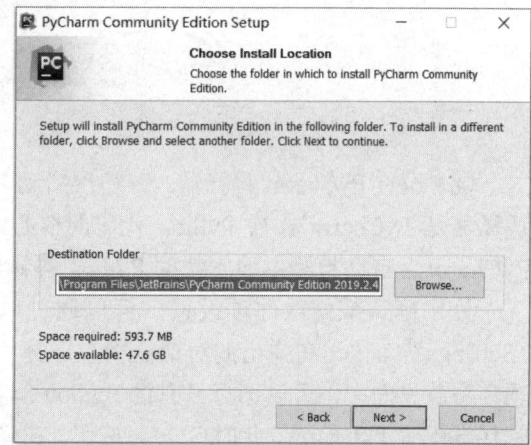

图 2-7　"Choose Install Location"界面

（4）单击"Next"按钮，进入"Installation Options"界面，如图 2-8 所示。用户可以在此

界面中配置 PyCharm，勾选此界面中的所有复选框。

（5）单击"Next"按钮，进入"Choose Start Menu Folder"界面，如图 2-9 所示。

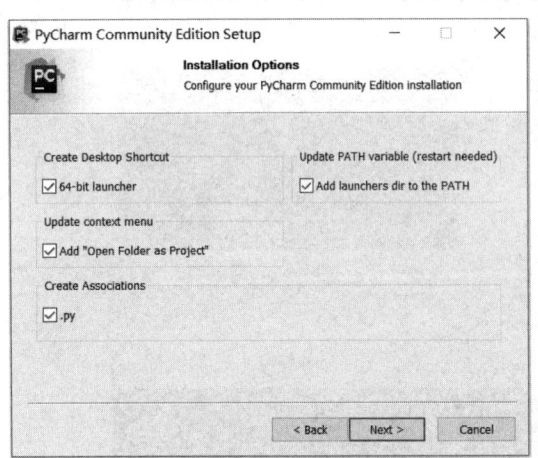 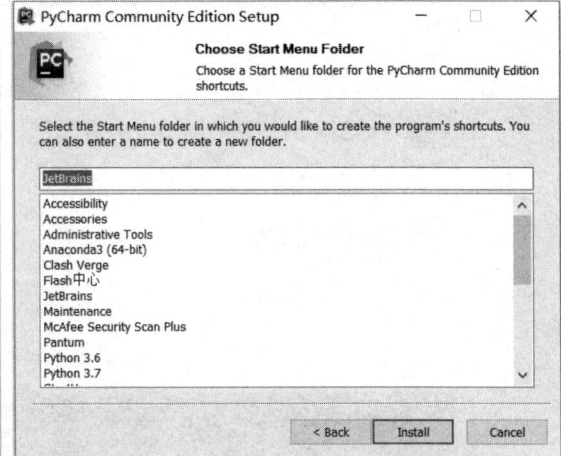

图 2-8　"Installation Options"界面　　　　图 2-9　"Choose Start Menu Folder"界面

（6）单击"Install"按钮，进入"Installing"界面，如图 2-10 所示。

（7）等待片刻后，PyCharm 安装完成，如图 2-11 所示。单击"Finish"按钮即可结束安装。

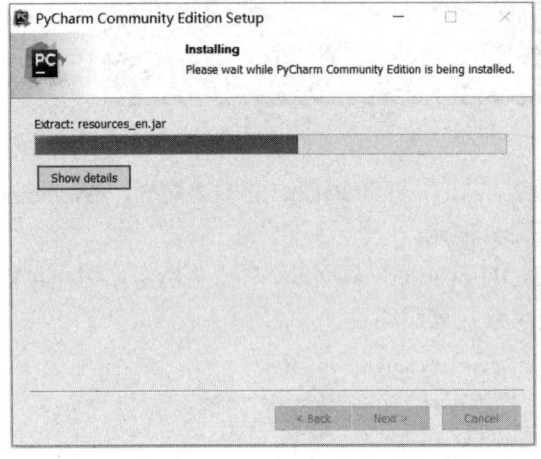 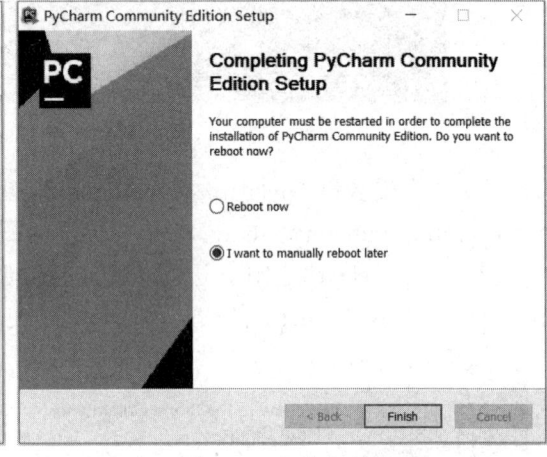

图 2-10　"Installing"界面　　　　　　　　图 2-11　安装完成界面

（8）配置 PyCharm 解释器。在初次启动 PyCharm 时，会提示选择 Python 解释器。Python 解释器是 PyCharm 执行 Python 代码的核心组件，因此要确保其正确配置。在通常情况下，PyCharm 会自动检测本地安装的 Python 解释器，并且将其设置为项目的默认解释器。

为了确认或修改此项设置，可以通过以下步骤完成：启动 PyCharm，选择"File"→"Settings"命令，在弹出的对话框中，选择"Project: [项目名称]"→"Project Interpreter"选项，在此界面中，可以选择已有的 Python 解释器，或者通过"Add Interpreter"选项添加新的解释器配置 PyCharm。此时单击 按钮，在弹出的下拉列表中选择"Add..."选项，弹出"Add Python Interpreter"对话框，选中"Existing environment"单选按钮，将"Interpreter"修改为前面已经安装的 Python 的路径，同时勾选"Make available to all projects"复选框，单击"OK"按钮，如图 2-12 所示。

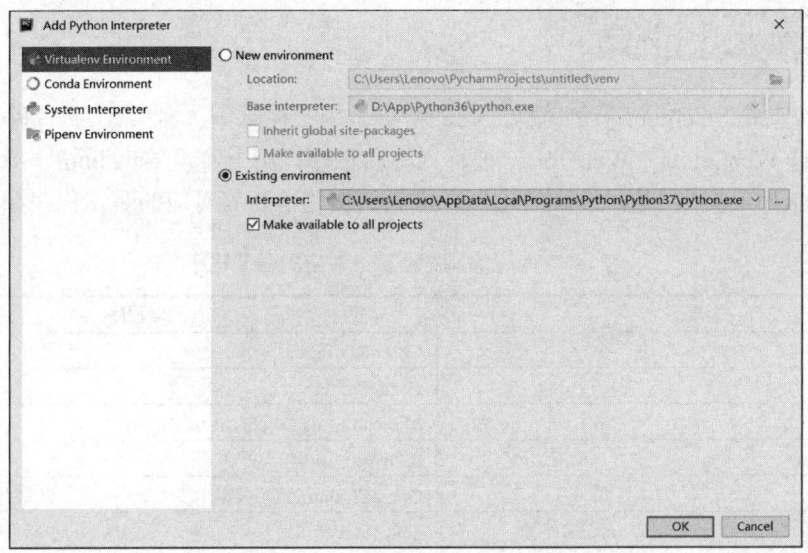

图 2-12　配置 PyCharm 解释器

2.3　安装 Selenium

Selenium 是一个开源的、便携式的自动化测试工具，它最初是为网站自动化测试而开发的。Selenium 支持与所有主流的浏览器（如 Chrome、Firefox、Edge、IE 等）配合使用，也支持与 PhantomJS、Headless Chrome 等一些无界面的浏览器配合使用。安装 Selenium 是进行 Web 自动化测试的关键步骤，Selenium 的安装方式非常简单，直接使用 pip 命令即可。具体的安装命令如下。

```
pip install selenium==4.10.0
```

如果安装过程提示 pip 版本太低，可以通过以下命令升级 pip。

```
python -m pip install --upgrade pip
```

上述命令执行完成之后，如果命令提示符窗口出现"Successfully installed"的提示信息，则说明 Selenium 安装成功。安装完成后，可以通过"pip show selenium"命令验证是否安装成功，此命令将显示 Selenium 的版本信息和安装路径，如图 2-13 所示。

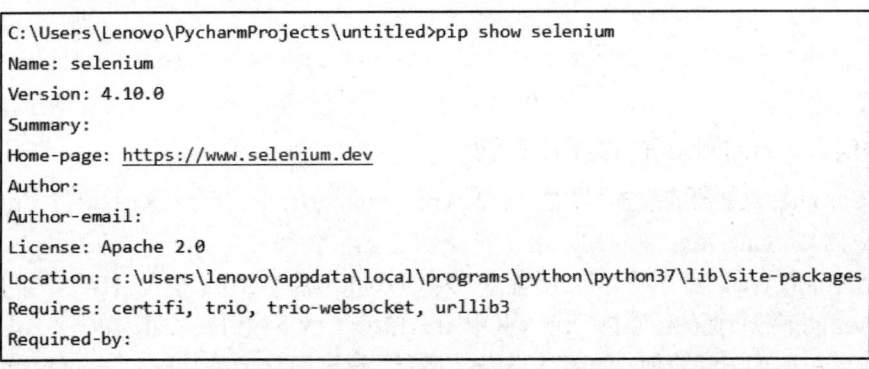

图 2-13　验证 Selenium 是否安装成功

2.4 安装浏览器驱动

浏览器驱动是 Selenium 与浏览器之间的桥梁，用于控制浏览器的行为。每种浏览器都对应一个特定的 WebDriver，WebDriver 被称为驱动程序，用于实现 Selenium 与浏览器之间的交互。不同的浏览器使用的驱动程序不同，常见的浏览器及其对应的驱动程序如表 2-1 所示。

表 2-1　常见的浏览器及其对应的驱动程序

浏览器	驱动程序
Chrome	ChromeDriver
Mozilla Firefox	GeckoDriver
Microsoft Edge	Microsoft Edge WebDriver
Internet Explorer	IEDriverServer
Opera	OperaChromiumDriver
Safari	SafariDriver

需要说明的是，不同版本的浏览器驱动程序支持的浏览器版本也不同。为了确保 ChromeDriver 与 Chrome 浏览器版本兼容，需要下载相应版本的 ChromeDriver。在下载浏览器驱动程序之前，需要先查看当前浏览器的版本号。下面以 Chrome 浏览器为例，演示如何安装 Chrome 浏览器的驱动程序。

1．查看 Chrome 浏览器的版本

打开 Chrome 浏览器，单击浏览器右上角的 ⋮ 按钮，在弹出的下拉列表中选择"帮助"→"关于 Google Chrome"选项，打开"关于 Chrome"页面，由图 2-14 可知，当前使用的 Chrome 浏览器的版本号为 128.0.6613.85。

图 2-14　"关于 Chrome"页面

2．访问 ChromeDriver 的官方下载页面

知道 Chrome 浏览器的版本号后，就可以在 ChromeDriver 官方网站下载与 Chrome 浏览器版本对应的 ChromeDriver。

在 ChromeDriver 官方网站上仅能下载 Chrome 浏览器版本为 114 以下的驱动，ChromeDriver 的下载页面如图 2-15 所示。其中图 2-15（a）为下载列表页面，单击"114.0.5735.90"超链接，进入相应的下载页面，如图 2-15（b）所示，该页面显示了 Linux、macOS 和 Windows 系统中 ChromeDriver 的下载链接。

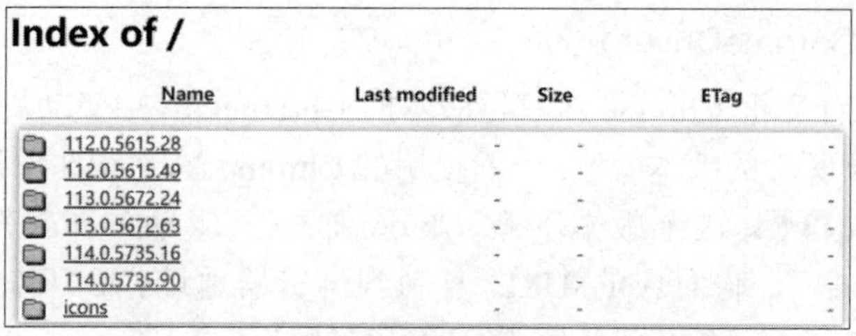

（a）下载列表页面

（b）114.0.5735.90 版本的下载页面

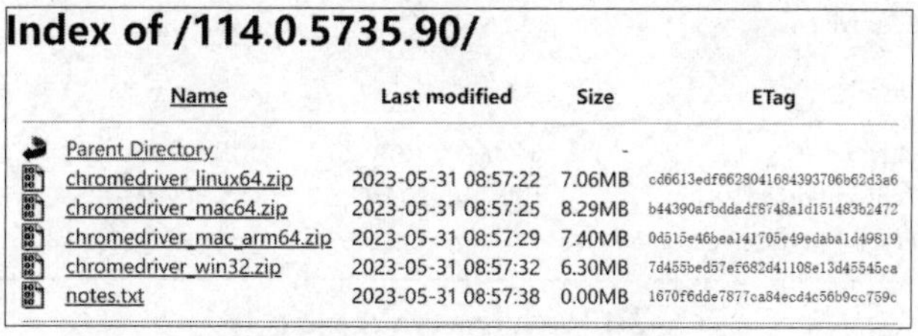

图 2-15　ChromeDriver 的下载页面

如果 Chrome 浏览器的版本超过 114，则可以在"Chrome for Testing availability"页面中下载测试版本，如图 2-16（a）所示。图 2-16（b）为 Stable 版本下提供的全部 ChromeDriver 驱动。

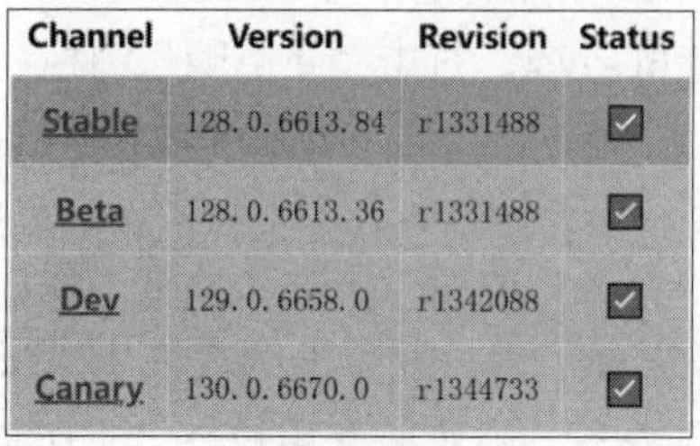

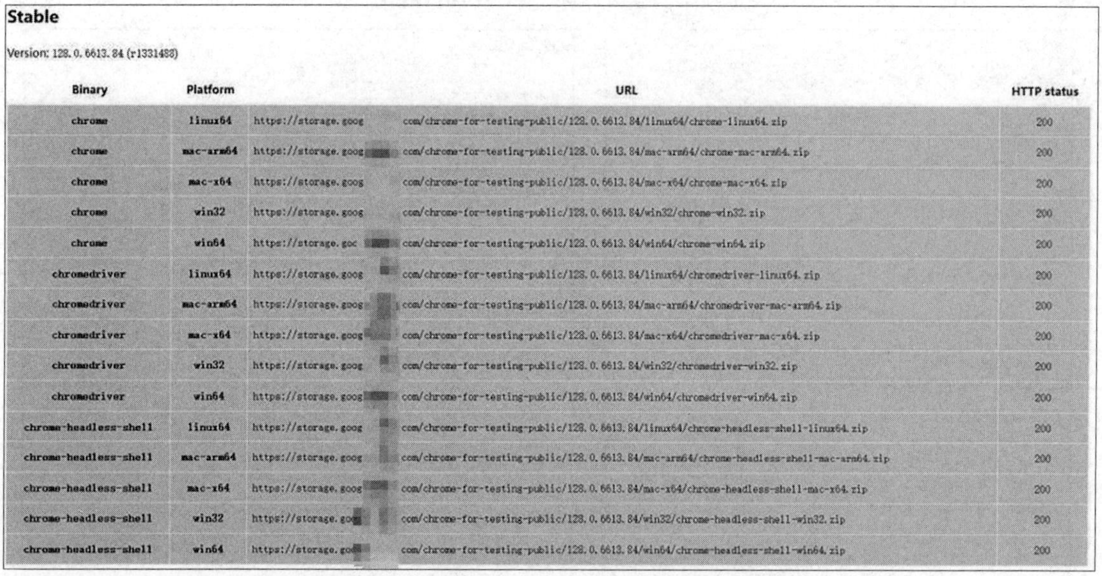

（a）全部下载列表页面

（b）Stable 版本下提供的全部 ChromeDriver 驱动

图 2-16　"Chrome for Testing availability"页面

3．下载合适的ChromeDriver驱动

选择最接近当前计算机Chrome浏览器版本的ChromeDriver驱动，尽量保证Chrome浏览器与ChromeDriver驱动的版本一致。当前使用的Chrome浏览器的版本号为128.0.6613.85，此时选择了128.0.6613.84这个版本下载ChromeDriver驱动，即在图2-16（b）中选择"chromedriver""win64"，将对应的URL复制到浏览器地址栏，下载ChromeDriver文件chromedriver-win64.zip。将压缩包进行解压缩即可得到chromedriver.exe程序，如图2-17所示。

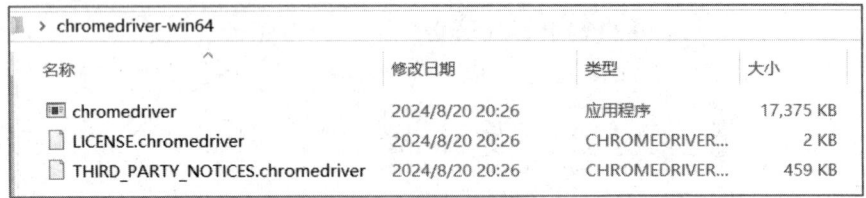

图2-17　chromedriver.exe程序

4．配置WebDriver

在程序中使用WebDriver时，可以通过以下3种方法实现对WebDriver的配置。

（1）显式指定WebDriver的执行目录：在代码中明确指出WebDriver的具体路径。

（2）将WebDriver添加到系统环境变量：将WebDriver的路径添加到系统的环境变量中，使系统能够自动识别和调用WebDriver。右击"此电脑"图标，在弹出的快捷菜单中选择"属性"命令。在打开的系统属性窗口中单击"高级系统设置"超链接，弹出"系统属性"对话框，如图2-18所示。在"高级"选项卡中单击"环境变量"按钮，弹出"环境变量"对话框。在"系统变量"列表框中选择"Path"选项，单击"编辑"按钮，弹出"编辑环境变量"对话框，如图2-19所示。注意：如果在"用户变量"列表框中添加路径，则仅对当前用户有效，而在"系统变量"列表框中添加路径，则对所有用户有效。在"编辑环境变量"对话框中单击"新建"按钮，输入WebDriver的完整路径，如"D:\chromedriver-win64\"，单击"确定"按钮。

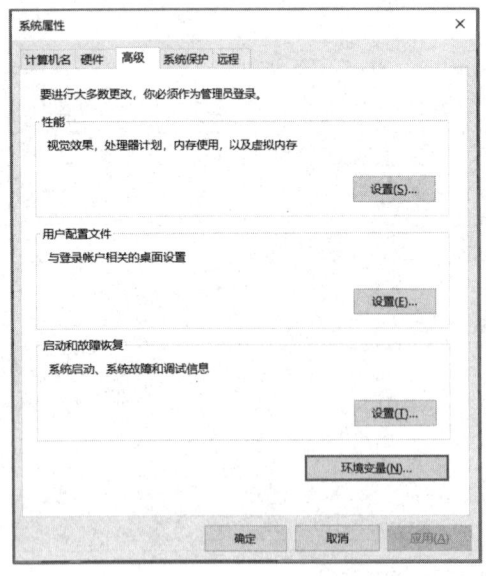 

图2-18　"系统属性"对话框　　　　图2-19　"编辑环境变量"对话框

(3)将驱动程序复制到 Python 安装目录：将 WebDriver 直接复制到 Python 的安装目录下，通常是 Scripts 目录，这样可以避免在每次运行程序时手动指定路径。针对 Chrome 浏览器，将驱动程序 chromedriver.exe 复制到 Python 安装目录的\Scripts 目录下，如图 2-20 所示。

此电脑 > 本地磁盘 (C:) > 用户 > Lenovo > AppData > Local > Programs > Python > Python37 > Scripts			
名称 ^	修改日期	类型	大小
chromedriver	2024/8/20 20:26	应用程序	17,375 KB
easy_install	2024/8/22 11:02	应用程序	101 KB
easy_install-3.7	2024/8/22 11:02	应用程序	101 KB
pip	2024/8/22 18:39	应用程序	106 KB
pip3.7	2024/8/22 18:39	应用程序	106 KB
pip3.10	2024/8/22 18:39	应用程序	106 KB
pip3	2024/8/22 18:39	应用程序	106 KB

图 2-20 将驱动程序 chromedriver.exe 复制到 Scripts 目录下

2.5 编写 Selenium 自动化测试脚本

本节使用第三种方法配置 WebDriver，即将驱动程序 chromedriver.exe 复制到 Python 安装目录下。在编写 Selenium 自动化测试脚本时，首先需要在 IDE 中创建一个新的测试项目，并且进行合理的配置，如确定自动化测试脚本的存放位置、资源文件的路径等。简单的 Selenium 自动化测试过程如下。

（1）导入 Selenium 中用于控制 Chrome 浏览器的模块。

```
from selenium import webdriver
```

（2）创建 Chrome 浏览器实例。

```
driver = webdriver.Chrome()
```

（3）访问指定 URL。

```
driver.get(url)
```

此时，浏览器界面会快速闪现。为了确保 ChromeDriver 能够正确加载，并且在需要时指定其路径，可以使用以下标准化的 Python 代码。

```
from selenium import webdriver        # 导入 Selenium 中控制 Chrome 浏览器的 WebDriver 模块
from time import sleep                # 导入 time 模块中的 sleep()方法，用于在脚本运行过程中添加延时
url = "https://www.bai**.com/"        # 定义要访问的百度网页地址
driver = webdriver.Chrome()           # 创建 Chrome 浏览器实例
driver.get(url)                       # 使用 Chrome 浏览器实例打开指定的网址
sleep(5)                              # 等待 5 秒，以确保网页有充足的时间进行加载
driver.quit()                         # 关闭 Chrome 浏览器并释放资源
```

代码解析如下。

（1）导入模块：首先，导入 WebDriver 模块，该模块提供了与 ChromeDriver 交互的功能。同时，导入 sleep()方法，用于在脚本执行过程中添加延时。

（2）创建 Chrome 浏览器实例：通过 webdriver.Chrome()方法创建 Chrome 浏览器实例，

之后可以使用 driver 对象对 Chrome 浏览器进行操作。

（3）访问网页：通过 driver.get(url)方法，Chrome 浏览器将会打开指定的网址。

（4）延时操作：使用 sleep(5)方法延时 5 秒，确保网页有充足的时间进行加载。

（5）关闭 Chrome 浏览器：最后，通过 driver.quit()方法关闭 Chrome 浏览器并释放占用的资源。

【练习与实训】

1. 安装 Python、PyCharm 和 Selenium。

2. 下载并配置 WebDriver：选择与 Chrome 浏览器版本相匹配的 WebDriver 并进行相应的配置。

3. 编写 Selenium 自动化测试脚本：编写一个简单的 Selenium 自动化测试脚本，打开百度首页，并且打印 driver.title。

4. 执行 Selenium 自动化测试脚本：在 IDE 中执行 Selenium 自动化测试脚本，观察 Chrome 浏览器是否自动打开，并且验证 driver.title 是否符合预期。

【想一想】

1. 在搭建 Web 自动化测试环境时，如何确保选择的 Selenium 版本与浏览器及 WebDriver 版本兼容？

2. 如果在执行 Selenium 自动化测试脚本时遇到 Chrome 浏览器无法启动或 Selenium 自动化测试脚本执行失败的情况，应该如何进行排查和解决故障？

3. 除了 Selenium，还有哪些 Web 自动化测试工具可以选择？它们各自的特点和优势是什么？

第 3 章

Python 编程基础

学习目标

1. 知识目标

（1）理解 Python 的基础语法。
（2）掌握 Python 中的基本数据类型，如整型、浮点型、字符串型，以及复合数据类型，如列表、元组、字典和集合。
（3）熟悉函数的定义、调用、参数传递及返回值的处理，理解递归函数的概念和实现方式。
（4）了解面向对象编程的基本概念，包括类和对象的定义、属性和方法的使用、继承和多态的实现。
（5）学习异常处理的机制，包括异常的捕获、抛出，以及自定义异常类。
（6）掌握文件操作的基本知识，包括文件的打开、读取、写入和关闭。
（7）理解 Python 中的推导式，包括列表、字典和集合推导式的使用。
（8）了解 Python 中模块和包的概念，以及如何使用和创建第三方库。

2. 能力目标

（1）能够独立编写 Python 程序，实现基本的数据处理和逻辑运算。
（2）能够使用 Python 进行文件读/写操作，处理文件数据。
（3）能够设计和实现函数，包括参数的传递和返回值的管理。
（4）能够创建和使用类，实现面向对象的程序设计。
（5）能够使用异常处理来增强程序的健壮性和错误处理能力。
（6）能够运用 Python 的高级特性，如推导式和第三方库，提高编程效率和代码质量。
（7）能够通过调试技术定位和解决代码中的错误。

3. 素养目标

（1）培养良好的编程习惯，包括遵守编码规范和使用恰当的注释。
（2）培养分析问题和解决问题的能力，能够独立思考并设计出合理的程序结构。
（3）培养持续学习和自我提升的意识，跟踪 Python 的新特性和最佳实践。
（4）培养团队合作精神，能够在团队项目中有效地沟通和协作。
（5）培养创新思维，在学习过程中探索新方法和新技术。
（6）培养耐心和细致的工作态度，能够在编写与调试代码时保持专注和准确。

任务情境

小明是一个编程界的新手探险家，他最近有一个神奇的想法：使用程序来驱动浏览器，就像拥有了一双"魔法眼睛"，能精准地找到并操作网页上的各种元素。他想："如果程序也能像超人一样拥有透视眼，看到并操控网页背后的秘密，那该多酷啊！"

带着这个想法，小明决定踏上 Python 编程的学习之旅。在启程前，他兴奋地给老师发了一条留言："老师，我听说 Python 能让程序拥有'魔法眼睛'，在看不见的情况下也能精准定位和操作网页元素。是真的吗？在学习之前，您能先给我透露一点小秘密吗？"

就这样，小明同学带着对"魔法眼睛"的无限憧憬，正式开启了 Python 编程的学习之旅，期待着自己也能成为那个能使用代码操控网页的"超人"。

3.1 基础语法

【预备知识】

在 Python 的编程森林里，我们即将搭建一个简单而有趣的小世界——一个关于"学生"的类。在这个小世界里，每个学生都有自己的名字、年龄和成绩，他们还能自豪地向世界展示自己的信息。

现在，让我们像探险家一样，一步步走进 Python 编程的奇妙世界。

```python
class Student:
    def __init__(self,name,age,grade):
        self.name = name
        self.age = age
        self.grade = grade

    def print_info(self):
        info = "学生小档案：姓名={},年龄={},成绩={}".format(self.name,self.age,self.grade)
        print(info)

student1 = Student("小明",10,95)

student1.print_info()
greeting= '''
欢迎来到 Python 编程的奇妙世界！
在这里，你将学会如何用代码创造无限可能。
'''
print(greeting)
```

执行结果如图 3-1 所示。

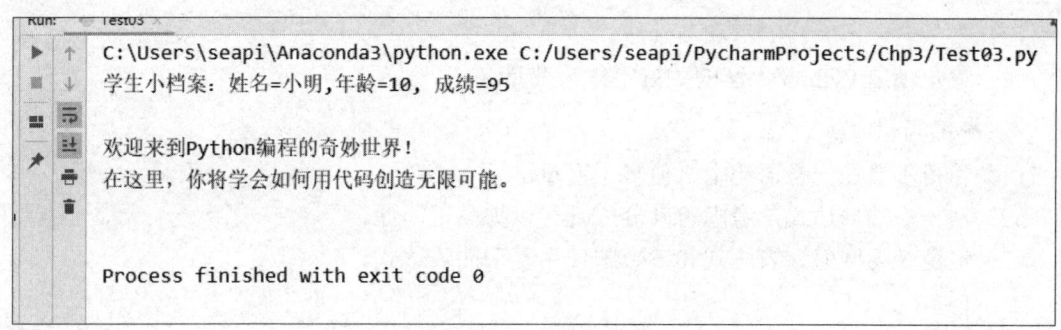

图 3-1 执行结果

3.1.1 打印

打印功能是编程的基础之一,它允许开发者将信息输出到控制台或其他输出设备。

在 Python 中,一般使用 print()函数打印数据,其语法结构如下。

```
print(*objects, sep=' ', end='\n', file=sys.stdout, flush=False)
```

语法含义:将 objects 打印到 file 指定的文本流,以 sep 分隔并在末尾加上 end。sep、end、file 和 flush 如果存在,则它们必须以关键字参数的形式给出。

语法说明如下。

(1) objects:print()函数的输出对象。print()函数可以一次输出多个对象。当输出多个对象时需要使用",""或"+"分隔。

(2) sep:用来间隔多个对象,默认值是一个空格。

(3) file:要写入的文件对象。

(4) flush:是否刷新缓冲区。

3.1.2 编码规范

Python 有一套被广泛接受和遵循的编码规范,这有助于提高代码的可读性和可维护性。其中,最著名的编码规范是 PEP 8(Python Enhancement Proposal 8),它提供了一系列关于如何格式化 Python 代码的建议。PEP 8 中的主要规范如下。

1. 代码布局

(1) 使用 4 个空格的缩进,不要使用制表符。

(2) 每行最大长度限制为 79 个字符。

(3) 在二元运算符前后及逗号后使用空格。

(4) 在冒号、逗号、分号前不要使用空格。

(5) 函数和方法定义的左括号前不应有空格。

(6) 顶层函数和类的定义之间空两行。

(7) 类的方法和定义之间空一行。

2. 命名规范

(1) 类名使用 CapWords(驼峰命名法)约定。

(2) 函数名、变量名和属性名使用小写字母和下画线。

（3）常量名使用大写字母和下画线。
（4）避免使用 Python 保留的关键字作为变量名。

3．表达式和语句

（1）尽量不要在一条语句中赋值多个变量。
（2）对于长的表达式，考虑将其分成几行以提高可读性。
（3）避免在返回值、表达式和参数中使用复杂的表达式。

4．注释

（1）与代码矛盾的注释比没有注释更差。先使代码尽可能清晰，再考虑是否添加注释。
（2）块注释通常适用于跟随它们的某些（或全部）代码，并且缩进到与代码相同的级别。块注释的每一行都应该以#（注意末尾的空格）开头。
（3）对于一行注释，应与其下面的代码有相同的缩进。

5．导入

（1）导入应该总是在文件的顶部，位于模块注释和文档字符串（docstring）之后，并且在全局变量和常量之前。
（2）导入应该按照以下顺序分组：标准库导入、第三方库导入、应用程序特定导入。每组内应该按照字母顺序排序。

上述是 PEP 8 中的一部分规范，完整的 PEP 8 规范更加详细和全面，具体见 Python 官网。

3.1.3 引号与注释

在 Python 中，引号主要用于定义字符串，而注释则用于在代码中添加说明或暂时禁用某些代码行。下面是关于 Python 中引号和注释的详细解释。

1．引号

Python 支持三种引号来定义字符串：单引号（'）、双引号（"）和三引号（''' 或 """）。这三种引号在功能上是等价的，但在某些情况下，使用不同的引号可以使代码更易读或更易于管理。

单引号和双引号都可以用来定义单行字符串，如以下代码片段。

```
s₁ = '这是一个单引号字符串'
s₂ = "这是一个双引号字符串"
```

在 Python 中，三引号用来定义多行字符串，通常也用作文档字符串。尽管三引号定义的内容是字符串，但在某些上下文中，它们也可以用作多行注释的替代方法，尽管这并不是官方推荐的多行注释方法。如以下代码片段。

```
# 使用三引号定义多行字符串
multi_line_text = '''
这是一个多行字符串的示例。
它可以包含换行符、制表符等。
例如：这是一个制表符\t 和一个换行符\n
'''
print(multi_line_text)
```

2. 注释

在 Python 中，注释是用来解释代码、为代码添加说明或暂时禁用某些代码行的。Python 解释器在运行时会忽略所有的注释，因此它们不会影响代码的执行。Python 中的注释有以下几种形式。

1）单行注释

单行注释以#符号开头，从#开始到行尾的所有内容都会被 Python 解释器忽略。

```
# 这是一个单行注释
x = 10  # 在这行代码中，我们给变量 x 赋值为 10
```

2）多行注释

Python 没有直接支持多行注释的语法。但是，可以使用三引号来定义一个多行字符串，如果这个字符串没有被赋值给任何变量，则它实际上起到了多行注释的作用。然而，这并不是官方推荐的多行注释方法，因为本质上它仍然是字符串，只是没有被使用。

官方推荐的多行注释方法是使用多个单行注释，每个注释行都以#开头。

3.1.4 缩进

缩进量：Python 官方推荐（PEP 8 风格指南）使用 4 个空格作为缩进量。虽然理论上也可以使用制表符（Tab）进行缩进，但为了避免不同编辑器对制表符宽度解析不一致导致的问题，通常推荐使用空格进行缩进。

一致性：在同一个代码块内，所有语句的缩进量必须保持一致。这意味着，如果一个代码块的第一条语句使用 4 个空格进行缩进，则同一代码块内的其他语句也必须使用 4 个空格进行缩进。

冒号使用：在 Python 中，冒号（:）用于标记一个新的逻辑层。例如，在 if 语句、for 循环、函数定义等后面都需要使用冒号，并且冒号后面的语句需要缩进到下一个逻辑层。

物理行与逻辑行：物理行是指代码编辑工具中显示的每一行，而逻辑行是指 Python 解释器对代码进行解释时认为的一个完整语句。有时候，一个物理行可能包含多个逻辑行（通过分号分隔），或者一个逻辑行可能跨越多个物理行（通过反斜杠续行）。但无论如何，我们都需要遵守逻辑行的缩进规则。

【练习与实训】

Ex3_1.py：

使用 print()函数打印以下信息，确保每个信息占一行，并且信息之间有空行分隔。

```
"Hello, Python!"

"Welcome to programming."

"Have fun!"
```

Ex3_2.py：

使用 print()函数打印以下信息，确保所有信息在同一行，并且使用"-"作为分隔符。

```
"Python"
```

```
"is"
"fun!"
```

Ex3_3.py：

打开（或创建）一个名为 greeting.txt 的文件，并且在其中写入以下内容。

```
"Greetings from Python!"
```

【想一想】

1．print()函数有哪些参数可以帮助我们更好地控制输出格式？
2．尝试使用 print()函数的不同参数来打印一个复杂的数据结构，如列表或字典。
3．注释在代码维护中扮演什么角色？
4．在什么情况下，过多的注释可能会成为问题？

3.2 变量与数据类型

【预备知识】

在这一节，我们将通过一个综合案例——构建一个学生信息管理系统，来引领你进入编程的世界，并且介绍其中涉及的核心概念和知识点。这个系统将会涵盖学生信息的存储、查询、添加和删除等功能，而实现这些功能则需要我们掌握一系列编程知识。

想象一下，你需要为学校开发一个学生信息管理系统，这个系统需要存储学生的姓名、年龄、班级等信息，并且支持查询、添加和删除学生信息。为了实现这样一个系统，你需要掌握以下知识，并且使用它们来构建系统的各个部分。

1．数据类型

整型（Integer）：用于存储学生的年龄等整数类型的数据。

浮点型（Float）：虽然在这个案例中可能不太常用，但了解它可以处理带有小数的数据，这也是有益的。

字符串（String）：用于存储学生的姓名、班级等文本类型的数据。

2．数据结构

列表（List）：可以存储多个学生的信息，每个学生的信息也可以是一个列表或字典。

字典（Dictionary）：用于存储单个学生的详细信息，如姓名、年龄和班级，其中键是属性名，值是属性值。这是构建学生信息管理系统的核心数据结构。

集合（Set）：虽然在这个案例中可能不直接使用，但了解它可以存储唯一元素的特点也是有帮助的，如存储所有不重复的班级名称。

3．变量与作用域

变量用于存储学生信息、系统状态等。

了解全局变量和局部变量的区别，以及如何在不同函数间传递和共享数据，对于管理学生信息和实现系统功能至关重要。

4. 命名规则

养成良好的命名习惯，如使用有意义的变量名、函数名等，以提高代码的可读性。这将有助于其他开发者更好地理解和维护代码。

现在，让我们开始构建这个学生信息管理系统。

数据存储：使用字典来存储学生信息，其中，每个学生的姓名作为键，一个包含年龄和班级的字典作为值。

查询功能：实现一个函数，它接收学生姓名作为参数，返回该学生的详细信息（如果存在）。

添加功能：实现一个函数，它接收学生姓名、年龄和班级作为参数，将该学生的详细信息添加到学生信息管理系统中（如果姓名不重复）。

删除功能：实现一个函数，它接收学生姓名作为参数，从学生信息管理系统中删除该学生的信息（如果存在）。

通过构建学生信息管理系统，学生能够掌握这些预备知识，为后续更复杂的编程任务打下坚实的基础。现在，开始动手实现这个系统吧！这将是一次充满挑战和收获的编程探索之旅。

3.2.1 整型、浮点型、字符串型

在 Python 中，整型、浮点型和字符串型是最基础也是最重要的数据类型。它们分别用于表示整数、小数和文本数据。

1. 整型

整型（int）用于表示没有小数部分的数字，可以是正数、负数或零。在 Python 中，整型直接使用普通的数字表示。

Demo1.py：

```python
# 定义整型变量
age = 30
temperature = -5

# 整型运算
sum = age + temperature  # 结果为25
difference = age - temperature  # 结果为35

print("Sum:", sum)
print("Difference:", difference)
```

在这个案例中，我们定义了两个整型变量 age 和 temperature，并且进行了加法和减法运算，最后打印了结果，如图 3-2 所示。

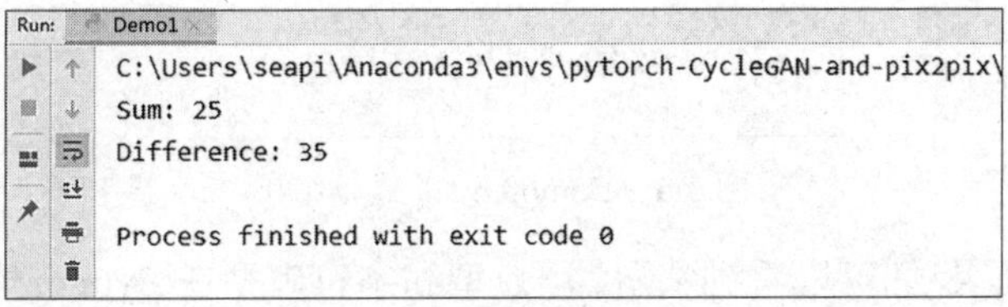

```
C:\Users\seapi\Anaconda3\envs\pytorch-CycleGAN-and-pix2pix\
Sum: 25
Difference: 35

Process finished with exit code 0
```

图 3-2 Demo1.py 的执行结果

2. 浮点型

浮点型（float）用于表示有小数部分的数字，同样可以是正数、负数或零。在 Python 中，浮点型数字通常包含一个小数点。

Demo2.py：

```
# 定义浮点型变量
price = 99.99
discount = 0.20
# 浮点型运算
final_price = price * (1 - discount)    # 结果为 79.992
print("Final Price:", final_price)
```

在这个案例中，我们定义了两个浮点型变量 price 和 discount，并且进行了乘法运算来计算打折后的价格，最后打印了结果，如图 3-3 所示。

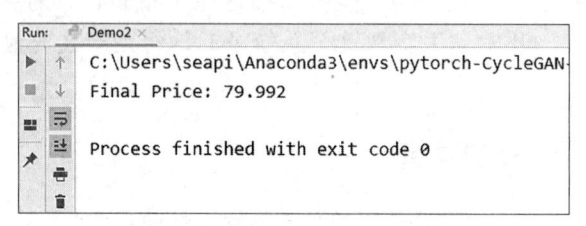

图 3-3 Demo2.py 的执行结果

3. 字符串型

字符串型（str）用于表示文本数据，可以包含字母、数字、空格和符号等。在 Python 中，字符串可以使用单引号或双引号来定义。

Demo3.py：

```
# 定义字符串变量
greeting = "Hello, world!"
name = 'Alice'

# 字符串拼接
message = greeting + " My name is " + name + "."

print(message)
```

在这个案例中，我们定义了两个字符串变量 greeting 和 name，并且使用加号进行了字符串拼接，最后打印了完整的消息，如图 3-4 所示。

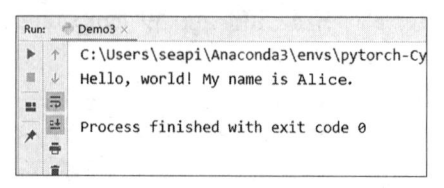

图 3-4 Demo3.py 的执行结果

通过这 3 个案例，我们可以看到整型、浮点型和字符串型在 Python 中的基本用法和运算。掌握这些基础知识点对于执行更复杂的编程任务至关重要。

3.2.2 列表

在 Python 中，列表是非常重要的数据结构，有着独特的特点和应用场景。

列表（List）是 Python 中最基本且功能强大的数据结构之一。它是一个有序的元素集合，可以包含各种类型的元素，如整数、浮点数、字符串，甚至其他列表。列表是可变的，这意味着我们可以在创建后随时添加、更改或删除其中的元素。

1）创建列表

创建列表非常简单，只需要将一系列元素使用方括号[]括起来，元素之间使用逗号分隔。

```
# 创建一个空列表
empty_list = []
# 创建一个包含一些整数的列表
numbers = [1, 2, 3, 4, 5]
# 创建一个包含不同类型元素的列表
mixed_list = [1, "apple", 3.14, [1, 2, 3]]
```

2）访问列表元素

我们可以通过索引来访问列表中的元素。索引是从 0 开始的整数，表示元素在列表中的位置。

```
# 访问列表中的第一个元素
first_element = numbers[0]    # 结果为1
# 访问列表中的最后一个元素
last_element = numbers[-1]    # 结果为5
```

3）修改列表元素

列表是可变的，所以我们可以修改其中的元素。

```
# 修改列表中的第一个元素
numbers[0] = 10
# 现在numbers列表是[10, 2, 3, 4, 5]
```

4）添加和删除元素

列表提供了多种方法来添加和删除元素。

```
# 在列表末尾添加一个元素
numbers.append(6)
# 在指定位置插入一个元素
numbers.insert(1, 1.5)
# 删除列表中的一个元素
numbers.remove(2)
# 删除并返回列表中的最后一个元素
last_number = numbers.pop()
# 现在numbers列表是[10, 1.5, 3, 4, 6]，last_number是6
```

5）列表切片

列表切片是一种获取列表子集的方法。

```
# 获取列表的前三个元素
first_three = numbers[:3]           # 结果是[10, 1.5, 3]
```

```
# 获取列表的第二个到最后一个元素
second_to_last = numbers[1:]      # 结果是[1.5, 3, 4, 6]
# 获取列表的第二个到第四个元素
middle_three = numbers[1:4]       # 结果是[1.5, 3, 4]
```

6）遍历列表

我们可以使用 for 循环来遍历列表中的元素。

```
# 遍历 numbers 列表并打印每个元素
for number in numbers:
    print(number)
```

7）列表推导式

列表推导式是 Python 提供的一种简洁的构建列表的方法。

```
# 使用列表推导式创建一个包含 0 到 9 每个数字平方的列表
squares = [x ** 2 for x in range(10)]
# 现在 squares 列表是[0, 1, 4, 9, 16, 25, 36, 49, 64, 81]
```

通过上面的案例，我们可以看到列表在 Python 中的广泛应用和强大的功能。掌握列表的使用对于进行高效的 Python 编程至关重要。

3.2.3 变量作用域与命名规则

在 Python 中，变量作用域与命名规则是编程基础的重要组成部分，它们对于代码的清晰性、可维护性和可读性至关重要。

1. 变量作用域

变量作用域定义了变量在程序中的可见性和生命周期。Python 中有 3 种基本的作用域：全局作用域、局部作用域和嵌套作用域。

（1）全局作用域：在程序的最外层定义的变量拥有全局作用域。这意味着这些变量可以在程序的任何地方被访问和修改，除非在局部作用域中定义了同名的变量。

（2）局部作用域：在函数内部定义的变量拥有局部作用域。这些变量只能在定义它们的函数内部被访问和修改。当函数执行完成后，这些变量就会被销毁。

（3）嵌套作用域：当一个函数内部定义了另一个函数时，内层函数可以访问外层函数定义的变量，这些变量拥有嵌套作用域。

Demo4.py：

```
# 全局变量
x = "global"

def outer_function():
    # 外层函数局部变量
    x = "outer local"
    def inner_function():
        # 内层函数可以访问外层函数的变量 x，但不能直接访问全局变量 x（除非使用 global 关键字）
        print("Inner function:", x)    # 输出"Inner function: outer local"
    inner_function()
```

```
        print("Outer function:", x)      # 输出 "Outer function: outer local"
print("Global:", x)                      # 输出 "Global: global"
outer_function()
# 再次访问全局变量 x
print("Global after function call:", x)  # 输出 "Global after function call: global"
```

Demo4.py 的执行结果如图 3-5 所示。

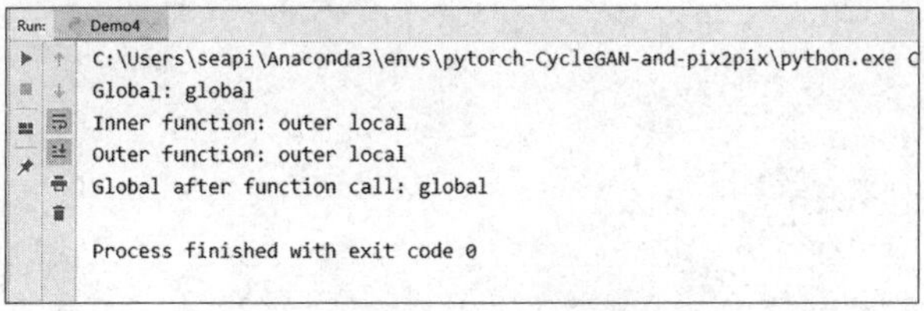

图 3-5 Demo4.py 的执行结果

2. 命名规则

Python 命名规则是 Python 语言中用于标识变量、函数、类等对象的名称的规则。这些规则旨在提高代码的可读性、可维护性和一致性。Python 命名规则的关键点如下。

（1）字符组成：名称只能包含字母（A～Z，a～z）、数字（0～9）和下画线（_）。

（2）首字符要求：名称必须以字母或下画线开头，不能以数字开头。

（3）区分大小写：Python 是大小写敏感的，如 myVariable 和 myvariable 被视为两个不同的变量。

（4）避免使用保留字：不要使用 Python 的保留字（如 if、else、while 等）作为名称，这会导致语法错误或其他意外行为。

下面是一个简单的 Python 实现，展示了如何构建一个基本的学生信息管理系统，包括存储、查询、添加和删除学生信息的功能。

Demo5.py：

```
class StudentInfoSystem:
    def __init__(self):
        self.students = {}

    def add_student(self, name, age, class_name):
        if name in self.students:
            print(f"学生 {name} 已存在。")
        else:
            self.students[name] = {'age': age, 'class': class_name}
            print(f"学生 {name} 已添加。")

    def remove_student(self, name):
        if name in self.students:
            del self.students[name]
            print(f"学生 {name} 已删除。")
        else:
            print(f"学生 {name} 不存在。")
```

```
    def query_student(self, name):
        if name in self.students:
            student_info = self.students[name]
            print(f"学生 {name} 的信息：年龄 {student_info['age']}，班级 {student_info['class']}。")
        else:
            print(f"学生 {name} 不存在。")

    def display_all_students(self):
        if self.students:
            print("所有学生信息：")
            for name, info in self.students.items():
                print(f"学生 {name}：年龄 {info['age']}，班级 {info['class']}。")
        else:
            print("当前没有学生信息。")

# 使用示例
sis = StudentInfoSystem()
sis.add_student('Alice',20,'1 班')
sis.add_student('Bob',22,'2 班')
sis.query_student('Alice')
sis.remove_student('Bob')
sis.add_student('Tom',19,'1 班')
sis.display_all_students()
```

Demo5.py 的执行结果如图 3-6 所示。

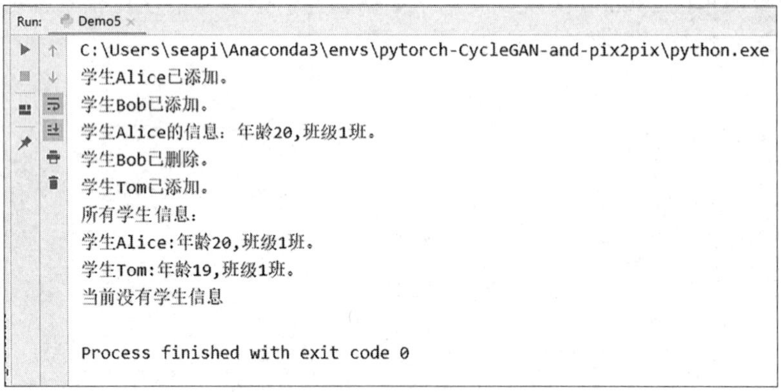

图 3-6　Demo5.py 的执行结果

3.3　控制结构

【预备知识】

在我们深入探索条件语句和循环结构之前，先来一场小小的"探险"，了解一些基础但至关重要的预备知识——布尔表达式和比较运算符。它们就像是编程世界里的"魔法石"，让代码能够做出聪明的决策。

（1）布尔表达式：简单来说，布尔表达式就是结果为真（True）或假（False）的表达式。它们就像日常生活中的"是"或"否"问题。

（2）比较运算符：比较运算符是用于比较两个值的特殊符号，确定这两个值的关系（相等、不相等、大于、小于等）。例如，"=="用于检查两个值是否相等，">"用于检查一个值是否大于另一个值。

现在，让我们通过一个有趣的综合案例，将这些预备知识与即将学习的条件语句和循环结构结合起来，一起踏上一场编程的"魔法之旅"！

想象一下，你正站在一个充满宝藏的古老迷宫前，你的任务是找到隐藏的宝藏。你拥有一张藏宝图，上面标记了每个房间是否有宝藏（使用 True 或 False 表示）。但是迷宫很大，你需要编写一个程序作为指引。

首先，我们使用一个列表来表示藏宝图，每个房间使用一个布尔值来表示是否有宝藏。

```
treasure_map = [False, True, False, False, True, False, False, True, False]
```

接下来，我们使用 for 循环来遍历每个房间，并且使用 if 语句来检查每个房间是否有宝藏。

```
for room in range(len(treasure_map)):
    if treasure_map[room]:
        print(f"房间 {room + 1} 有宝藏！")
    else:
        print(f"房间 {room + 1} 没有宝藏。")
```

在这个案例中，我们使用了 for 循环来遍历藏宝图上的每个房间，并且使用 if 语句来检查每个房间是否有宝藏。如果房间有宝藏（布尔值为 True），则程序会打印出相应的消息。

现在，你已经掌握了布尔表达式、比较运算符及条件语句和循环结构的基础知识。准备好迎接更多的编程挑战了吗？让我们一起继续探索编程的奇妙世界吧！

3.3.1 条件语句

条件语句是编程中非常基本且强大的控制结构，它允许程序根据条件的真假来执行不同的代码块。在 Python 中，条件语句主要由 if、elif（else if 的缩写）和 else 三部分组成。

（1）if 语句：这是最基本的条件语句。它检查一个条件，如果条件为真，则执行 if 语句块中的代码。

（2）elif 语句：它用于在多个条件之间进行选择。如果不满足前面的 if 或 elif 的条件，则会检查 elif 的条件。如果 elif 的条件为真，则执行该 elif 语句块中的代码。

（3）else 语句：它是一个可选的部分，用于处理前面所有 if 和 elif 的条件都不满足的情况。如果前面的所有条件都不为真，则执行 else 语句块中的代码。

现在，让我们通过一个简单的案例来更深入地了解这些条件语句是如何工作的。

```
# 定义一个变量 score，表示学生的分数
score = 85

# 使用 if-elif-else 结构来判断分数等级
if score >= 90:
    print("优秀")
elif score >= 80:
```

```
        print("良好")
elif score >= 60:
        print("及格")
else:
print("不及格")
```

在这个案例中，首先，我们定义了一个 score 变量来表示学生的分数。然后，我们使用 if-elif-else 结构来判断分数等级。如果 score 大于或等于 90，则程序会打印"优秀"。如果 score 小于 90 但大于或等于 80，则程序会打印"良好"。如果 score 小于 80 但大于或等于 60，则程序会打印"及格"。如果 score 小于 60，则程序会打印"不及格"。

通过这种方式，我们可以根据不同的条件来执行不同的代码块，从而实现更复杂的逻辑和行为。

3.3.2 循环结构

循环结构是编程中用于重复执行一段代码的控制结构，直到满足特定条件为止。在 Python 中，主要有两种循环结构：for 循环和 while 循环。

1. for 循环

for 循环用于遍历序列（如列表、元组、字符串）或其他可迭代对象中的元素。每次循环时都会先从序列中取出一个元素，并且将其赋值给循环变量，再执行循环体中的代码。

Demo6.py：

```
# 使用 for 循环遍历列表中的元素
fruits = ["apple", "banana", "cherry"]
for fruit in fruits:
    print(fruit)
```

在这个案例中，for 循环遍历了 fruits 列表中的每个元素，将其赋值给 fruit 变量并打印出来。Demo6.py 的执行结果如图 3-7 所示。

```
C:\Users\seapi\Anaconda3\envs\pytorch-CycleGAN-and
apple
banana
cherry

Process finished with exit code 0
```

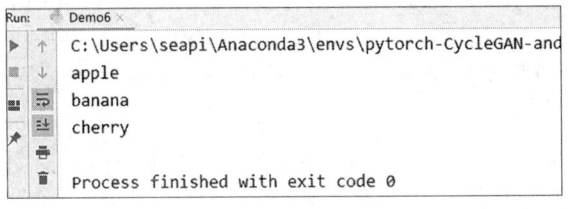

图 3-7 Demo6.py 的执行结果

2. while 循环

while 循环会在给定条件为真时重复执行一段代码。只要条件保持为真，循环就会继续执行。

Demo7.py：

```
# 使用 while 循环打印数字 0 到 4
count = 0
while count < 5:
    print(count)
    count += 1
```

```
i = 1  # 初始化行
while i <= 9:  # 外层循环控制行
    j = 1  # 初始化列
    while j <= i:  # 内层循环控制列，列的数值不超过当前行的数值
        print(f"{j}x{i}={j*i}", end='\t')  # 打印乘法表达式，使用制表符分隔
        j += 1  # 列数递增
    print()  # 每打印完一行后换行
    i += 1  # 行数递增
#使用 while 循环撰写乘法口诀
i = 1  # 初始化行
while i <= 9:  # 外层循环控制行
    j = 1  # 初始化列
    while j <= i:  # 内层循环控制列，列的数值不超过当前行的数值
        print(f"{j}x{i}={j*i}", end='\t')  # 打印乘法表达式，使用制表符分隔
        j += 1  # 列数递增
    print()  # 每打印完一行后换行
    i += 1  # 行数递增
```

Demo7.py 的执行结果如图 3-8 所示。

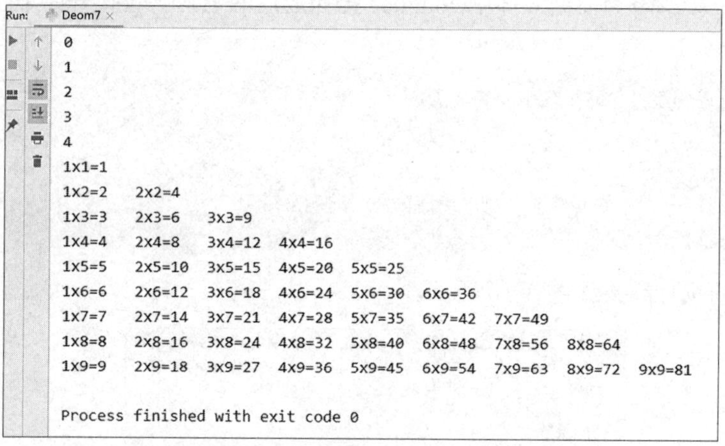

图 3-8　Demo7.py 的执行结果

3.3.3　break、continue 与 pass 语句

在 Python 的循环结构中，break、continue 与 pass 是用于控制循环行为的语句。下面我们将学习这 3 种语句的作用，并且通过案例进行解释。

1. break 语句

break 语句用于立即退出循环，不再执行循环中剩余的语句。当 Python 执行到 break 语句时，会立刻终止当前所在的循环，并且跳出循环体，继续执行循环之后的代码。

Demo8.py：

```
# 使用 break 语句跳出循环
for i in range(1, 10):
    if i == 5:
        break  # 当 i 等于 5 时，退出循环
```

```
    print(i)
# 循环结束后，打印一条消息
print("循环结束")
```

在这个案例中，当 i 等于 5 时，break 语句被执行，循环被立即终止，不再打印剩余的数字。Demo8.py 的执行结果如图 3-9 所示。

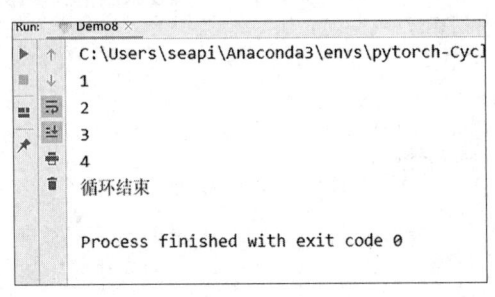

图 3-9　Demo8.py 的执行结果

2．continue 语句

continue 语句用于跳过当前循环的剩余语句，并且继续下一轮循环。当 Python 执行到 continue 语句时，会忽略当前循环体中 continue 语句之后的语句，直接开始下一轮循环。

Demo9.py：

```
# 使用 continue 语句跳过当前循环中的剩余语句
for i in range(1, 10):
    if i % 2 == 0:
        continue  # 当 i 为偶数时，跳过当前循环中的剩余语句
print(i)
```

Demo9.py 的执行结果如图 3-10 所示。

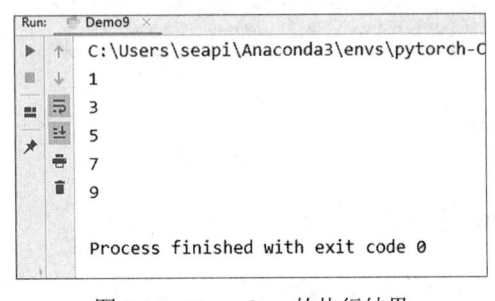

图 3-10　Demo9.py 的执行结果

3．pass 语句

pass 语句是一个空操作，什么也不做。它用作占位符，在语法上需要一个语句但程序不实际执行任何动作的地方使用。pass 语句在循环中通常用作占位符，表示此处待实现或此处无操作。

Demo10.py：

```
# pass 语句作为占位符
for i in range(1, 10):
    if i % 2 == 0:
```

```
        pass    # 当 i 为偶数时，不执行任何操作
    else:
        print(i)
```

在这个案例中，当 i 为偶数时，pass 语句被执行，但实际上并没有执行任何操作。这只是一个占位符，表示此处可以留空或待后续实现。Demo10.py 的执行结果如图 3-11 所示。

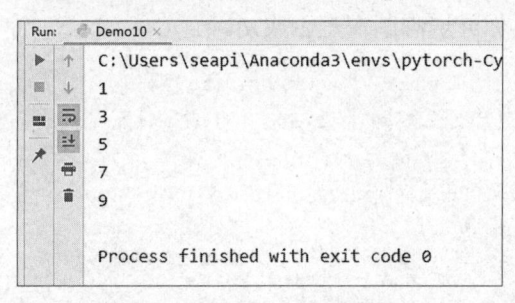

图 3-11　Demo10.py 的执行结果

通过上述 3 个案例，我们可以看到 break、continue 和 pass 语句在控制循环行为方面的不同作用。break 语句用于退出循环，continue 语句用于跳过当前循环的剩余语句，而 pass 语句则用作占位符，表示此处无操作。

3.4　函数

【预备知识】

在编程的世界里，函数就像一种强大的"魔法技能"，它们能够帮助我们执行各种复杂的任务，从简单的计算到复杂的数据处理都不在话下。想象一下，你是一位厨师，而函数就是你手中的菜谱，只要你按照菜谱的步骤操作，就能烹饪出美味佳肴。

假设你是一位新手厨师，想要学习如何制作一道经典的菜肴——红烧肉。你找到了一本菜谱，上面详细记录了制作红烧肉的步骤。

在编程的世界里，红烧肉的制作步骤就是一个函数。首先，你需要定义这个函数，就像把菜谱的步骤记录下来一样。然后，当你想要制作红烧肉时，你只需要调用这个函数，就像按照菜谱的步骤操作一样。

```
def make_red_cooked_pork():
    print("准备食材：五花肉、生姜、葱、料酒、酱油、糖等。")
    print("将五花肉切块，生姜切片，葱切段。")
    print("将五花肉焯水，去除腥味。")
    print("锅中加油，放入糖，炒至糖色金黄。")
    print("加入五花肉块，翻炒至均匀上色。")
    print("加入生姜、葱、料酒、酱油等调料，翻炒均匀。")
    print("加水没过肉块，小火慢炖至肉熟软烂。")
    print("收汁，装盘，撒上葱花即可。")

# 调用函数，开始制作红烧肉
make_red_cooked_pork()
```

随着你厨艺的提升，你想要尝试制作不同口味的红烧肉，如甜口红烧肉和咸口红烧肉。这时，你可以修改原来的菜谱，让它能够接收一些参数，如糖和盐的量，以制作出不同口味的红烧肉。

在编程的世界里，这就是一个带有参数和返回值的函数。首先，你需要定义这个函数，并且指定它接收两个参数：糖的量和盐的量。然后，当你调用这个函数并传入具体的参数时，它会返回一个结果，告诉你红烧肉制作是否成功。

```
def make_red_cooked_pork_with_flavor(sugar, salt):
    print(f"准备食材，并且特别注意糖的量为{sugar}，盐的量为{salt}。")
    # ...（省略中间步骤）
    print("红烧肉制作完成，口味根据糖和盐的量有所调整。")
    return "红烧肉制作成功！"

# 调用函数，制作甜口红烧肉
result_sweet = make_red_cooked_pork_with_flavor(3, 1)
print(result_sweet)

# 调用函数，制作咸口红烧肉
result_salty = make_red_cooked_pork_with_flavor(1, 3)
print(result_salty)
```

在你探索厨艺时，你发现有些食材在烹饪过程中是可以改变的，如肉的熟度，而有些是不可改变的，如锅的形状。这就像在编程中，有些参数是按值传递的，它们在函数内部被复制一份，所以函数对它们的修改不会影响原始数据；而有些参数是按引用传递的，它们在函数内部直接引用原始数据，所以函数对它们的修改会影响原始数据。

有一天，你决定挑战自己，尝试制作一道层次分明的千层红烧肉。你发现，每一层的制作都需要重复相同的步骤，只是食材的量和烹饪的时间不同。这时，你可以使用递归函数来模拟这个过程。

在编程的世界里，递归函数就像一个能够自我复制的菜谱。它会不断地调用自己，每一层都使用不同的参数，直到达到某个特定的条件为止，如肉的层数或总的烹饪时间。

```
def make_thousand_layer_red_cooked_pork(layers, current_layer=1):
    if current_layer > layers:
        print("千层红烧肉制作完成！")
        return
    print(f"开始制作第{current_layer}层红烧肉...")
    # 假设这里有一些制作单层红烧肉的步骤
    make_thousand_layer_red_cooked_pork(layers, current_layer + 1)

# 调用递归函数，开始制作千层红烧肉
make_thousand_layer_red_cooked_pork(5)
```

通过上述生动的案例，我们了解了函数的定义与调用、参数与返回值、参数的传递机制及递归函数的基本概念。现在，你已经准备好开始探索编程世界的无限可能了！

3.4.1 函数的定义与调用

函数的定义是编程中的一个核心概念，它指的是创建一个具有特定名称、可以接收输入参数（可选）、执行一系列操作，并且可能返回一个值的代码块。

在 Python 中，函数通过 def 关键字定义，后面紧跟着函数名和一对圆括号。圆括号内部可以定义函数接收的参数，参数之间使用逗号分隔。函数体紧随其后，并且必须保持适当的缩进。

函数定义的关键组成部分如下。

（1）def 关键字：用于标识函数定义的开始。

（2）函数名：必须是一个有效的标识符，用于在调用函数时引用它。

（3）参数列表：位于圆括号内，可以定义多个参数，参数之间使用逗号分隔。如果函数不接收任何参数，则圆括号内为空。

（4）函数体：包含了函数被调用时执行的代码块，必须保持适当的缩进。

（5）返回值（可选）：函数可以通过 return 语句返回一个值给调用者。如果函数没有返回值或没有 return 语句，则默认返回 None。

例如：

```
def greet(name):
    """
    这个函数用于向用户发送问候。

    参数如下。
    name:用户的名字，类型为字符串
    """
    print(f"Hello, {name}!")
```

在这个案例中，greet 是函数名，name 是函数接收的参数。函数体内部只有一行代码，用于输出问候语。函数定义完成后，可以通过其名称和传递相应的参数来调用它，如 greet("Alice")，这将会输出"Hello, Alice!"。

Demo11.py：

```
# 函数定义
def calculate_sum(a, b):
    """
    这个函数用于计算两个数的和。

    参数如下。
    a:第一个数
    b:第二个数

    返回值
    两个数的和
    """
    return a + b
```

```python
# 函数调用
result = calculate_sum(5, 7)
print("两数之和是:", result)
```

在这个案例中,我们首先定义了一个名为 calculate_sum 的函数,它接收 a 和 b 两个参数,并且返回这两个参数的和。随后,我们通过传递两个具体的数值(5 和 7)来调用这个函数,并且将返回的结果存储在 result 变量中。最后,打印结果。Demo11.py 的执行结果如图 3-12 所示。

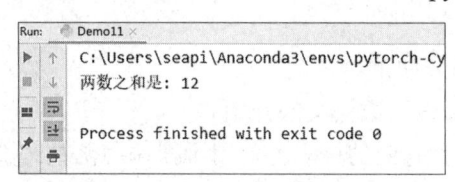

图 3-12 Demo11.py 的执行结果

3.4.2 参数传递机制

在 Python 中,函数的参数传递机制是一个复杂而重要的概念,它涉及对象、内存地址及变量之间的绑定关系。下面我们将学习 Python 中函数的参数传递机制。首先讲解几个核心概念。

(1)对象:Python 中的基本数据单元,如整数、字符串、列表等。

(2)引用(或内存地址):变量名与对象之间的绑定关系。

(3)可变对象:可以在原地修改其内容的对象,如列表、字典。

(4)不可变对象:一旦创建,其内容就不能改变的对象,如整数、字符串、元组。

(5)实参(Actual Arguments):函数调用时传递给函数的值或变量。它们是实际参与运算的数据。

(6)形参(Formal Arguments):函数定义时声明的用于接收实参的变量。它们是函数内部的局部变量,用于存储和处理实参传入的数据。

Python 中的参数传递方式通常被描述为"传递对象的引用",但这并不意味着它与传统的按值传递或按引用传递完全一致。实际上,Python 的参数传递方式根据对象的可变性有所不同。

1. 不可变对象的参数传递

对于不可变对象,参数传递的效果类似于按值传递。尽管实际上传递的是对象的引用(内存地址),但由于不可变对象的特性,任何尝试修改对象内容的操作都会失败,并且会创建新对象。因此,从外部观察来看,函数内部对形参的修改不会影响实参。

Demo12.py:

```
def modify_string(s):
    s = s + " world"    # 尝试修改字符串,实际上是创建了一个新字符串
    return s

original_string = "Hello"
modified_string = modify_string(original_string)
print("原始字符串:", original_string)    # 输出"原始字符串: Hello"
print("修改后的字符串:", modified_string)  # 输出"修改后的字符串: Hello world"
```

Demo12.py 的执行结果如图 3-13 所示。

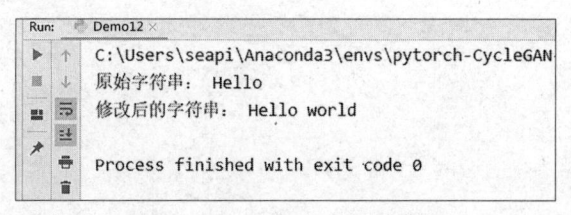

图 3-13 Demo12.py 的执行结果

2．可变对象的参数传递

对于可变对象，参数传递实现了真正的按引用传递。当我们将一个可变对象作为参数传递给函数时，形参和实参都指向同一个对象。因此，在函数内部对形参的任何修改都会直接影响实参。

Demo13.py：

```
def modify_list(lst):
    lst.append(4)   # 修改列表内容

original_list = [1, 2, 3]
modify_list(original_list)
print("修改后的列表:", original_list)  # 输出 "修改后的列表：[1, 2, 3, 4]"
```

Demo13.py 的执行结果如图 3-14 所示。

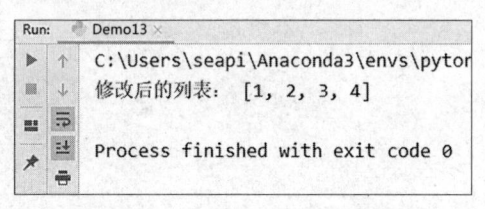

图 3-14 Demo13.py 的执行结果

3.4.3 返回值与递归函数

1．返回值

在 Python 中，函数返回值是函数执行完成后向调用者返回的结果。使用 return 语句可以指定函数的返回值。如果函数没有显式地返回任何值，那么它会隐式地返回 None。返回值可以是任何类型的数据，包括整数、浮点数、字符串、列表、元组、字典等，甚至可以是另一个函数（返回函数）。

2．递归函数

递归函数是一种特殊的函数，它在函数体内调用自身。递归函数通过不断地将问题分解成更小的子问题来解决原问题，直到子问题是可以直接解决的简单问题（基例）。递归函数通常包含两个关键部分：递归调用和基例。

下面引入两个典型的算法以便学以致用，它们分别是计算阶乘和计算斐波那契数列。

Demo14.py：

阶乘是一个经典的递归案例。阶乘函数 factorial(n)定义为 n 的阶乘等于 n 乘以(n-1)的阶乘，直到 1 的阶乘为 1。

```
def factorial(n):
    if n == 1:    # 基例
        return 1
    else:
        return n * factorial(n-1)    # 递归调用

# 调用函数并打印结果
print(factorial(5))    # 输出"120"
```

Demo14.py 的执行结果如图 3-15 所示。

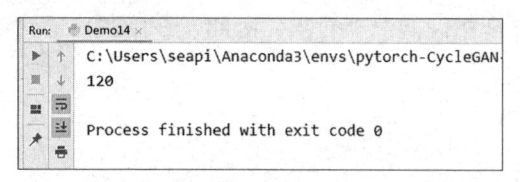

图 3-15　Demo14.py 的执行结果

Demo15.py：

斐波那契数列是另一个经典的递归案例。斐波那契数列中的每个数都是前两个数的和（从第 0 项和第 1 项开始，它们分别是 0 和 1）。

```
def fibonacci(n):
    if n <= 0:
        return "输入的数字必须大于或等于1"
    elif n == 1 or n == 2:
        return 1
    else:
        return fibonacci(n-1) + fibonacci(n-2)

# 调用函数并打印结果
print(fibonacci(5))    # 输出"5"
```

Demo15.py 的执行结果如图 3-16 所示。

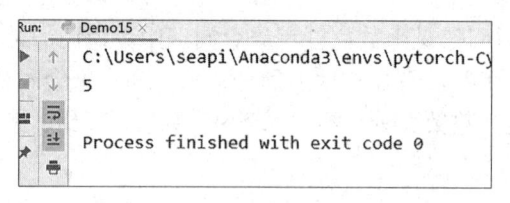

图 3-16　Demo15.py 的执行结果

3.5　面向对象编程

【预备知识】

想象一下，你是一所学校 IT 部门的负责人，学校希望你能开发一个校园卡片系统来管理学生的信息。在这个系统中，每个学生都会有一张独特的卡片，上面记录着姓名、年龄、学号等信息。你的任务是设计一个既高效又易于扩展的系统来管理这些信息。

一开始，你可能会选择使用 Python 的列表和字典来存储和管理学生的信息。你可以创建一个列表，每个学生的信息作为一个字典存储在列表中。然而，很快你就会发现这种方法存在一些问题：代码重复、难以维护，而且当需要添加或修改学生信息时，你需要手动更改很多地方。

对此，你开始思考是否有更好的方法来管理学生的信息。这时，你听说了面向对象编程（Object-Oriented Programming，OOP）。OOP 允许你定义类，它是一种模板，用于创建具有相同属性和方法的对象。

你意识到，你可以定义一个学生类，每个学生都是这个类的一个实例（对象）。这样，你就可以避免重复代码，并且更容易地管理学生的信息了。通过面向对象编程，你成功地打造了一个高效、易于扩展的校园卡片系统。你学会了如何定义类、创建对象，以及如何通过类和对象来组织和管理数据。下面请继续探索面向对象编程的秘密吧！

3.5.1 类与对象

面向对象编程的核心概念之一是类与对象。在 Python 中，这两个概念是构建面向对象程序的基础。下面介绍相关概念。

1. 类

类是模板或蓝图，它定义了创建对象时所需的属性和方法。类是一种抽象的数据类型，它描述了具有相同属性和方法的一组对象的共同特征。通过定义类，我们可以创建具有特定行为和属性的对象。

在 Python 中，类是通过 class 关键字来定义的。类的定义以 class 关键字开始，后跟类名和冒号。类的主体包含属性和方法的定义。

2. 对象

对象是根据类创建的实例。每个对象都拥有类中定义的属性和方法，并且可以有自己的属性值。对象是类的具体实现，它代表了程序中的实体。

在 Python 中，创建对象的过程被称为实例化。我们通过调用类名并传递必要的参数来创建对象。创建对象后，我们可以使用点号（.）来访问对象的属性和方法。

3. 类与对象的关系

类与对象之间存在一种"is-a"的关系。我们可以说"一个对象是一个类的实例"。类定义了对象的结构和行为，而对象则是类的具体实现。通过类，我们可以创建多个具有相同属性和方法的对象，这些对象在内存中拥有独立的存储空间。

下面举例说明类和对象。

Demo16.py：

```python
class Student:
    # 初始化方法，用于在创建对象时初始化属性
    def __init__(self, name, age, student_id):
        self.name = name                # 实例属性，存储学生的姓名
        self.age = age                  # 实例属性，存储学生的年龄
        self.student_id = student_id    # 实例属性，存储学生的学号
```

```
    # 方法，用于打印学生的信息
    def print_info(self):
        print(f"姓名：{self.name}，年龄：{self.age}，学号：{self.student_id}")

    # 方法，用于设置学生的新年龄
    def set_age(self, new_age):
        if new_age >= 0:
            self.age = new_age
        else:
            print("年龄不能为负数！")

# 根据 Student 类创建对象
student1 = Student("张三", 20, "S001")
student2 = Student("李四", 23, "S002")

# 调用对象的方法
student1.print_info()       # 输出 "姓名：张三，年龄：20，学号：S001"
student2.set_age(23)
student2.print_info()       # 输出 "姓名：李四，年龄：23，学号：S002"
```

Demo16.py 的执行结果如图 3-17 所示。

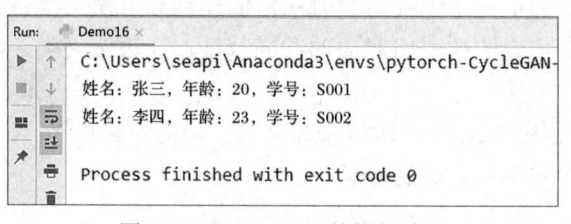

图 3-17　Demo16.py 的执行结果

总之，在 Python 的面向对象编程中，类与对象是密不可分的概念。类定义了对象的结构和行为，而对象则是类的具体实例。通过类与对象，我们可以更好地组织和模拟现实世界中的概念与实体，从而编写出更加清晰、可维护和可扩展的代码。

3.5.2　构造方法与析构方法

1. 构造方法

构造方法是一个特殊的方法，用于在创建对象时初始化对象的状态。在 Python 中，构造方法的名称是__init__()。当使用类创建新对象时，Python 会自动调用这个方法（如果定义了的话）。构造方法的第一个参数通常是 self，代表正在创建的对象本身，后续参数用于传递初始化对象时需要的值。

构造方法的主要作用是设置对象的初始状态，如为变量赋值、分配资源等。如果类中没有定义__init__()方法，则 Python 会提供一个默认的构造方法，该方法仅包含 self 参数，并且不进行任何操作。例如：

```
class Person:
```

```
    def __init__(self, name, age):
        self.name = name          # 设置姓名
        self.age = age            # 设置年龄

# 创建 Person 类的实例
person1 = Person("Alice", 30)
print(person1.name)               # 输出"Alice"
print(person1.age)                # 输出"30"
```

在这个案例中，Person 类定义了一个构造方法__init__()，它接收 name 和 age 两个参数，并且将它们分别赋值给实例变量 self.name 和 self.age。在创建 Person 类的实例时，需要将这两个参数传递给构造方法，以便初始化对象的姓名和年龄属性。

2．析构方法

析构方法也是一个特殊的方法，即__del__()，它在对象被销毁时自动调用。析构方法的作用是在对象被销毁之前执行一些清理操作，如释放对象占用的资源、关闭文件等。需要注意的是，析构方法的调用时机和顺序由 Python 的垃圾回收机制决定，因此不能依赖析构方法来进行严格的资源管理。例如：

```
class MyClass:
    def __init__(self, name):
        self.name = name
        print(f"Instance {self.name} created.")

    def __del__(self):
        print(f"Destroying instance {self.name}")

# 创建 MyClass 类的实例
obj1 = MyClass("Object1")
# 手动删除对象
del obj1    # 在某些情况下，这可能会触发__del__()方法的调用，但具体取决于 Python 的垃圾回收机制
# 程序结束时，如果对象仍未被垃圾回收器回收，则析构方法可能不会被调用。
```

3.5.3 属性与方法

在 Python 的面向对象编程中，属性与方法是构成类的重要元素。属性用于存储对象的状态信息，而方法则用于定义对象的行为。下面详细阐述这两个概念。

1．属性

属性是类中定义的变量，用于存储对象的状态信息。在 Python 中，属性通常定义在类的构造方法__init__()中，并且通过 self 参数进行访问和赋值。属性可以是任何数据类型，如整数、浮点数、字符串、列表、字典等。

属性分为实例属性和类属性。实例属性属于类的单个实例，每个实例都有自己的属性副本，互不影响。而类属性属于类本身，被类的所有实例共享。

Demo17.py：

```
class Person:
```

```
    # 类属性
    species = "human"

    def __init__(self, name, age):
        # 实例属性
        self.name = name
        self.age = age

# 创建 Person 类的实例
person1 = Person("Alice", 30)
person2 = Person("Bob", 25)

# 访问实例属性
print(person1.name)        # 输出 "Alice"
print(person2.age)         # 输出 "25"

# 访问类属性
print(person1.species)     # 输出 "human"
print(person2.species)     # 输出 "human"
```

在这个案例中，Person 类有一个类属性 species 和两个实例属性 name 和 age。类属性 species 被类的所有实例共享，而实例属性 name 和 age 则属于每个实例自己。Demo17.py 的执行结果如图 3-18 所示。

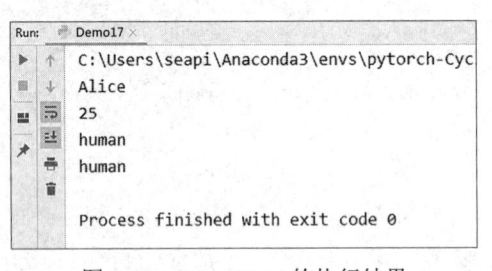

图 3-18　Demo17.py 的执行结果

2. 方法

方法是类中定义的函数，它们用于定义对象的行为。在 Python 中，方法通常定义在类的内部，并且通过 self 参数来访问实例属性和其他方法。方法可以接收参数，执行一系列操作，并且返回结果。

方法分为实例方法和类方法。实例方法需要通过实例来调用，它们可以访问和修改实例属性。而类方法则需要通过类来调用，它们通常用于访问和修改类属性或执行与类相关的操作。

Demo18.py：

```
class Person:
    def __init__(self, name, age):
        self.name = name
        self.age = age

    # 实例方法
```

```python
    def greet(self):
        return f"Hello, my name is {self.name} and I am {self.age} years old."

    # 类方法
    @classmethod
    def get_species(cls):
        return "human"

# 创建 Person 类的实例
person1 = Person("Alice", 30)

# 调用实例方法
print(person1.greet())  # 输出 "Hello, my name is Alice and I am 30 years old."
# 调用类方法
print(Person.get_species())  # 输出 "human"
```

Deme18.py 的执行结果如图 3-19 所示。

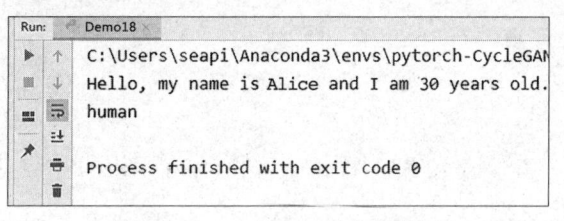

图 3-19　Demo18.py 的执行结果

3.5.4　继承与多态

在面向对象编程中，继承与多态是两个核心概念。下面将详细介绍这两个概念及它们之间的关系。

1. 继承

继承是面向对象编程中的一个基本特征，它允许我们基于一个或多个现有的类来创建新类。继承的目的是实现代码复用。通过继承，子类（派生类）可以继承父类（基类）的属性和方法，而无须重新编写相同的代码。

在继承中，子类可以继承父类的所有公共（public）和保护（protected）成员，但不包括私有（private）成员；添加新的属性和方法；重写（Override）继承的方法以提供特定的实现。

2. 多态

多态允许不同类的对象对同一消息做出响应。换句话说，多态允许我们将子类对象视为父类对象来使用。这主要通过抽象类和接口来实现。

多态的作用如下。

（1）提高程序的可扩展性。

（2）提供接口的多种不同的实现方式。

（3）通过指向父类的指针或引用，调用在实际执行时才确定的方法，即动态绑定或晚期绑定。

3. 继承与多态的关系

继承和多态紧密相关，因为多态通常是通过继承来实现的。在继承体系中，子类对象可以替代父类对象，实现接口的统一，而具体执行哪个实现，则在执行时动态决定，这就是多态性。

例如，先定义一个 Shape 类，再让 Circle、Rectangle 等子类继承 Shape 类。创建一个 Shape 类型的列表，数组中实际上存放的是 Circle、Rectangle 等对象。当调用数组中对象的 draw() 方法时，会根据对象的实际类型来调用相应的方法，这就是多态的一种体现。

Demo19.py：

```python
from abc import ABC, abstractmethod
import math

# 定义 Shape 类
class Shape(ABC):
    @abstractmethod
    def draw(self):
        pass

    @abstractmethod
    def area(self):
        pass

# 定义 Circle 类，继承 Shape 类
class Circle(Shape):
    def __init__(self, radius):
        self.radius = radius

    def draw(self):
        print(f"Drawing Circle with radius {self.radius}")

    def area(self):
        return math.pi * self.radius ** 2

# 定义 Rectangle 类，继承 Shape 类
class Rectangle(Shape):
    def __init__(self, width, height):
        self.width = width
        self.height = height

    def draw(self):
        print(f"Drawing Rectangle with width {self.width} and height {self.height}")

    def area(self):
        return self.width * self.height
# 创建一个 Shape 类型的列表，并且添加 Circle 和 Rectangle 对象
```

```
shapes = [Circle(5), Rectangle(10, 20)]
# 遍历列表，调用每个对象的draw()方法
for shape in shapes:
    shape.draw()
# 输出每个形状的面积
for shape in shapes:
    print(f"Area: {shape.area()}")
```

Demo19.py 的执行结果如图 3-20 所示。

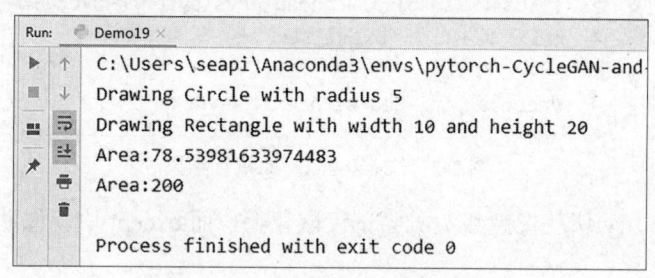

图 3-20 Demo19.py 的执行结果

这段代码首先定义了一个 Shape 类，它包含两个抽象方法：draw()和 area()。然后定义了两个继承 Shape 类的子类：Circle 类和 Rectangle 类，它们分别实现了 draw()方法和 area()方法。接下来创建了一个 Shape 类型的列表，并且向其中添加了 Circle 和 Rectangle 对象。最后遍历这个列表，调用每个对象的 draw()方法来绘制形状，计算并输出每个形状的面积。这就是多态的一种体现：不同的对象对同一消息（这里是 draw()方法和 area()方法调用）做出了不同的响应。

总结：继承与多态是面向对象编程中的两大核心概念，它们使代码更加灵活、易于扩展和维护。

3.6 异常处理与调试技术

【预备知识】

想象一下，你正在编写一个超级英雄游戏，玩家需要输入密码来解锁他们的超能力。但是，就像真实世界一样，总会有一些小插曲发生，如文件丢失或密码太短。这时，异常处理就像超级英雄的助手一样，帮助你解决这些问题。

假设超级英雄需要读取一本藏在计算机中的超能力秘籍（其实就是一个文件），但如果秘籍文件被删除了，或者计算机出了点儿问题，超级英雄就读不到秘籍了。这时，异常处理就像超级英雄的助手，会告诉用户："秘籍文件不见了，快去找找吧！"或"读取秘籍时计算机出故障了，快去修修吧！"

Demo20.py：

```
try:
    with open('超能力秘籍.txt', 'r') as file:
        secrets = file.read()
        print(secrets)
except FileNotFoundError:
```

```
        print("秘籍文件不存在，快去找找吧！")
except IOError:
        print("读取秘籍时计算机出故障了，快去修修吧！")
except Exception as e:
        print(f"发生未知错误：{e}")
```

Demo20.py 的执行结果如图 3-21 所示。

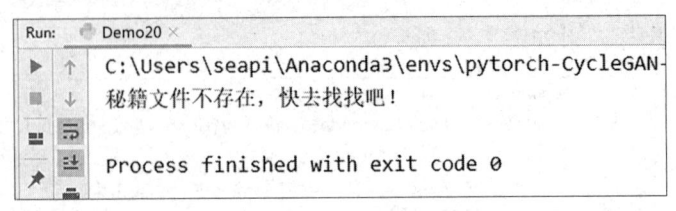

```
Run:  Demo20 ×
  C:\Users\seapi\Anaconda3\envs\pytorch-CycleGAN-
  秘籍文件不存在，快去找找吧！

  Process finished with exit code 0
```

图 3-21 Demo20.py 的执行结果

在这段代码里，try 块就像超级英雄尝试读取秘籍，而 except 块就像助手，它告诉超级英雄可能遇到的问题。

现在，超级英雄需要输入密码来解锁超能力。但是，如果密码长度不足，如只有 3 个字母，则解锁不了超能力。这时候，我们可以创建一个自定义异常，就像超级英雄的专属警报器，告诉他们："密码长度不足，快去重新设置一个吧！"

Demo21.py：

```
class ShortPasswordException(Exception):
    """自定义异常，用于密码长度不足的情况"""
    def __init__(self, message="密码长度必须大于或等于8位"):
        self.message = message
        super().__init__(self.message)

def check_password(password):
    if len(password) < 8:
        raise ShortPasswordException("密码长度不足，快去重新设置一个吧！")
    print("密码长度符合要求，超能力解锁！")

try:
    check_password("abc")
except ShortPasswordException as e:
    print(e)
```

Demo21.py 的执行结果如图 3-22 所示。

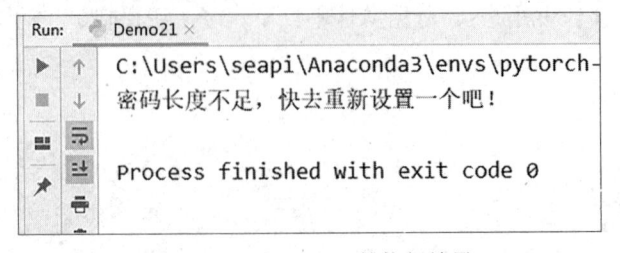

```
Run:  Demo21 ×
  C:\Users\seapi\Anaconda3\envs\pytorch-
  密码长度不足，快去重新设置一个吧！

  Process finished with exit code 0
```

图 3-22 Demo21.py 的执行结果

在这段代码里，ShortPasswordException 就像超级英雄的专属警报器，如果密码太短，它就会发出警报。check_password()方法就像超能力解锁器，如果密码不符合要求，它就会触发警报器。

通过这两个有趣的场景，我们可以看到异常处理在编程中就像超级英雄的助手和警报器一样重要。它们帮助超级英雄（也就是程序）应对各种意外情况，确保程序能够稳定运行。

3.6.1 异常类型与捕获异常

在 Python 中，异常处理和调试技术扮演着至关重要的角色。它们帮助开发者识别、处理程序中的错误，并且确保代码的稳定性和可靠性。在 Python 中，异常处理是通过 try、except、else、finally 这几个关键字来实现的。理解这些关键字及它们是如何工作的，对于编写健壮、易于调试的 Python 代码至关重要。接下来，我们将探讨 Python 中的异常类型与捕获异常。

1. 异常类型

Python 中的异常类型繁多，每一种都代表了不同的问题或错误。常见的异常类型如下。

（1）SyntaxError：语法错误，如代码拼写错误。
（2）NameError：尝试访问一个未被定义的变量。
（3）TypeError：对类型进行了不合适的操作，如尝试对非数字进行数学运算。
（4）IndexError：使用序列中不存在的索引。
（5）KeyError：尝试访问字典中不存在的键。
（6）ValueError：传入了一个调用者不期望的值，即使值的类型是正确的。

2. 捕获异常

使用 try 语句和 except 语句可以捕获并处理异常。try 语句块包含可能引发异常的代码，而 except 语句块则定义了如何处理这些异常。

```
try:
    # 尝试执行的代码
    result = 10 / 0
except ZeroDivisionError:
    # 如果发生了 ZeroDivisionError，则执行此语句块
    print("除数不能为 0！")
```

3.6.2 抛出异常与自定义异常

1. 抛出异常

在 Python 中，可以使用 raise 关键字抛出异常。这既可以通知调用者出现了错误，也可以在函数中强制结束执行。

```
def divide(x, y):
    if y == 0:
        raise ValueError("除数不能为 0！")
    return x / y
```

2. 自定义异常

自定义异常允许开发者创建特定于应用程序的异常类型，从而使错误处理更加清晰和结构化。

```python
class MyCustomError(Exception):
    """自定义的异常类"""
    def __init__(self, message="这是一个自定义的错误!"):
        self.message = message
        super().__init__(self.message)

# 使用自定义异常
try:
    raise MyCustomError("出了点问题!")
except MyCustomError as e:
    print(e)
```

通过自定义异常，可以创建更加具体的错误类型，并且在代码的不同部分中使用它们来提供更清晰、有意义的错误信息。这对于大型、复杂的 Python 应用程序来说尤其有用。

3.7 文件操作

【预备知识】

在 Python 中，文件路径管理是一项既基础又关键的任务，它就像在错综复杂的文件系统中找到通往目标文件的"导航仪"。为了更形象地阐述这一知识点，我们可以将其比作一次探险之旅，而文件路径管理就是我们的地图和指南针。

假设你是一位勇敢的探险家，你的任务是找到隐藏在神秘森林深处的宝藏。这片森林就相当于你的文件系统，而宝藏则是你要访问的文件。在这个过程中，你需要使用 3 种不同的"工具"：字符串、os 模块和 pathlib 模块。

最初，你手上只有一张古老的地图，上面使用文字描述了通往宝藏的路径。这张地图就像一个直接使用字符串表示的文件路径。虽然简单直接，但你需要自己处理路径分隔符的问题（不同操作系统的路径分隔符不同），就像地图上可能使用不同符号标记路径一样。

```python
# 假设宝藏藏在"/神秘森林/深处/宝藏箱.txt"
path = "/神秘森林/深处/宝藏箱.txt"
# 但如果这是在 Windows 系统中，路径可能看起来像这样（注意转义字符）
# path = "C:\\神秘森林\\深处\\宝藏箱.txt"
```

这种方法直观但容易出错，特别是当路径很复杂或需要在不同操作系统间移植时。

后来，你获得了一台智能导航仪（os 模块），它能够自动处理路径分隔符的问题，还能提供其他导航功能，如检查路径是否存在、判断路径是文件还是目录等。

```python
import os
# 使用 os.path.join 自动处理路径分隔符
path = os.path.join("神秘森林", "深处", "宝藏箱.txt")
# 检查路径是否存在
if os.path.exists(path):
```

```python
    print("发现宝藏了！")
else:
    print("宝藏似乎不在这里...")
# 获取宝藏箱所在的目录
directory = os.path.dirname(path)
print("宝藏箱位于：", directory)
```

这台智能导航仪让你的探险之旅变得更加轻松和高效。

最后，你得到了一套高级探险装备（pathlib 模块），它提供了更现代、更面向对象的路径操作方法。这些装备不仅功能强大，而且使用起来更加直观和易于理解。

```python
from pathlib import Path
# 创建 Path 对象
treasure_box = Path("神秘森林") / "深处" / "宝藏箱.txt"
# 检查宝藏是否存在
if treasure_box.exists():
    print("宝藏找到了！")
else:
    print("宝藏似乎还在更深处...")
# 获取宝藏箱的文件名
filename = treasure_box.name
print("宝藏箱的名字是：", filename)
# 遍历宝藏箱所在的目录
for item in treasure_box.parent.iterdir():
    print(item)
```

这套高级探险装备让你的探险之旅变得前所未有的顺畅和高效，你几乎可以毫不费力地找到任何想找的东西。

通过以上形象生动的案例，我们可以看出文件路径管理在 Python 中的重要性，以及不同方法之间的差异和优势。在实际编程中，我们可以根据具体需求选择合适的方法来进行文件路径管理。

3.7.1 打开与关闭文件

在 Python 中，我们使用 open() 方法来打开一个文件，并且返回一个文件对象。完成文件操作后，应调用文件对象的 close() 方法来关闭文件，从而释放系统资源。

```python
# 打开文件
file = open('example.txt', 'r')
# …在这里进行文件操作…
# 关闭文件
file.close()
```

为了避免忘记关闭文件，我们可以使用 with 语句。with 语句会在代码块执行完成后自动关闭文件，这样更加安全、方便。

```python
# 使用 with 语句打开文件，并且在代码块结束时自动关闭文件
with open('example.txt', 'r') as file:
    # …在这里进行文件操作…
```

3.7.2 读取文件的基本操作

我们可以使用文件对象的 read()方法来读取文件的内容。read()方法会读取文件中的所有内容,并且将其作为一个字符串返回。

```
# 打开文件并读取内容
with open('example.txt', 'r') as file:
    content = file.read()
    print(content)
```

3.7.3 文件路径管理

在 Python 语言中,文件路径管理是一项基础且至关重要的任务,它涵盖了如何准确表示、构造、解析及操作系统文件的路径。为了实现这一目标,Python 提供了多种灵活的方法,包括直接使用字符串、使用功能丰富的 os 模块和使用面向对象的 pathlib 模块。

1. 使用字符串

最直接的方法是使用字符串来表示文件路径。然而,这种方法存在一些问题,如操作系统的路径分隔符不同(Windows 系统使用\,而 UNIX 和 Linux 系统使用/)、手动处理路径时容易出错。

```
# Windows 路径示例
path_windows = "C:\\Users\\Username\\Documents\\file.txt"
# UNIX/Linux 路径示例
path_unix = "/home/username/Documents/file.txt"
```

注意:在 Python 字符串中,反斜杠(\)是转义字符,因此 Windows 路径中的每个反斜杠都需要使用另一个反斜杠进行转义,或者使用原始字符串(在字符串前加 r)。

```
path_windows_raw = r"C:\Users\Username\Documents\file.txt"
```

2. 使用 os 模块

os 模块是 Python 标准库的一部分,提供了许多与操作系统交互的方法,包括用于文件路径操作的 os.path 子模块。os.path 子模块提供了一系列跨平台的路径操作方法,使代码更加健壮和可移植。

常用方法如下。

(1)os.path.join(path, *paths):将多个路径组件合并成一个路径。此方法会根据执行它的操作系统自动选择正确的路径分隔符。

(2)os.path.abspath(path):返回 path 的绝对路径。

(3)os.path.dirname(path):返回 path 的目录名。

(4)os.path.basename(path):返回 path 的文件名。

(5)os.path.exists(path):检查路径是否存在。

(6)os.path.isfile(path):检查路径是否是文件。

(7)os.path.isdir(path):检查路径是否是目录。

Demo22.py:

```
import os

# 合并路径
path = os.path.join("usr", "bin", "env")
print(path)
# 输出 "usr/bin/env"（在 UNIX/Linux 系统中）或 "usr\bin\env"（在 Windows 系统中）
# 在实际代码中通常不需要关心这一点，因为 os.path 子模块会自动处理


# 获取绝对路径
abspath = os.path.abspath("example.txt")
print(abspath)    # 输出 example.txt 的绝对路径

# 检查文件是否存在
exists = os.path.exists(path)
print(exists)    # 输出"False"，因为 path 是一个目录名，而不是一个文件

# 检查是否是文件
isfile = os.path.isfile(abspath)    # 检查 abspath 是否指向一个文件
print(isfile)    # 输出"True"或"False"，这取决于 abspath 是否指向一个文件
```

Demo22.py 的执行结果如图 3-23 所示。

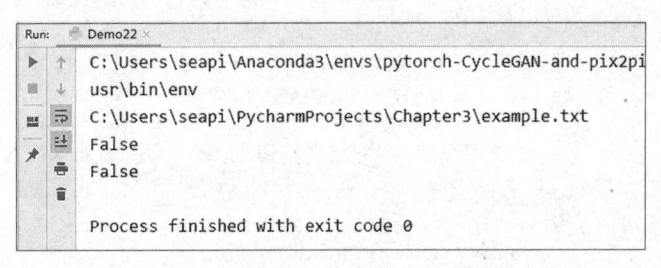

图 3-23　Demo22.py 的执行结果

3. 使用 pathlib 模块

从 Python 3.4 版本开始，pathlib 模块提供了一种面向对象的文件系统路径操作方法。与 os.path 模块相比，pathlib 模块使用 Path 对象表示路径，可以使用链式调用来执行多个操作，使代码更加直观和易于理解。

常用方法如下。

（1）Path()：创建一个 Path 对象。

（2）__truediv__()（或使用/运算符）：连接路径。

（3）resolve()：将相对路径或包含符号链接的路径解析为绝对路径。

（4）parent()：获取路径的父目录。

（5）name()：获取路径中的文件名（或最后一级目录名）。

（6）suffix()：获取文件的扩展名。

（7）exists()：检查路径是否存在。

（8）is_file()：检查路径是否是文件。

（9）is_dir()：检查路径是否是目录。

Demo23.py：

```python
from pathlib import Path

# 创建 Path 对象
p = Path("folder/subfolder/file.txt")

# 连接路径
new_p = p.parent / "newfile.txt"
print(new_p)  # 输出 "folder/subfolder/newfile.txt"

# 获取绝对路径
abspath = new_p.resolve()
print(abspath)  # 输出 newfile.txt 的绝对路径

# 检查文件是否存在
exists = new_p.exists()
print(exists)  # 输出 "False"（除非 newfile.txt 实际存在）

# 检查是否是文件
isfile = new_p.is_file()
print(isfile)  # 输出 "False"（同上）
```

Demo23.py 的执行结果如图 3-24 所示。

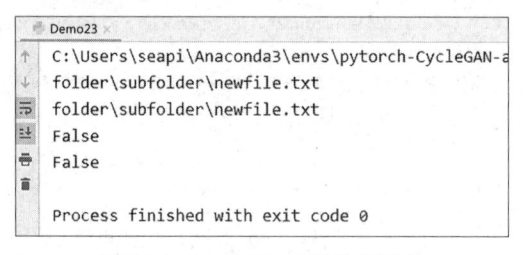

图 3-24 Demo23.py 的执行结果

3.8 推导式

【预备知识】

在 Python 的奇幻世界里，有一种被称为推导式的魔法配方，它能让开发者仅使用一行代码就创造出复杂的序列（列表、字典、集合等）。这些魔法配方不仅简洁，而且充满了魔力，能让代码变得更加优雅和高效。现在，就让我们一同探索神奇的推导式吧！

在开始魔法之旅之前，我们先想象一下一个普通的厨房场景。假设你是一个厨师，在准备食材清单时你可能会这样写：3 个苹果+2 个香蕉 +5 个橙子。但如果你是一个拥有 Python 魔法的厨师，你可能会使用更简洁的方式来准备相同的食材清单。

```
# 使用列表推导式
fruits = ["苹果"] * 3 + ["香蕉"] * 2 + ["橙子"] * 5
```

看，这就是推导式的魔力！它让你能使用更少的"食材"（代码），烹饪出同样的"美味"（结果）。

3.8.1 列表推导式

在 Python 中，列表推导式是一种极为便捷和强大的工具，它允许开发者通过简洁的代码快速生成列表。使用列表推导式，开发者可以轻松地对现有序列进行遍历、筛选和转换操作，从而生成一个新的列表。

列表推导式的基本语法结构如下。

```
[expression for item in iterable if condition]
```

其中，expression 表示基于当前遍历元素 item 要生成的新列表中的元素。for item in iterable 表示遍历 iterable 中的每个元素，并且将其赋值给 item。if condition 是一个可选的过滤条件，只有满足条件时，当前的 item 才会被用于生成新列表中的元素。

Demo24.py：

假设你想要得到一个包含 0 到 9 每个数字平方的列表，使用列表推导式可以非常简洁地实现。

```
squares = [x**2 for x in range(10)]
print(squares)  # 输出"[0, 1, 4, 9, 16, 25, 36, 49, 64, 81]"
```

Demo25.py：

如果你想要从 0 到 9 的数字中筛选出偶数，并且将这些偶数组成一个新的列表，列表推导式同样可以轻松应对。

```
even_numbers = [x for x in range(10) if x % 2 == 0]
print(even_numbers)  # 输出"[0, 2, 4, 6, 8]"
```

Demo26.py：

你还可以将函数与列表推导式结合使用，以实现更复杂的列表生成逻辑。例如，使用 len() 方法获取一系列字符串的长度，并且组成一个新的列表。

```
words = ["apple", "banana", "cherry"]
word_lengths = [len(word) for word in words]
print(word_lengths)  # 输出"[5, 6, 6]"
```

3.8.2 字典推导式

字典推导式是一种非常强大且便捷的工具，它允许开发者通过一个简洁的表达式快速创建字典。字典推导式的核心在于它定义了一个迭代过程，通过这个过程可以生成字典的键和值。

字典推导式的语法结构如下。

```
{key: value for (key, value) in iterable}
```

说明如下。

其中，key 表示字典中的键。value 表示与键对应的值。iterable 是一个可迭代对象，如列表、元组、集合等，它包含了用于生成字典的元素。

Demo27.py：

下面是一个简单的字典推导式的案例，它将一个列表中的元素作为键，元素的长度作为值。

```
words = ['apple', 'banana', 'cherry']
word_lengths = {word: len(word) for word in words}
print(word_lengths)   输出 "{'apple': 5, 'banana': 6, 'cherry': 6}"
```

3.8.3 集合推导式

集合推导式是另一种便捷工具,用于快速创建集合。集合推导式的语法结构如下。

```
{expression for item in iterable if condition}
```

例如:

```
even_numbers = {x for x in range(10) if x % 2 == 0}
print(even_numbers)   输出 "{0, 2, 4, 6, 8}"
```

3.9 常用模块与第三方库

在 Python 中,模块与库是组织和重用代码的重要工具。它们不仅简化了编程任务,还提高了代码的可读性和可维护性。本节将详细介绍如何导入模块、创建模块与包,以及 sys 模块与模块搜索路径和常用的第三方库。

3.9.1 导入模块

在 Python 中,模块是一个包含 Python 定义和语句的文件,用于组织代码,方便模块间的交互和调用。导入模块的基本语法有两种。

(1)使用 import 语句导入整个模块。例如:

```
import math
print(math.sqrt(9))   # 输出 "3.0"
```

(2)使用 from…import…语句导入特定部分。例如:

```
from math import pi, sqrt
print(pi)          # 输出圆周率
print(sqrt(9))     # 输出 "3.0"
```

3.9.2 创建模块与包

在 Python 中,模块和包是组织和复用代码的重要机制。模块是一个包含 Python 定义和声明的文件,文件名即为模块名加上 .py。包则是一个包含多个模块的目录,并且这个目录必须包含一个 __init__.py 文件,该文件可以为空,但其存在标识该目录为一个 Python 包。

1. 创建模块

创建一个模块只需要编写 Python 代码并保存为 .py 文件即可。例如,创建一个名为 mymodule.py 的文件,并且在其中定义一个函数。

```
# mymodule.py
def my_function():
    print("Hello from my module!")
```

2. 创建包

创建包需要先创建一个目录，并且在该目录中添加 __init__.py 文件。之后，可以在该目录中创建多个模块（.py 文件）。例如，创建一个名为 mypackage 的目录，并且在其中添加 __init__.py 和 module1.py 文件。

```
mypackage/
    __init__.py
    module1.py
```

在 module1.py 文件中可以定义一些函数和类。

```
# module1.py
def function1():
    print("This is function 1 in module1.")
```

要使用模块中的函数和类，可以使用 import 语句导入模块。

```
import mymodule
mymodule.my_function()  # 输出 "Hello from my module!"
```

要使用包中的模块，可以使用点号（.）来访问包中的模块。

```
from mypackage import module1
module1.function1()  # 输出 "This is function 1 in module1."
```

注意：也可以使用 import 语句导入包中的所有模块，但通常不推荐这样做，因为它会导入所有模块，可能会消耗不必要的资源。

3.9.3　sys 模块与模块搜索路径

sys 模块提供了许多与 Python 解释器和它的环境交互的函数和变量。其中，sys.path 是一个列表，包含了模块搜索路径的字符串。当 Python 解释器导入模块时，它会在这个列表中查找模块。如果需要，可以向 sys.path 添加新的目录，以便 Python 解释器能够在这些目录中查找模块。

3.9.4　常用的第三方库

Python 拥有庞大的第三方库生态系统，这些库几乎覆盖了编程的所有领域。常用的第三方库如下。

（1）unittest：Python 的标准库之一，用于编写和执行测试代码，支持自动化测试。

（2）requests：一个简单易用的 HTTP 库，用于发送各种类型的 HTTP 请求，如 GET、POST 等。

（3）json：Python 的标准库之一，用于解析和生成 JSON 数据格式。

（4）logging：Python 的标准库之一，用于记录日志信息，帮助开发者跟踪代码的执行情况。

（5）NumPy：用于数值计算的基础库，提供了高效的多维数组对象和丰富的数学函数。

（6）Pandas：强大的数据分析库，提供了快速、灵活和表达式丰富的数据结构，旨在使"关系"或"标签"数据的处理工作变得既简单又直观。

（7）Matplotlib：用于数据可视化的库，能够生成各种静态、动态和交互式的图表。

（8）SciPy：用于数学、科学和工程领域的计算库，提供了大量的数学算法和函数。

（9）scikit-learn：用于机器学习的库，提供了各种分类、回归、聚类等算法的实现。

（10）NLTK：自然语言处理工具包，支持文本分类、标记、分块、词性标注等多种自然语言处理任务。

（11）Flask：轻量级的 Web 框架，适用于构建小型和中型的 Web 应用。

（12）Django：全功能的 Web 框架，适用于构建大型、复杂的 Web 应用。

以 unittest 为例撰写一个测试用例的案例。

my_math.py：

```python
# 文件名：my_math.py
def is_even(number):
    """检查一个数是否为偶数"""
    return number % 2 == 0
```

接下来，我们编写一个测试用例来测试 is_even()方法。

```python
# 文件名：test_my_math.py
import unittest
from my_math import is_even

class TestMyMath(unittest.TestCase):
    def test_is_even(self):
        self.assertTrue(is_even(4))
        self.assertFalse(is_even(5))

    def test_is_even_with_boundry(self):
        self.assertTrue(is_even(0))    # 0 是偶数
        self.assertFalse(is_even(-1))   # -1 是奇数
        self.assertTrue(is_even(-2))   # -2 是偶数

if __name__ == '__main__':
    unittest.main()
```

在这个案例中，TestMyMath 类继承 unittest.TestCase。这个类中定义了 test_is_even()方法，该函数使用 assertTrue() 和 assertFalse() 断言 is_even() 方法的行为是否符合预期。test_is_even_with_boundry()方法用于测试 is_even()方法在处理 0 和负数时的行为。通过添加这样的测试用例，我们可以更好地确保函数的正确性和健壮性。

要执行这个测试，可以在命令行中执行 test_my_math.py 文件。如果测试通过，将会打印一些表明测试成功的信息；如果测试失败，则会打印失败的原因。

这个简单的案例展示了如何使用 unittest 来编写和执行测试代码。在实际的项目中，我们可能会编写更多的测试用例来覆盖更多的代码路径，以确保代码的正确性和稳定性。

第 2 篇

Web 自动化测试

第 4 章

Selenium 基础方法

学习目标

1. 知识目标
(1) 理解 WebDriver 的基本概念及其在 Web 自动化测试中的作用。
(2) 掌握 WebDriver 的工作原理和组件架构。
(3) 掌握 WebDriver 中浏览器的基本操作,包括启动、关闭、导航和窗口管理。
(4) 理解浏览器操作在自动化测试中的重要性和应用场景。
(5) 熟悉 WebDriver 中元素定位的 8 种方法和元素定位的原则。
(6) 了解鼠标的基本操作,如单击、双击、右击、悬停、拖曳等。
(7) 了解键盘的常用操作,如键盘组合键操作可以模拟更复杂的用户输入行为,如使用 Ctrl+C 组合键进行复制,使用 Ctrl+V 组合键进行粘贴等。

2. 能力目标
(1) 学会使用 WebDriver API 进行基本的控件操作。
(2) 能够编写简单的自动化测试脚本,实现对 Web 页面的基本操作。
(3) 学会使用 WebDriver API 执行浏览器的启动、关闭、前进、后退等操作。
(4) 能够通过编程方式管理和切换浏览器的窗口与标签页。
(5) 理解定位单个元素和定位一组元素的不同方法。
(6) 根据测试任务,灵活运用元素定位的 8 种方法,准确定位网页元素。
(7) 学会使用 WebDriver 执行鼠标的单击、双击操作。
(8) 能够实现鼠标的悬停和拖曳操作,以及在特定元素上右击打开快捷菜单的操作。
(9) 能够通过键盘及其组合键操作模拟用户输入行为。

3. 素养目标
(1) 培养对 WebDriver API 文档的阅读和理解能力,提高自主学习和解决问题的能力。
(2) 通过实践操作,锻炼逻辑思维和编程思维,提升编写高效、可维护的自动化测试脚本的能力。
(3) 培养在不同测试场景下灵活运用浏览器操作的能力,提高测试效率。
(4) 锻炼在遇到浏览器操作异常时,分析问题和解决问题的能力,培养坚韧不拔的探索精神。
(5) 培养灵活采用多种定位方式,定位同百度首页元素的应用拓展能力。
(6) 培养当某一种定位方法不能准确定位网页元素时,分析原因、找到解决方案的能力。

（7）比较分析哪种元素定位方式最方便快捷，哪种定位方式能成为元素定位"杀手锏"，培养善于总结的学习能力。

（8）培养在不同测试场景下灵活运用鼠标操作的能力，提升测试的全面性。

（9）培养面对复杂交互时，分析并设计有效鼠标操作步骤的能力。

（10）通过实践，提高创新思维和发散型思维，学会结合键盘和鼠标操作进行综合测试。

任务情境

小李是一名软件测试工程师，最近他被分配到一个需要进行 Web 自动化测试的项目。在开始编写自动化测试脚本之前，他需要对 WebDriver 有深入的了解。小李对 WebDriver 的跨浏览器支持和语言无关性感到非常兴奋，但也对如何有效地使用 WebDriver API 感到困惑。

在一次线上研讨会中，小李提出了他的问题："WebDriver 听起来非常强大，但我应该如何开始使用它来编写自动化测试脚本呢？我需要了解哪些关键概念和方法？"

本章将介绍 WebDriver 的基础知识，并且通过实际的编程练习，让读者掌握使用 WebDriver 进行 Web 自动化测试的基本技能。通过对本章的学习，读者将开启自己的 WebDriver 自动化测试之旅，并且逐步成长为一名熟练的自动化测试工程师。

4.1　WebDriver 简介

4.1.1　WebDriver 的特点

WebDriver 的特点如下。

（1）跨浏览器支持：WebDriver 支持多种浏览器，包括 Chrome、Firefox、Safari、Edge 等，使自动化测试不受浏览器限制。

（2）语言无关性：虽然 WebDriver 本身是使用 Java 编写的，但它提供了多种语言的绑定，如 Python、Java、C#、Ruby 等，使开发者可以使用自己熟悉的语言编写测试脚本。

（3）模拟真实用户行为：WebDriver 能够模拟真实用户的行为，包括鼠标移动、键盘输入、页面滚动等，这使测试结果更加真实可靠。

（4）与 Selenium 集成：WebDriver 是 Selenium 测试框架的一部分，可以与 Selenium Grid 集成，实现分布式测试。

（5）支持高级定位技术：WebDriver 支持 CSS 选择器、XPath 等多种元素定位技术，使开发者能够灵活地定位页面元素。

（6）支持等待机制：WebDriver 提供了显式和隐式等待机制，使脚本能够等待某些条件满足后再继续执行，提高了脚本的稳定性。

（7）支持多窗口和多标签页操作：WebDriver 能够处理浏览器的多窗口和多标签页，使自动化测试脚本能够覆盖更多的使用场景。

4.1.2　WebDriver API 常用方法概览

WebDriver 是一个用于 Web 自动化测试的 API，它提供了一种简单的方式来编写跨浏览器的自动化测试脚本。WebDriver 允许自动化测试脚本模拟用户在浏览器中的操作,包括导航、单击、输入文本、提交表单等。本节介绍常用的 WebDriver API 方法。

(1) driver = webdriver.Chrome():启动一个新的浏览器实例。

(2) driver.get("https://www.**.com"):打开指定的网页。

(3) element = driver.find_element(By.ID, "element_id"):根据元素的 ID 查找元素。

(4) elements = driver.find_elements(By.CLASS_NAME, "class_name"):查找具有相同类名的所有元素。

(5) element.click():模拟鼠标单击操作。

(6) element.send_keys("some text"):在文本框中输入文本。

(7) element.submit():提交表单。

(8) source = driver.page_source:获取当前页面的 HTML 源代码。

(9) driver.forward()和 driver.back():在浏览器历史中前进和后退。

(10) driver.quit():关闭浏览器窗口。

(11) current_url = driver.current_url:获取当前页面的 URL。

(12) title = driver.title:获取当前页面的标题。

(13) driver.set_window_size(width, height):设置浏览器窗口的大小。

(14) driver.maximize_window():最大化浏览器窗口。

(15) attribute = element.get_attribute("attribute_name"):获取元素的属性值。

这些方法为自动化测试提供了强大的功能,使测试人员能够编写出高效、可靠的自动化测试脚本。

4.2 浏览器操作

为了帮助读者深入理解浏览器操作的重要性和技巧,本节将详细介绍 WebDriver API 中关于浏览器操作的方法,并且结合实际案例,介绍如何编写能够控制浏览器行为的自动化测试脚本。通过对本节的学习,读者将能够在自动化测试中进行浏览器的各种操作,为成为一名高效的自动化测试工程师打下坚实的基础。

WebDriver API
常用方法

4.2.1 打开、关闭浏览器

在 Web 自动化测试中,浏览器是测试的主要对象之一。本节将介绍如何使用 Python 和 Selenium WebDriver 4 来打开和关闭 Chrome 浏览器。

1. 打开浏览器

首先,我们需要导入 Selenium 库,并且指定使用 Chrome 浏览器。然后,创建一个 WebDriver 实例,并且使用 get()方法打开测试页面。

2. 关闭浏览器

在测试结束后,我们需要关闭浏览器以释放资源。Selenium 提供了 quit()方法来关闭浏览器窗口。

假设我们需要打开 Chrome 浏览器，访问百度首页，并且在搜索框中输入"Web 自动化测试"，然后关闭浏览器。参考代码如下。

```python
from selenium import webdriver
from selenium.webdriver.common.keys import Keys
# 指定 Chrome 浏览器驱动的路径（如果已经添加到系统 PATH，则可以省略路径）
chrome_driver_path = 'path/to/chromedriver'
# 创建 WebDriver 实例，指定使用 Chrome 浏览器
driver = webdriver.Chrome(executable_path=chrome_driver_path)
# 打开百度首页
driver.get('https://www.bai**.com')
# 定位到搜索框元素，并且输入搜索内容
search_box = driver.find_element（BY.ID,'kw')  # 假设搜索框的 ID 是 kw
search_box.send_keys('Web 自动化测试')
# 模拟按下回车键进行搜索
search_box.send_keys(Keys.RETURN)
# 等待搜索结果加载完成（这里使用隐式等待，等待时间为 10 秒）
driver.implicitly_wait(10)
# 打印页面标题，确认是否为百度搜索结果页
print(driver.title)
# 完成测试，关闭浏览器
driver.quit()
```

4.2.2 网页的前进和后退

在 Web 自动化测试中，模拟用户在浏览器中的前进和后退操作是测试导航功能的重要部分。WebDriver 提供了 back()和 forward()方法来实现前进和后退操作。

（1）back()：返回浏览器历史记录中的上一个页面。

（2）forward()：前进到浏览器历史记录中的下一个页面。

在使用这些方法之前，需要确保浏览器已经访问了至少两个页面，以便可以进行前进和后退操作。

假设我们需要编写一个自动化测试脚本来测试网页的前进和后退功能。这个自动化测试脚本将首先打开 Chrome 浏览器，访问百度首页和百度新闻两个不同的网页，然后执行后退和前进操作，最后关闭浏览器。参考代码如下。

```python
from selenium import webdriver
# 指定 Chrome 浏览器驱动的路径
chrome_driver_path = 'path/to/chromedriver'
# 创建 WebDriver 实例，指定使用 Chrome 浏览器
driver = webdriver.Chrome(executable_path=chrome_driver_path)
# 访问百度首页
driver.get('https://www.bai**.com')
# 访问百度新闻页，以便可以进行后退操作
```

```
driver.get('https://https://news.bai**.com/')
# 执行后退操作,返回百度首页
driver.back()
# 检查当前 URL 是否为百度首页的 URL
assert 'bai**.com' in driver.current_url
# 执行前进操作,返回百度新闻页
driver.forward()
# 检查当前 URL 是否为百度新闻页的 URL
assert 'news.bai**.com' in driver.current_url
# 完成测试,关闭浏览器
driver.quit()
```

4.2.3 刷新浏览器页面

在 Web 自动化测试中,获取测试页面在某些操作后的实时更新情况是一项常见的需求。例如,页面可能通过 Ajax 请求异步加载数据。这时,除了等待数据加载完成,还可以使用浏览器的刷新功能来重新获取最新的页面状态。

refresh()方法用于模拟浏览器的刷新操作,重新加载当前页面。在使用 refresh()方法时,当前页面会像用户单击浏览器刷新按钮一样进行刷新。

4.2.4 浏览器窗口的最大化、最小化和全屏

在 Web 自动化测试中,有时需要模拟用户对浏览器窗口的操作,如最大化、最小化和全屏。这些操作有助于确保 Web 应用程序在不同窗口状态下的表现一致。

（1）maximize_window()：最大化浏览器窗口。
（2）minimize_window()：最小化浏览器窗口。
（3）fullscreen()：将浏览器窗口切换到全屏模式。

假设我们需要编写一个自动化测试脚本,该脚本首先将打开 Chrome 浏览器,访问百度首页,然后执行窗口的最大化、最小化和全屏操作。参考代码如下。

```
from selenium import webdriver

# 指定 Chrome 浏览器驱动的路径
chrome_driver_path = 'path/to/chromedriver'
# 创建 WebDriver 实例,指定使用 Chrome 浏览器
driver = webdriver.Chrome(executable_path=chrome_driver_path)
# 访问百度首页
driver.get('https://www.bai**.com')
# 执行窗口的最大化操作
driver.maximize_window()
# 等待几秒钟,以便窗口变化生效
import time
time.sleep(2)
# 执行窗口的全屏操作
driver.fullscreen()
# 等待几秒钟,以便窗口变化生效
```

```
time.sleep(2)
# 执行窗口的最小化操作
driver.minimize_window()
# 等待几秒钟,以便窗口变化生效
time.sleep(2)
# 再次执行窗口的最大化操作
driver.maximize_window()
driver.quit()
```

4.2.5 获取、设置浏览器窗口的大小

在 Web 自动化测试中,控制和检查浏览器窗口的大小是确保页面元素在不同分辨率下正确显示的重要步骤。WebDriver 提供了方法来获取当前窗口的大小及设置新的窗口大小。

（1）get_window_size()：获取当前浏览器窗口的宽度和高度。

（2）set_window_size(width, height)：设置浏览器窗口的宽度和高度。

假设我们需要编写一个自动化测试脚本,该脚本将先打开 Chrome 浏览器,访问百度首页,再获取当前窗口的大小,接着设置窗口的大小,并且验证设置是否成功。参考代码如下。

```
from selenium import webdriver
from selenium.webdriver.common.keys import Keys

# 指定 Chrome 浏览器驱动的路径
chrome_driver_path = 'path/to/chromedriver'
# 创建 WebDriver 实例,指定使用 Chrome 浏览器
driver = webdriver.Chrome(executable_path=chrome_driver_path)
# 访问百度首页
driver.get('https://www.bai**.com')
# 获取当前窗口的大小
current_size = driver.get_window_size()
print(f"当前窗口的大小: 宽度 {current_size['width']}, 高度 {current_size['height']}")
# 设置窗口的大小,如将宽度设置为 1024, 高度设置为 768
driver.set_window_size(1024, 768)
# 再次获取窗口的大小,以验证设置是否成功
new_size = driver.get_window_size()
print(f"新的窗口的大小: 宽度 {new_size['width']}, 高度 {new_size['height']}")
driver.quit()
```

4.2.6 获取、设置浏览器窗口的位置

在 Web 自动化测试中,控制浏览器窗口的位置有时对于确保测试的准确性是必要的,尤其是在进行多窗口测试或需要特定窗口布局的场景中。WebDriver 提供了方法来获取和设置窗口的位置。

（1）get_window_position()：获取当前浏览器窗口左上角的 x 和 y 坐标。

（2）set_window_position(x, y)：设置浏览器窗口左上角到屏幕左上角的水平和垂直距离。

假设我们需要编写一个自动化测试脚本,该脚本将先打开 Chrome 浏览器,访问百度首页,再获取当前窗口的位置,接着设置窗口的位置,并且验证设置是否成功。参考代码如下。

```python
from selenium import webdriver

# 指定 Chrome 浏览器驱动的路径
chrome_driver_path = 'path/to/chromedriver'

# 创建 WebDriver 实例，指定使用 Chrome 浏览器
driver = webdriver.Chrome(executable_path=chrome_driver_path)
# 访问百度首页
driver.get('https://www.bai**.com')
# 获取当前窗口的位置
current_position = driver.get_window_position()
print(f"当前窗口的位置：X 坐标 {current_position['x']}, Y 坐标 {current_position['y']}")
# 设置窗口的位置，如将 X 坐标设置为 100，Y 坐标设置为 200
driver.set_window_position(100, 200)
# 再次获取窗口的位置，验证设置是否成功
new_position = driver.get_window_position()
print(f"新的窗口的位置：X 坐标 {new_position['x']}, Y 坐标 {new_position['y']}")
driver.quit()
```

4.2.7 浏览器操作方法和属性总结

在前面的章节中，我们学习了使用 WebDriver 对浏览器进行操作的方法，包括打开和关闭浏览器、访问网页、控制网页的前进和后退、刷新浏览器页面，以及浏览器窗口的最大化、最小化和全屏与获取、设置浏览器窗口的大小和位置。以下是对这些操作方法和属性的总结。

1．浏览器的打开与关闭

get(url)：打开指定的 URL。

quit()：关闭浏览器窗口。

2．访问网页

get()：加载并访问 Web 页面。

3．控制网页的前进和后退

back()：返回浏览器历史记录中的上一个页面。

forward()：前进到浏览器历史记录中的下一个页面。

4．刷新浏览器页面

refresh()：刷新当前页面。

5．浏览器窗口的最大化、最小化和全屏

maximize_window()：最大化浏览器窗口。

minimize_window()：最小化浏览器窗口。

fullscreen()：将浏览器窗口切换到全屏模式。

6．获取、设置浏览器窗口的大小

get_window_size()：获取当前浏览器窗口的宽度和高度。

set_window_size(width, height)：设置浏览器窗口的宽度和高度。

7．获取、设置浏览器窗口的位置

get_window_position()：获取当前浏览器窗口左上角的 x 和 y 坐标。

set_window_position(x, y)：设置浏览器窗口左上角到屏幕左上角的水平和垂直距离。

8．页面导航

除了前进和后退，我们还可以使用 get() 方法来导航到新的页面。

9．浏览器属性

title：获取当前页面的标题。

current_url：获取当前页面的 URL。

通过这些方法和属性，我们可以模拟用户在浏览器中的各种行为，实现自动化测试。掌握这些操作对于编写有效的自动化测试脚本至关重要。在实际的测试工作中，根据测试需求灵活运用这些方法可以大大提高测试的效率和覆盖率。

4.3　Selenium 元素定位

【预备知识】

小张同学在学习自动化测试时，一直对自动化测试脚本驱动浏览器对百度首页中网页元素的定位十分好奇。他在线上预习元素定位操作前，忍不住向老师提问："自动化测试脚本又不像我们的眼睛可以看到页面上的元素，它是怎么实现网页元素定位的呢？"

在开始学习之前，我们先来看一个熟悉的 Web 测试页面——百度首页，如图 4-1 所示。

图 4-1　百度首页

这是百度 Web 端的首页，页面上有输入框、按钮、文字链接、图片等元素。自动化测试要做的就是模拟鼠标和键盘来操作这些元素，如单击、输入、鼠标悬停等。

而操作这些元素的前提是要定位它们。自动化测试脚本无法像测试人员一样可以通过肉

眼来定位页面上的元素，那么它究竟是如何准确定位这些元素，从而完成相应动作的呢？

通过 Chrome 浏览器自带的开发者工具可以看到，页面元素都是由 HTML 代码组成的，它们之间有层级地组织起来，每个元素有不同的标签名和属性值，如图 4-2 所示。WebDriver 就是根据这些信息来定位元素的。

图 4-2　通过开发者工具查看页面元素

4.3.1　页面元素定位方法概览

Selenium 4.0 版本的 WebDriver API 提供了多种元素定位方法，在 Python 中，对应的方法如下。

（1）使用 ID 定位元素。

（2）使用 name 定位元素。

（3）使用 class name 定位元素。

（4）使用 tag name 定位元素。

（5）使用 link_text 定位元素。

（6）使用 partial_link_text 定位元素。

（7）使用 XPath 定位元素。

（8）使用 CSS 选择器定位元素。

下面我们将逐一学习如何使用这些定位方法。在此之前，我们复制百度首页的前端代码，并以此为例来讲解页面元素的定位方法。

```
<html>
<head>
<body>
```

```
<script>
<div id="wrapper" style="display: block;">
<div id="debug" style="display:block;position:..">
<script>42 |
<div id="head" class="s_down">
<div class="head_wrapper">
<div class="s_form">
<div class="s_form_wrapper">
<div id="lg">
<a id="result_logo" onmousedown="return .." href="/">
<form id="form" class="fm" action="/s" name="f">
<input type="hidden" value="utf-8" name="ie">
<input type="hidden" value="8" name="f">
<input type="hidden" value="1" name="rsv_bp">
<input type="hidden" value="1" name="rsv_idx">
<input type="hidden" value="" name="ch">
<input type="hidden" value="02.." name="tn">
<input type="hidden" value="" name="bar">
<span class="bg s_ipt_wr">
<input id="kw" class="s_ipt" autocomplete="off" maxlength="100" value="" name="wd">
</span>
<span class="bg s_btn_wr">
<input id="su" class="bg s_btn" type="submit" value="百度一下">
</span>
...
</body>
</html>
```

这段代码并非查看的页面源代码，而是通过开发者工具得到的页面代码，这样的 HTML 结构有以下特征。

（1）它们由标签对组成。

```
<html></html>
<body></body>
<div></div>
<form></form>
```

其中，html、div 是标签的标签名。

（2）标签有各种属性。

```
<div id="head" class="s_down">
<from class="well">
<input id="kw" name="wd" class="s_ipt">
```

就像人也会有各种属性一样，如身份证号（ID）、姓名（name）等。

（3）标签对之间可以有文本数据。

```
<a>新闻</a>
```

```
<a>hao123</a>
<a>地图</a>
```

（4）标签有层级关系。

```
<html>
<body>
</body>
</html>
<div>
<form>
<input />
</form>
<div>
```

对于上面的结构，如果把 input 看作子标签，则 form 就是它的父标签。

理解上面这些特性是学习定位方法的基础。我们以百度输入框和搜索按钮为例，学习使用不同的方法来定位它们，百度输入框和百度搜索按钮的代码如下。

```
...
<input id="kw" class="s_ipt" autocomplete="off" maxlength="100" value="" name="wd">
...
<input id="su" class="bg s_btn" type="submit" value="百度一下">
...
```

如果把页面上的元素看作人，则在现实世界中如何找到某人呢？

首先，可以通过人本身的属性进行查找，如姓名、手机号、身份证号等，这些都是用于区别人的属性。Web 页面上的元素也有其本身的属性，如 ID、name、class name、tag name 等。

其次，可以通过位置进行查找，如 x 国、x 市、x 路、x 号。XPath 和 CSS 可以通过标签层级关系来查找元素。

最后，还可以借助相关人员的属性进行查找。例如，我没有小张的联系方式，但是我有他爸爸的手机号，那么通过他爸爸的手机号最终也可以找到小张。XPath 和 CSS 同样提供了相似的定位策略来查找元素。

4.3.2 使用 ID 定位元素

在 Selenium 中，使用元素的 ID 进行定位是最直接和快速的方法之一。元素的 ID 通常在 HTML 中是唯一的，因此使用 ID 定位元素是一种非常有效的方法。

find_element(By.ID, element_id)：通过元素的 ID 来定位元素。

假设我们需要编写一个自动化测试脚本，该脚本将先打开 Chrome 浏览器，访问百度首页，并且使用元素的 ID 来定位页面中的特定元素，再执行在搜索框中输入文本的操作。参考代码如下。

```
from selenium import webdriver
from selenium.webdriver.common.by import By

# 指定 Chrome 浏览器驱动的路径
```

```
chrome_driver_path = 'path/to/chromedriver'
# 创建 WebDriver 实例，指定使用 Chrome 浏览器
driver = webdriver.Chrome(executable_path=chrome_driver_path)
# 访问百度首页
driver.get('https://www.bai**.com')
# 假设我们要定位百度搜索框，其 ID 为 kw
search_box_id = 'kw'
search_box = driver.find_element(By.ID, search_box_id)
# 执行一些操作，如在搜索框中输入文本
search_box.send_keys('Selenium WebDriver')
driver.quit()
```

通过以上代码，我们可以了解如何在 Selenium 中通过元素的 ID 进行定位，并且执行一些基本的元素操作。这种定位方法简单直接，适用于元素 ID 已知且唯一的情形。

Selenium 元素
定位方法 1

4.3.3 使用 name 定位元素

在 Web 页面中，name 通常用于表单元素，如输入框和按钮。尽管 name 在一个页面上可以不是唯一的，但使用 name 进行元素定位是一种常见的方法，特别是当页面上有多个相同 name 的元素时。

find_element(By.NAME, element_name)：通过元素的 name 来定位元素。

find_elements(By.NAME, element_name)：当页面上有多个具有相同 name 的元素时，这个方法将返回所有匹配的元素列表。

4.3.4 使用 class name 定位元素

在 HTML 中，class 通常用于标识一组具有相同样式或功能的元素。Selenium 允许我们通过元素的 class name 来查找元素。

find_element(By.CLASS_NAME, class_name)：通过元素的 class name 来定位元素。

假设我们编写一个自动化测试脚本，先访问百度首页，并且使用元素的 class name 来定位页面中的搜索框元素，再执行在搜索框中输入文本的操作。参考代码如下。

```
from selenium import webdriver
from selenium.webdriver.common.by import By

# 创建 WebDriver 实例
driver = webdriver.Chrome(executable_path='path/to/chromedriver')
# 访问网页
driver.get('https://www.bai**.com')
# 假设要定位的元素 class name 为 wd
class_name = 'wd'
element = driver.find_element(By.CLASS_NAME, class_name)
# 对元素执行操作，如单击或输入文本
element.send_keys('Selenium class name')
driver.quit()
```

4.3.5 使用 tag name 定位元素

每个 HTML 元素都有一个标签名，我们可以通过标签名来查找页面上所有具有该标签的元素。

find_element(By.TAG_NAME, tag_name)：通过元素的标签名来定位元素。

假设我们编写一个自动化测试脚本，该脚本先访问百度首页，定位所有包含 input 标签的元素，并且在找到的第一个元素执行输入文本操作。参考代码如下。

```
# 访问百度首页
driver.get('https://www.bai**.com')
# 定位所有包含 input 标签的元素
input_elements = driver.find_elements(By.TAG_NAME, 'input')
# 对第一个元素执行操作
input_elements[0].send_keys('Selenium tag name')
```

4.3.6 使用 link_text 定位元素

我们可以通过链接的完整文本内容 link_text 来定位链接元素。

find_element(By.LINK_TEXT, link_text)：通过链接的完整文本内容来定位链接元素。

参考代码如下。

```
# 定位页面上文本完全匹配的链接元素
link_text = 'Sign In'
driver.find_element(By.LINK_TEXT, link_text).click()
```

4.3.7 使用 partial_link_text 定位元素

与使用 link_text 定位元素类似，我们也可以使用 partial_link_text 定位元素。

find_element(By.PARTIAL_LINK_TEXT, partial_text)：通过链接文本的一部分来定位链接元素。

参考代码如下。

```
# 定位包含部分文本的链接元素
partial_text = 'Sign'
driver.find_element(By.PARTIAL_LINK_TEXT, partial_text).click()
```

4.3.8 使用 XPath 定位元素

XPath 是一种在 XML 文档中查找信息的语言，它也适用于 HTML 文档。XPath 表达式的编写方法在网页元素定位中至关重要，常见的方法如下。

（1）绝对定位：绝对定位从文档的根节点开始，使用正斜杠（/）表示。

例如：/html/body/div 表示从根节点依次选择 html、body 和 div 元素。

（2）相对定位：相对定位从当前节点开始，使用双斜杠（//）表示。

例如：//div[@class='footer']表示定位任意深度下类名为 footer 的 div 元素。

（3）元素属性定位：使用方括号（[]）来指定元素的属性和属性值。

例如：//input[@type='text']表示定位所有类型为 text 的 input 元素。

（4）层级与属性结合定位：结合使用层级和属性来精确定位元素。

例如：//div[@class='container']//input[@type='text']表示定位类名为 container 的 div 元素内部的所有类型为 text 的 input 元素。

（5）使用谓语表达式进行条件定位：谓语表达式允许用户根据特定条件来定位元素。

例如：//a[contains(text(), 'Sign In')]表示定位所有包含文本 Sign In 的链接元素。

（6）选择特定位置的元素：使用索引来选择特定位置的元素，索引从 1 开始。

例如：//div[2]表示选择第二个 div 元素。

（7）使用轴选择器：轴选择器如 parent::、child::、ancestor::等，允许用户根据节点之间的关系来定位元素。

例如：/parent::div 表示定位当前元素的父 div 元素。

（8）文本节点选择：使用 text()方法定位元素的文本节点。

例如：//div[text()='Submit']表示定位包含文本 Submit 的 div 元素。

（9）使用通配符：*通配符可以匹配任何元素节点。

例如：//*[contains(@href, 'example')]表示定位所有包含 href 属性且属性值中包含 example 的元素。

（10）结合多个条件：使用逻辑运算符 and、or 等结合多个条件来定位元素。

例如：//a[@href and contains(@href, 'example')]表示定位所有存在 href 属性且包含 example 的链接元素。

find_element(By.XPATH, xpath)：通过 XPath 表达式来定位元素。

使用 XPath 定位元素的代码示例如下。

```
xpath = "//input[@id='search-box']"
driver.find_element(By.XPATH, xpath).send_keys('Selenium XPath')
```

在编写 XPath 表达式时，需要根据页面的结构和元素的特征灵活运用上述方法，以精确定位元素。在自动化测试中，合理使用 XPath 可以提高脚本的准确性和可维护性。

4.3.9 使用 CSS 选择器定位元素

CSS 选择器是一种在网页中选取和应用样式到 HTML 元素的语言。在 Web 自动化测试中，CSS 选择器同样被用于定位页面元素。CSS 选择器的常见语法和编写方法如下。

（1）元素选择器：直接使用元素的标签名作为选择器，如 div、p、span 等。

（2）类选择器：使用点（.）加上类名来定位具有该类的元素，如.header。

（3）ID 选择器：使用井号（#）加上 ID 来定位页面中具有该 ID 的唯一元素，如#main-content。

（4）属性选择器：使用方括号（[]）来根据属性或属性值定位元素，如[type="text"]，表示定位所有类型为 text 的输入元素。

（5）后代选择器：使用空格来表示后代选择器，如 div p，表示选择 div 元素内的所有 p 元素。

（6）子选择器：使用大于号（>）来选择直接子元素，如 ul>li，表示选择 ul 元素的直接子 li 元素。

（7）兄弟选择器：使用加号（+）选择其兄弟元素之后的元素，如 li+li，表示选择一个 li 元素后面的第一个兄弟 li 元素。

使用波浪号（~）选择其兄弟元素之后的同类型元素，如 li ~ li，表示选择一个 li 元素后面所有的兄弟 li 元素。

（8）伪类选择器：用于选择处于特定状态的元素，如:hover、:active、:first-child 等。

（9）伪元素选择器：用于选择元素的特定部分，如::before、::after。

（10）组合选择器：结合使用以上选择器来创建更具体的选择器，如#main-content .header。

（11）通配符：使用星号（*）作为通配符，可以匹配任何元素，如*[role="button"]。

（12）属性包含选择器：使用*=来选择包含特定值的属性，如 a[href*="example"]。

（13）属性开始选择器：使用^=来选择属性值以特定值开始的元素，如 input[type^="text"]。

（14）属性结束选择器：使用$=来选择属性值以特定值结束的元素，如 a[href$=".pdf"]。

（15）属性正则表达式选择器：使用～ =来选择属性值匹配特定正则表达式的元素，如 a[href~="printable"]。

在编写 CSS 选择器时，可以根据元素的类、ID、属性、层级关系等特征来构建 CSS 选择器。CSS 选择器在 Selenium 中的使用方式与 XPath 类似，但通常更简洁和易于阅读。

find_element(By.CSS_SELECTOR, css_selector)：通过 CSS 选择器来定位元素。

下面同样以百度输入框和百度搜索按钮为例，介绍使用 CSS 选择器定位元素的方法。

```
...
<span class="bg s_ipt_wr">
<input id="kw" class="s_ipt" autocomplete="off" maxlength="100" name="wd">
</span>
<span class="bg s_btn_wr">
<input id="su" class="s_btn" type="submit" value="百度一下">
</span>
...
```

（1）使用 class name 定位元素。

```
find_element(By.CSS_SELECTOR,".s_ipt")
find_element(By.CSS_SELECTOR,".s_btn")
```

find_element(By.CSS_SELECTOR,css_selector)方法用于在 CSS 中定位元素，点号（.）表示使用 class 定位元素。

（2）使用 ID 定位元素。

```
find_element(By.CSS_SELECTOR,"#kw")
find_element(By.CSS_SELECTOR,"#su")
```

井号（#）表示通过 ID 定位元素。

（3）使用 tag name 定位元素。

```
find_element(By.CSS_SELECTOR,"input")
```

在 CSS 中，使用 tag name 定位元素时不需要任何符号标识。
（4）使用标签层级关系定位元素。

```
find_element(By.CSS_SELECTOR,"span > input")
```

这种写法表示有父元素，父元素的标签名为 span。查找 span 中所有标签名为 input 的子元素。

（5）使用属性定位元素。

```
find_element(By.CSS_SELECTOR,"[autocomplete=off]")
find_element(By.CSS_SELECTOR,"[name='kw']")
find_element(By.CSS_SELECTOR,'[type="submit"]')
```

在 CSS 中，可以使用元素的任意属性定位，只要这些属性可以唯一标识这个元素。对属性值来说，可以加引号，也可以不加，注意和整个字符串的引号进行区分。

（6）组合定位元素。我们可以把上面的定位策略组合起来使用。

```
find_element(By.CSS_SELECTOR,"form.fm > span > input.s_ipt")
find_element(By.CSS_SELECTOR,"form#form > span > input#kw")
```

我们要定位的这个元素标签名为 input，class 为 s_ipt，并且它有一个父元素，标签名为 span。它的父元素还有父元素，标签名为 form，class 为 fm。我们要找的就是满足这些条件的元素。

CSS 选择器的更多使用方法可以查看 W3Cschool 网站中的 CSS 选择器参考手册。

每种定位方法都有其适用场景和优势。在实际的自动化测试中，我们可能会根据页面结构和元素特性，选择最合适的定位方法或结合使用多种方法来准确地定位元素。

4.3.10　使用 find_element()方法定位单个元素

find_element()方法用于定位页面上的单个元素。当使用这个方法时，你需要指定定位元素的策略和值。如果页面上存在多个相同策略的元素，则这个方法将只返回第一个匹配的元素。参考代码如下。

```
from selenium import webdriver
from selenium.webdriver.common.by import By

# 创建 WebDriver 实例
driver = webdriver.Chrome(executable_path='path/to/chromedriver')
# 访问百度首页
driver.get('https://www.bai**.com')
# 使用 find_element()方法定位单个元素，如定位 ID 为 searchBar 的输入框
search_bar = driver.find_element(By.ID, 'searchBar')
# 对定位到的元素执行操作，如输入文本
search_bar.send_keys('Selenium WebDriver')
driver.quit()
```

4.3.11 使用 find_elements()方法定位一组元素

与 find_element()方法不同，find_elements()方法返回页面上所有匹配指定策略的元素的列表。这在需要操作具有相同属性的多个元素时非常有用。

```
# 访问测试网页
driver.get('https://www.bai**.com')
# 使用 find_elements()方法定位一组元素，如定位所有 tag 为 input 的元素
list_items = driver.find_elements(By.TAG_NAME, 'input')
# 遍历所有找到的元素并执行操作，如打印每个元素的文本
for item in list_items:
    print(item.text)
driver.quit()
```

4.3.12 Selenium 的相对定位器

Selenium 4.0 版本引入了一种新的元素定位方法——相对定位器（Relative Locators）。这种方法允许我们通过元素的视觉特征来定位。这种方法特别适用于那些难以直接定位的元素，但它们相对于页面上其他容易定位的元素的位置是已知的。

相对定位器配合使用 locate_with()方法和表示位置关系的方法。

```
locate_with(BY.属性名,'属性值')
```

其中，第一个参数是目标元素的定位策略（如按钮的名称），第二个参数是目标元素的定位值。

表示位置关系的方法（如 to_the_right_of()）定义了目标元素相对于已知元素的位置。有以下几种。

（1）above()：定位在指定元素上方的元素。

```
email_locator = locate_with(By.TAG_NAME, "input").above({By.ID: "password"})
```

（2）below()：定位在指定元素下方的元素。

```
submit_locator = locate_with(By.TAG_NAME, "button").below({By.ID: "email"})
```

（3）to-left-of()：定位在指定元素左侧的元素。

```
cancel_locator = locate_with(By.TAG_NAME, "button").to_left_of({By.ID: "submit"})
```

（4）to-right-of()：定位在指定元素右侧的元素。

```
submit_locator = locate_with(By.TAG_NAME, "button").to_right_of({By.ID: "cancel"})
```

（5）near()：定位在指定元素附近（默认 50 像素内）的元素。

```
email_locator = locate_with(By.TAG_NAME, "input").near({By.ID: "lbl-email"})
```

假设我们需要定位某测试网页中的按钮元素，该按钮被另一个具有特定文本的元素覆盖。我们将使用 Selenium 的相对定位器来实现。

```
from selenium import webdriver
```

```
from selenium.webdriver.common.by import By
from selenium.webdriver.support.ui import WebDriverWait
from selenium.webdriver.support import expected_conditions as EC
from selenium.webdriver.support.relative_locator import locate_with
# 创建 WebDriver 实例
driver = webdriver.Chrome(executable_path='path/to/chromedriver')
# 访问网页
driver.get('https://www.****.com')    # 请替换为实际的网址
# 假设页面上有一个 ID 为 parentElement 的元素,它覆盖了一个我们要定位的按钮
parent_element_id = 'parentElement'
parent_element = WebDriverWait(driver, 10).until(
    EC.presence_of_element_located((By.ID, parent_element_id)))

# 使用元素位置方法 below() 来定位被 parentElement 覆盖的按钮
button_locator = locate_with(By.TAG_NAME, "button").below({By.ID: parent_element_id})
button = driver.find_element(button_locator)
# 对定位到的按钮执行单击操作
button.click()
# 关闭浏览器
driver.quit()
```

相对定位器是一种新的定位方法，可能需要 Selenium 4.0 版本支持。此外，相对定位器的使用场景可能相对特殊，但在处理动态内容或不可靠的元素标识时非常有用。

4.4 鼠标操作

为了帮助读者深入理解鼠标操作在自动化测试中的应用，本节将详细介绍如何使用 WebDriver 进行各种鼠标操作，并且通过实际的编程练习，讲解如何编写能够模拟真实用户交互的自动化测试脚本。通过对本节的学习，读者能够掌握鼠标的基本和高级操作，为进行更加深入和全面的 Web 自动化测试打下坚实的基础。

WebDriver 鼠标
常用操作

4.4.1 内置鼠标操作包

WebDriver 中的内置鼠标操作包提供了丰富的方法来模拟鼠标行为,这些方法允许用户在自动化测试中执行各种复杂的鼠标操作。以下是对内置鼠标操作包的一些简要介绍。

（1）ActionChains：ActionChains 是执行鼠标和键盘操作的主要类。通过这个类，我们可以创建一系列动作，然后按顺序执行它们。

（2）鼠标单击：click()方法用于模拟鼠标单击操作。

（3）鼠标双击：double_click()方法用于模拟鼠标双击操作。

（4）鼠标悬停：move_to_element()方法用于模拟鼠标移动到指定元素上，实现悬停效果。

（5）鼠标移动：move_by_offset()方法允许将鼠标从当前位置移动指定的 x 和 y 偏移量。

move_to_element_with_offset()方法用于将鼠标移动到元素的指定位置（通过偏移量定位）。

（6）鼠标拖曳：先使用 click_and_hold()方法模拟按下鼠标按键不放的操作，再使用 move_by_offset()或 move_to_element()方法来拖动，最后使用 release()方法释放鼠标按键完成拖曳。

（7）鼠标滚轮：scroll()方法可以模拟鼠标滚轮滚动，接收滚动量作为参数。

（8）执行动作序列：perform()方法用于执行所有通过 ActionChains 类构建的动作序列。

（9）上下文菜单操作：context_click()方法用于模拟鼠标右击，触发上下文菜单。

这些方法可以单独使用，也可以组合使用以模拟更复杂的用户交互。在使用 ActionChains 类时，动作通常先被添加到一个动作序列中，再一次性执行，以确保操作的连贯性和准确性。

4.4.2 鼠标悬停操作

鼠标悬停操作用于模拟用户将鼠标悬停在某个元素上的行为，这在测试悬停显示菜单或工具提示时非常有用。

假设我们需要测试百度首页上的下拉菜单，该菜单仅在鼠标悬停在菜单按钮上时显示。参考代码如下。

```python
from selenium import webdriver
from selenium.webdriver.common.by import By
from selenium.webdriver.common.action_chains import ActionChains

# 创建 WebDriver 实例
driver = webdriver.Chrome(executable_path='path/to/chromedriver')
# 访问百度首页
driver.get('https://www.bai**.com')
# 定位到触发下拉菜单的元素，如id='menu-button'的按钮
menu_button = driver.find_element(By.ID, 'menu-button')

# 鼠标悬停操作
actions = ActionChains(driver)
actions.move_to_element(menu_button).perform()
# 检查下拉菜单是否显示，如检查是否出现了具有特定类的下拉项
dropdown_item = driver.find_element(By.CLASS_NAME, 'dropdown-item-class')
assert dropdown_item.is_displayed()

# 完成操作后关闭浏览器
driver.quit()
```

4.4.3 鼠标拖曳操作

鼠标拖曳操作是模拟用户将一个元素拖曳到另一个位置或另一个元素上的行为。这种操作在测试具有拖放功能的网页时非常有用，如拖曳排序、改变元素位置等场景。

假设我们需要测试某网页上的鼠标拖曳功能，将一个可拖曳的元素拖曳到一个目标容器

中。参考代码如下。

```python
from selenium import webdriver
from selenium.webdriver.common.by import By
from selenium.webdriver.common.action_chains import ActionChains

# 创建 WebDriver 实例
driver = webdriver.Chrome(executable_path='path/to/chromedriver')
# 访问测试网页
driver.get('https://www.***.com')
# 定位可拖曳的元素和目标容器元素
draggable_element = driver.find_element(By.ID, 'draggable')
dropzone_element = driver.find_element(By.ID, 'dropzone')
# 创建 ActionChains 实例
actions = ActionChains(driver)
# 执行拖曳操作
actions.click_and_hold(draggable_element).move_to_element(dropzone_element).release(dropzone_element).perform()
# 验证拖曳操作是否成功,如检查元素是否在目标容器中
# 这里使用一个假设的方法 is_element_in_container()来表示检查逻辑
assert is_element_in_container(draggable_element, dropzone_element)
# 完成操作后关闭浏览器
driver.quit()

# 自定义方法,用于检查拖曳元素是否在目标容器中
def is_element_in_container(element, container):
    # 这里应包含具体的检查逻辑,可能涉及比较元素的位置、类名或其他属性
    # 以下为示例伪代码
    return element.location['x'] > container.location['x'] and element.location['y'] > container.location['y']
```

4.4.4　其他鼠标操作

除了基本的单击、双击、悬停和拖曳操作外,WebDriver 还提供了一些其他的鼠标操作以模拟更复杂的用户交互行为。这些操作包括但不限于鼠标滚动、鼠标的精确移动等。

假设我们需要测试一个具有滚动条的网页,需要模拟鼠标滚动到页面底部的操作。参考代码如下。

```python
from selenium import webdriver
from selenium.webdriver.common.by import By
from selenium.webdriver.common.action_chains import ActionChains

# 创建 WebDriver 实例
driver = webdriver.Chrome(executable_path='path/to/chromedriver')
# 访问百度首页
```

```python
driver.get('https://www.bai**.com')
# 定位到页面的一个元素，我们希望滚动到这个元素的位置
target_element = driver.find_element(By.ID, 'bottom-element')
# 获取当前滚动条的位置
current_position = driver.execute_script("return window.pageYOffset;")
# 计算需要滚动的距离
scroll_to_position = target_element.location['y'] + current_position
# 滚动到指定的位置
driver.execute_script(f"window.scrollTo(0, {scroll_to_position});")

# 另一种方式，使用ActionChains模拟鼠标滚动
actions = ActionChains(driver)
actions.key_down(WebDriverKeys.CONTROL).scroll_by(0,500).key_up(WebDriverKeys.CONTROL).perform()

# 验证是否滚动到了正确的位置
assert driver.execute_script("return window.pageYOffset;") >= scroll_to_position
# 完成操作后关闭浏览器
driver.quit()
```

4.5 键盘操作

4.5.1 模拟键盘进行文字输入

在自动化测试中，模拟键盘输入是常见的需求，send_keys()方法可以用来模拟键盘输入。假设我们需要在百度首页的输入框中输入关键词"Selenium WebDriver"。参考代码如下。

```python
from selenium import webdriver
from selenium.webdriver.common.keys import Keys

# 创建WebDriver实例
driver = webdriver.Chrome(executable_path='path/to/chromedriver')
# 访问百度首页
driver.get('https://www.bai**.com')
# 定位到输入框元素
search_box = driver.find_element(By.ID, 'kw')
# 清除输入框中可能存在的任何预填充文本
search_box.clear()
# 输入关键词
search_box.send_keys('Selenium WebDriver')
# 使用键盘操作模拟按下回车键进行搜索
search_box.send_keys(Keys.RETURN)
driver.quit()
```

4.5.2 键盘常用组合键操作

键盘组合键操作可以模拟更复杂的用户输入行为，如使用 Ctrl+C 组合键进行复制、使用 Ctrl+V 组合键进行粘贴等。

假设我们需要在百度首页的输入框中模拟复制粘贴操作。参考代码如下。

```
from selenium import webdriver
# 调用 Keys 模块
from selenium.webdriver.common.keys import Keys
driver = webdriver.Chrome()
driver.get("http://www.bai**.com")
# 在输入框输入内容
driver.find_element(BY.ID,"kw").send_keys("selenium")
# 删除多输入的一个 m
driver.find_element(BY.ID,"kw").send_keys(Keys.BACK_SPACE)
# 输入空格键+"教程"
driver.find_element(BY.ID,"kw").send_keys(Keys.SPACE)
driver.find_element(BY.ID,"kw").send_keys("教程")
# 输入组合键 Ctrl+a，全选输入框内容
driver.find_element(BY.ID,"kw").send_keys(Keys.CONTROL, 'a')
# 输入组合键 Ctrl+x，剪切输入框内容
driver.find_element(BY.ID,"kw").send_keys(Keys.CONTROL, 'x')
# 输入组合键 Ctrl+v，粘贴内容到输入框
driver.find_element(BY.ID,"kw").send_keys(Keys.CONTROL, 'v')
# 用回车键代替单击操作
driver.find_element(BY.ID,"su").send_keys(Keys.ENTER)
driver.quit()
```

通过对本节的学习，读者应该能够理解如何在 Selenium 中使用 Python 模拟键盘输入和组合键操作，以及如何将这些操作应用于 Web 自动化测试中。这些技能对于模拟用户在 Web 页面上的交互非常关键。

4.6 对象操作

4.6.1 单击对象

单击对象操作指的是通过自动化测试脚本模拟用户使用鼠标单击网页上的元素。这种操作通常用于触发页面上的事件，如提交表单、打开链接、切换选项卡、激活下拉菜单等。

常见的可以执行单击操作的对象如下。

（1）链接（Links）：网页中的链接可以被单击以导航到另一个页面或页面内的某一部分。

（2）按钮（Buttons）：按钮是 Web 表单中常见的元素。

（3）复选框（Checkboxes）：通过单击复选框，可以选中或取消选中一个选项。

（4）下拉菜单（Dropdowns）：单击下拉菜单可以展开并选择其中一个选项。

（5）标签页（Tabs）：在使用标签页的界面中，单击可以切换到不同的内容区域。

（6）表单元素（Form Elements）：如文本框（Text Fields）、密码框（Password Fields）等，虽然它们本身不是按钮，但可以通过单击来获得焦点并进行输入。

（7）图片（Images）：如果图片被设置为可单击的（如作为链接的一部分），则可以执行单击操作。

（8）图标按钮（Icon Buttons）：一些按钮可能以图标的形式出现，如社交媒体分享按钮或菜单展开/收起按钮。

（9）自定义控件（Custom Widgets）：一些 Web 应用可能包含自定义控件，如滑块、开关、评级系统等，这些控件可能需要特定的单击操作。

自动化测试框架（如 Selenium）提供了丰富的 API 来执行这些操作，如使用 click()方法来模拟鼠标单击事件。

4.6.2 输入内容

在自动化测试中，经常会遇到在输入框中输入特定字符的情况，这通过使用 send_keys()方法实现。如在百度首页中，先定位到输入框，再输入字符串"Selenium WebDriver"。参考代码如下。

```python
# 定位输入框并输入内容
input_field = driver.find_element(By.NAME, 'wd')
input_field.send_keys('Selenium WebDriver')
```

4.6.3 清空内容

在页面测试中，经常会出现需要先清空输入框或输入字段的内容，再输入文本的情况。参考代码如下。

```python
# 清空输入框中的内容
input_field.clear()
```

4.6.4 提交表单

提交表单，通常通过单击提交按钮实现。参考代码如下。

```python
# 定位并单击表单提交按钮
submit_button = driver.find_element(By.XPATH, '//button[@type="submit"]')
submit_button.click()
```

4.6.5 获取文本内容

通过页面元素的 text 属性获取页面元素的文本内容。参考代码如下。

```python
# 获取页面标题并打印
page_title = driver.title
print(f"页面标题：{page_title}")

# 获取页面元素的文本
```

```
element_text = driver.find_element(By.ID, 'text-element').text
print(f"元素文本: {element_text}")
```

4.6.6 获取对象属性值

通过 get_attribute()方法获取页面元素的属性值。参考代码如下。

```
# 获取页面元素的属性值
element_attribute=driver.find_element(By.ID,'element-id').get_attribute('class')
print(f"元素属性值: {element_attribute}")
```

4.6.7 对象显示状态

通过 is_displayed()方法检查元素是否在页面上可见。参考代码如下。

```
# 检查元素是否可见
is_visible = driver.find_element(By.ID, 'visible-element').is_displayed()
print(f"元素是否可见: {is_visible}")
```

4.6.8 对象编辑状态

通过 is_enabled()方法检查元素是否可编辑，如输入框是否允许输入。参考代码如下。

```
# 检查输入框是否可编辑
is_editable = driver.find_element(By.NAME, 'editable-field').is_enabled()
print(f"输入框是否可编辑: {is_editable}")
```

4.6.9 对象选择状态

通过 is_selected()方法检查元素（如单选按钮、复选框）是否被选中。参考代码如下。

```
# 检查复选框是否被选中
is_selected = driver.find_element(By.ID, 'checkbox-id').is_selected()
print(f"复选框是否被选中: {is_selected}")
```

通过对本节的学习，读者能够理解如何使用 Selenium 中的 Webdriver API 来操作页面对象，包括单击、输入、清空内容、提交表单、获取文本和属性、检查元素的显示、编辑和选择状态。

4.7 获取页面及其元素的相关信息

4.7.1 获取页面的标题、文本和属性

获取页面的标题、元素的文本和属性是自动化测试中常用的操作，用于验证页面内容和元素状态。

（1）driver.title：获取页面的标题。

（2）element.text：获取元素的文本，element 为要定位的网页元素。

（3）get_attribute('属性')：获取元素的属性。

参考代码如下。

```python
from selenium import webdriver
# 创建 WebDriver 实例
driver = webdriver.Chrome(executable_path='path/to/chromedriver')
# 访问百度首页
driver.get('https://www.bai**.com')

# 获取页面标题并打印
page_title = driver.title
print(f"页面标题：{page_title}")
# 定位页面上某个元素，获取其文本和 class 属性
element = driver.find_element(By.TAG_NAME, 'h1')
element_text = element.text
element_attribute = element.get_attribute('class')
print(f"元素文本：{element_text}")
print(f"元素属性 'class'：{element_attribute}")
```

4.7.2 获取当前页面的 URL

获取当前页面的 URL 可以帮助验证页面导航或重定向是否按预期工作。参考代码如下。

```python
# 获取并打印当前页面的 URL
current_url = driver.current_url
print(f"当前页面的 URL：{current_url}")
```

4.7.3 获取页面的源代码

获取页面的源代码可以用于深入分析或验证页面内容。参考代码如下。

```python
# 获取并打印页面的源代码
page_source = driver.page_source
print(f"页面的源代码：（部分显示）\n{page_source[:500]}...")  # 打印源代码的前 500 个字符
```

4.7.4 判断元素是否可见

is_displayed()方法用于判断元素是否可见，即元素在页面上是否能够被用户看到。参考代码如下。

```python
# 判断元素是否可见
is_element_visible = element.is_displayed()
print(f"元素是否可见：{is_element_visible}")
```

4.7.5 判断元素是否可用

is_enabled()方法用于判断元素是否可用，即元素是否可以进行交互操作。参考代码如下。

```python
# 判断元素是否可以单击
```

```
is_element_enabled = element.is_enabled()
print(f"元素是否可用（可单击）：{is_element_enabled}")
```

4.7.6 判断元素的选中状态

对于可选项元素（如单选按钮、复选框），可以使用 is_selected()方法判断其是否被选中。参考代码如下。

```
# 定位一个复选框元素
checkbox = driver.find_element(By.ID, 'checkbox-id')
# 判断复选框是否被选中
is_checkbox_selected = checkbox.is_selected()
print(f"复选框是否被选中：{is_checkbox_selected}")
# 如果需要，则可以切换复选框的选中状态
if not is_checkbox_selected:
    checkbox.click()
```

【练习与实训】

1. 浏览器窗口操作：编写一个 Python 脚本，先使用 WebDriver 打开 Chrome 浏览器，访问百度首页，获取并打印当前页面的标题和 URL，再最大化浏览器窗口。

2. 鼠标悬停操作：编写一个 Python 脚本，打开百度首页，模拟鼠标悬停在导航栏的"更多"标签上，并且获取悬停后的元素信息。

3. 键盘操作：编写一个 Python 脚本，打开京东首页，在搜索框中使用键盘操作输入"Selenium"，包括使用 Ctrl+A 组合键进行全选操作和使用 Ctrl+V 组合键进行粘贴操作。

4. 元素单击操作：编写一个 Python 脚本，打开淘宝首页，单击页面上的任意一个商品，并且获取商品的标题信息。

5. 下拉框选择：编写一个 Python 脚本，访问携程旅行网，定位到酒店级别下拉框，选择"三星（钻）"选项，其他输入项保持默认，完成按照酒店级别搜索酒店的操作，并且验证是否选择了正确的值。

6. 多窗口操作：编写一个 Python 脚本，先打开百度首页，再打开百度贴吧页面并切换到该窗口，最后在新窗口中获取页面标题。

7. 获取页面的源代码：编写一个 Python 脚本，打开新浪首页，获取并打印页面的源代码。

8. 元素属性获取：编写一个 Python 脚本，打开腾讯首页，定位页面上任意一个元素，并且获取其 CSS 类名和属性值。

【想一想】

如果网页中某个元素的 ID 在刷新网页后动态变化，则我们编写的自动化测试代码还能通过 ID 定位到该元素吗？

第 5 章

常见控件操作

学习目标

1．知识目标
（1）理解常见 Web 控件的基本概念及其在 Web 页面中的作用。
（2）掌握不同控件的特征和操作方式。

2．能力目标
（1）学会使用 WebDriver API 对各种常见控件进行精确操作。
（2）能够编写自动化测试脚本来模拟用户与控件的交互，验证控件的功能和用户界面响应。

3．素养目标
（1）培养对 Web 页面中控件行为的分析和理解能力，提高问题诊断和设计解决方案的能力。
（2）通过实践操作，锻炼对复杂控件交互的细致控制，提高自动化测试脚本的覆盖度和精准度。
（3）学会根据不同控件的特点选择合适的定位和交互策略，培养创新性思维。

任务情境

小王是一名软件测试工程师，最近他参与了一个 Web 应用的自动化测试项目。该 Web 应用的用户界面包含多种常见控件，如复选框、下拉框、警告框、表格、日期时间控件、文件下载、文件上传等。

在项目启动会议中，小王提出了他的问题："我已经掌握了 WebDriver 的基本操作，但对于这些多样化的控件，我应该如何有效地进行自动化测试？在编写自动化测试脚本时，我应该注意哪些关键点？"

为了帮助对常见控件操作感兴趣的读者，本章将详细介绍各种 Web 控件的自动化测试方法，并且通过实际的编程练习，介绍如何使用 WebDriver 进行控件的交互操作。通过对本章的学习，读者能够熟练掌握对常见控件的自动化测试技能，并且逐步成长为一名能够处理各种控件交互的自动化测试专家。

5.1 复选框

复选框允许用户从一组选项中选择多个选项。在 Web 页面中，复选框通常由 input 标签的 type="checkbox" 定义。在 Selenium 中，复选框可以通过 WebDriver 的 find_element()方法定位，并且通过调用元素的 is_selected()方法来检查其是否被选中，通过 click()方法来切换选中状态。

假设我们要勾选"小雷老师"复选框。

```
<div id="s_checkbox">
  <input type="checkbox" name="teacher" value="小江老师">小江老师<br>
  <input type="checkbox" name="teacher" value="小雷老师">小雷老师<br>
  <input type="checkbox" name="teacher" value="小凯老师" checked="checked">
</div>
```

参考代码如下。

```
from selenium import webdriver
from selenium.webdriver.common.by import By

# 创建 WebDriver 实例
driver = webdriver.Chrome(executable_path='path/to/chromedriver')
# 访问包含复选框的测试页
driver.get('https://cdn2.by**.net/files/selenium/test2.html')
# 先把已经勾选的复选框全部单击一下
elements = wd.find_elements(By.CSS_SELECTOR,
  '#s_checkbox input[name="teacher"]:checked')
for element in elements:
    element.click()

# 再勾选"小雷老师"复选框
wd.find_element(By.CSS_SELECTOR,
  "#s_checkbox input[value='小雷老师']").click()
# 完成操作后关闭浏览器
driver.quit()
```

5.2 下拉框

下拉框是 Web 页面的常见功能之一，WebDriver 提供了 Select 类来处理下拉框。

（1）Select 类：用于定位 select 标签。

（2）select_by_value()：通过 value 定位下拉选项。

（3）select_by_visible_text()：通过 text 定位下拉选项。

（4）select_by_index()：根据下拉选项的索引进行选择。第一个选项的索引为 0，第二个选项的索引为 1，以此类推。

假设我们要选译"小雷老师"选项。

WebDriver API 之
选择框操作

```
<select id="ss_single">
<option value="小江老师">小江老师</option>
<option value="小江老师">小雷老师</option>
<option value="小凯老师" selected="selected">小凯老师</option>
</select>
```

参考代码如下。

```
from time import sleep
from selenium import webdriver
from selenium.webdriver.support.select import Select

driver = webdriver.Chrome()
# 打开选择框测试页
driver.get('https://cdn2.by**.net/files/selenium/test2.html')
# 创建 Select 对象
select = Select(wd.find_element(By.ID, "ss_single"))
# 通过 Select 对象选择"小雷老师"选项
select.select_by_visible_text("小雷老师")
driver.quit()
```

5.3 警告框

在 WebDriver 中处理 JavaScript 生成的 alert、confirm 和 prompt 十分简单，具体做法是，先使用 switch_to.alert()方法进行定位，再使用 text()、accept()、dismiss()、send_keys()等方法进行操作。

- text()：返回 alert、confirm、prompt 中的文字信息。
- accept()：接收现有的警告框。
- dismiss()：取消现有的警告框。
- send_keys()：在警告框中输入文本（仅适用于 prompt 弹窗）。

我们以百度首页的搜索设置为例，完成相应设置后，可以使用 switch_to.alert()方法获取百度首页的搜索设置的警告框，如图 5-1 所示。

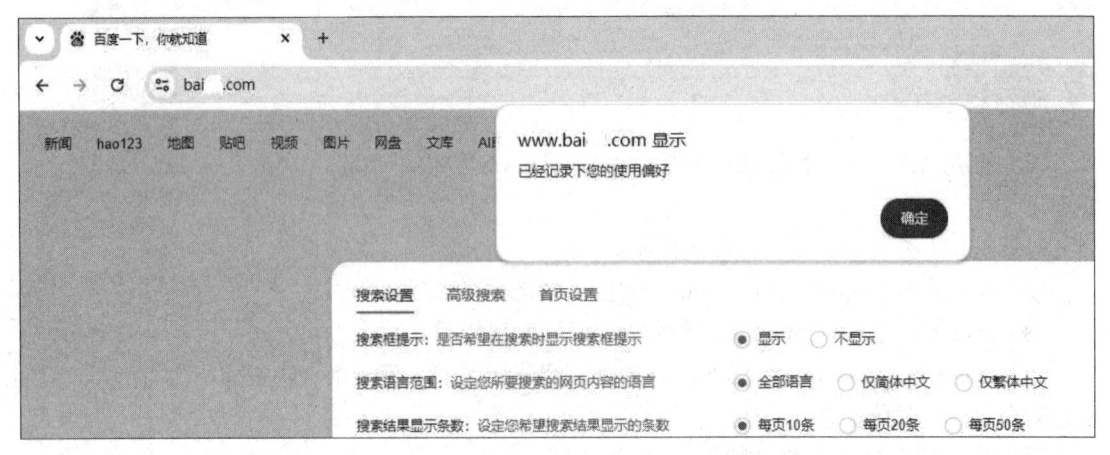

图 5-1 警告框

参考代码如下。

```python
from time import sleep
from selenium import webdriver
driver = webdriver.Chrome()
driver.get('https://www.bai**.com')
# 打开搜索设置
link = driver.find_element (BY.LINK_TEXT,"设置").click()
driver.find_element (BY.LINK_TEXT,"搜索设置").click()
sleep(2)
# 保存设置
driver.find_element(By.ClassName,"prefpanelgo").click()
# 获取警告框
alert = driver.switch_to.alert
# 获取警告框提示信息
alert_text = alert.text
print(alert_text)
# 单击"确定"按钮
alert.accept()
driver.quit()
```

5.4 非 JavaScript 弹窗

非 JavaScript 弹窗可能是由 HTML 元素（如 div 或 modal 等）构成的自定义弹窗。这些弹窗可以通过常规的元素定位方法进行处理。

```python
# 访问网页，定位到非 JavaScript 弹窗的元素，找具体的网页作为测试页
driver.get('https://www.bai**.com')
non_js_alert = driver.find_element(By.ID, 'non-js-alert')
# 执行操作，如单击按钮触发弹窗
non_js_alert.click()
# 等待弹窗元素加载完成
wait.until(EC.visibility_of_element_located((By.ID, 'custom-alert')))
# 定位并获取弹窗中的文本或其他元素
custom_alert_text = driver.find_element(By.ID, 'custom-alert').text
print(f"自定义弹窗文本：{custom_alert_text}")
# 根据需要对弹窗元素执行操作，如单击弹窗的关闭按钮
close_button = driver.find_element(By.ID, 'close-custom-alert')
close_button.click()
# 完成操作后关闭浏览器
driver.quit()
```

5.5 表格

表格操作通常涉及定位表格行、列和单元格，以及处理表格内的数据。假设我们正在测试一个包含员工信息的表格，并且我们需要获取每个

WebDriver API 之
弹窗的常见操作

员工的姓名和职位。

假设测试网页表格的 HTML 结构大致如下。

```
<table id="employee-table">
    <tr>
        <th>Name</th>
        <th>Position</th>
    </tr>
    <tr>
        <td>John Doe</td>
        <td>Software Engineer</td>
    </tr>
    <!-- More rows -->
</table>
```

获取表格中所有员工的姓名和职位，参考代码如下。

```
from selenium import webdriver
from selenium.webdriver.common.by import By

# 创建 WebDriver 实例
driver = webdriver.Chrome(executable_path='path/to/chromedriver')
# 访问包含表格的网页
driver.get('https://www.****.com/tables')
# 定位表格元素
table = driver.find_element(By.ID, 'employee-table')
# 定位表格的行，跳过表头
rows = table.find_elements(By.XPATH, ".//tr")[1:]
# 遍历所有行，获取姓名和职位
for row in rows:
    # 获取当前行的所有单元格
    cells = row.find_elements(By.XPATH, ".//td")
    # 确保行中有足够的数据
    if len(cells) >= 2:
        # 获取姓名
        name = cells[0].text
        # 获取职位
        position = cells[1].text
        print(f"姓名：{name}，职位：{position}")
driver.quit()
```

5.6 日期时间控件

日期时间控件是常见的输入元素，允许用户选择日期和时间。在自动化测试中，我们需要能够模拟这些输入操作。在自动化测试中，如果需要与日期时间控件交互，则通常需要定位日期时间控件的 input 元素。

在 HTML 中，通常使用 input 元素的 type 属性为 date、time、datetime-local 等来定义日

期时间控件。这些特定的 type 值指示该输入字段应该被渲染为一个日期选择器或时间选择器。我们可以直接使用 send_keys()方法来输入日期时间值。

（1）<input type="date">：用于选择日期。

（2）<input type="time">：用于选择时间。

（3）<input type="datetime-local">：用于选择日期和时间。

有些日期时间控件可能是由 JavaScript 插件或自定义脚本生成的，它们可能使用 type="text"并在背后使用 JavaScript 来提供日期时间选择功能。在这种情况下，控件的行为更像是一个文本框，但它会触发一个日期时间选择器的弹出窗口。

我们假设有一个原生的 HTML 日期时间控件，需要在日期时间控件中输入一个特定的日期。

```
<input type="date" id="date-picker">
```

参考代码如下。

```python
from selenium import webdriver
from selenium.webdriver.common.by import By
from selenium.webdriver.support.ui import WebDriverWait
from selenium.webdriver.support import expected_conditions as EC

# 创建 WebDriver 实例
driver = webdriver.Chrome(executable_path='path/to/chromedriver')
# 访问包含原生的 HTML 日期时间控件的网页
driver.get('https://www.bai**.com/datetime')
# 等待日期选择器加载完成
date_picker = WebDriverWait(driver, 10).until(
    EC.presence_of_element_located((By.ID, 'date-picker'))
)
# 清除日期选择器中可能存在的默认值
date_picker.clear()
# 输入一个日期，格式应符合控件要求，如 YYYY-MM-DD
date_picker.send_keys('2024-12-31')
# 验证日期是否正确输入，可以通过获取控件的 value 属性来检查
assert date_picker.get_attribute('value') == '2024-12-31'
driver.quit()
```

5.7 文件下载

在使用 Selenium 进行文件下载之前，需要先配置浏览器的下载设置，指定文件的默认下载路径，并且设置浏览器不显示弹出窗口。

下面以 Chrome 浏览器为例，展示如何进行文件下载操作，参考代码如下。

Webdriver API 之文件下载

```python
from selenium import webdriver
from selenium.webdriver.chrome.options import Options
```

```python
# 设置Chrome浏览器的下载选项
chrome_options = Options()
prefs = {
    # 设置下载路径
    'download.default_directory': '/path/to/download',
    # 禁止弹出窗口
    'profile.default_content_settings.popups': 0,
}
chrome_options.add_experimental_option('prefs', prefs)
# 创建WebDriver实例
driver = webdriver.Chrome(options=chrome_options)
# 访问Selenium官网下载网页
driver.get('https://pypi.org/project/sele****/#files')
# 定位下载链接并单击,如下载selenium4.23.1离线安装包
download_link=driver.find_element(BY.Partial_LINK_TEXT,'selenium-4.23.1-py3-none-any.whl')
download_link.click()
# 等待文件下载完成
# 根据需要调整等待时间
driver.implicitly_wait(10)
driver.quit()
```

请注意,实际的下载路径需要替换为用户希望文件被保存的路径,并且可能需要根据实际情况调整等待时间。此外,验证文件下载成功的逻辑需要根据具体需求来实现,如检查特定文件是否存在于下载目录中。

5.8 文件上传

在Web页面中,文件上传操作一般需要单击上传按钮后打开本地Windows窗口,从窗口中选择本地文件进行上传。因为WebDriver无法操作Windows控件,所以对初学者来说,一般思路会卡在如何识别Windows控件这个问题上。

Webdriver API
之文件上传

在Web页面中,一般通过以下两种方式实现文件上传。

(1)普通上传:将本地文件路径作为一个值放在input标签中,通过form表单将这个值提交给服务器。

(2)插件上传:一般是指基于Flash、JavaScript或Ajax等技术实现的上传功能。

假设以下是我们需要上传文件的upfile.html网页的HTML脚本。

```html
<body>
<div class="jumbotron">
<form class="form-inline" role="form">
<div class="form-group">
<label class="sr-only" for="name">名称</label>
<input type="text" class="form-control" id="name"
```

```
placeholder="请输入名称">
</div>
<div class="form-group">
<label class="sr-only" for="inputfile">文件输入</label>
<input type="file" id="inputfile">
</div>
<button type="submit" class="btn btn-default">提交</button>
</form>
</div>
</body>
</html>
```

通过浏览器打开 upfile.html 文件，在该页面上传文件的参考代码如下。

```
import os
from selenium import webdriver
file_path = os.path.abspath('./files/')
driver = webdriver.Chrome()
upload_page = 'file:///' + file_path + 'upfile.html'
driver.get(upload_page)
# 定位上传按钮，添加本地文件
driver.find_element_by_id("file").send_keys(file_path + 'test.txt')
# ...
```

注意：测试的页面（upfile.html）和上传的文件（test.txt）位于与当前程序同目录的 files/ 目录下。

5.9 多窗口切换操作

在页面操作过程中，有时单击某个链接会弹出新的窗口，这时就需要切换到新打开的窗口中进行操作。WebDriver 提供的 switch_to.window()方法可以实现不同窗口间的切换。

（1）current_window_handle：获得当前窗口的句柄。

（2）window_handles：返回所有窗口的句柄，它是一个列表，列表的最后一个元素 window_handles[-1]就是最新打开的窗口的句柄。

（3）switch_to.window()：切换到相应的窗口。

假设在测试中依次打开了百度首页和百度账号注册页，并且在两个窗口之间切换，关键的参考代码如下。

```
# 将当前打开的百度首页窗口的句柄赋值给变量 old_window
old_window =driver.current_window_handle
# 打开百度账号注册页后，切换到新窗口
new_window = driver.window_handles[-1]
driver.switch_to.window(new_window)
# 从新窗口切换回原来的窗口
driver.switch_to.window(old_window)
```

5.10 多表单切换操作

在 Web 应用中经常会遇到 frame/iframe 表单嵌套页面的应用，WebDriver 只能在一个页面上对元素进行识别和定位，无法直接定位 frame/iframe 表单内嵌页面上的元素，这时就需要通过 switch_to.frame()方法将当前定位的主体切换为 frame/iframe 表单的内嵌页面。

switch_to.frame()方法默认可以直接对表单的 id 属性或 name 属性传参，因而可以定位元素的对象。

WebDriver API 之
多表单切换

以 126 邮箱登录为例，登录页面的 HTML 结构如下。

```
<html>
<body>
...
<iframe id="x-URS-iframe1724065699446.9875" ...>
<html>
<body>
...
<input name="email" >
```

注意：表单的 id 属性后半部分的数字是随机变化的。

进行 126 邮箱登录操作，切换表单的参考代码如下。

```
from time import sleep
from selenium import webdriver
driver = webdriver.Chrome()
#输入126邮箱登录页面的URL
driver.get("http://www.***.com")
sleep(2)
#在CSS定位方法中，可以通过^=匹配id属性以 x-URS-iframe 开头的元素
login_frame =driver.find_element(By.CSS_SELECTOR,'iframe[id^="x-URS-iframe"]')
#通过switch_to.frame()方法切换表单
driver.switch_to.frame(login_frame)
driver.find_element(By.NAME,"email").send_keys("username")
driver.find_element(By.NAME,"password").send_keys("password")
driver.find_element_by(By.ID,"dologin").click()
driver.switch_to.default_content()
driver.quit()
```

【练习与实训】

1. 访问一个包含复选框的网页，如 https://cdn2.by**.net/files/selenium/test2.html，在页面中找到复选框元素，编写脚本勾选"小凯老师"复选框，并且验证选择状态。

2. 访问一个包含下拉框的网页，如 https://cdn2.by**.net/files/selenium/test2.html，定位到页面中的下拉框元素，从下拉框中选择"小江老师"选项，并且确保它被正确选中。

3. 访问一个包含警告框（alert）的网页，如百度搜索首页—高级搜索—首页设置，完成设置后，单击"确定"按钮。编写脚本正确处理警告框中的"确定"按钮，并且继续执行后续操作。

4．编写脚本访问百度文库首页（https://wen**.baidu.com/），找到"上传"按钮，上传一个本地文件，并且验证上传状态。

5．编写脚本访问一个会打开多个浏览器窗口的网页，切换到每个新打开的窗口，执行操作后返回原窗口。

6．前往包含多个表单的网页，如 QQ 邮箱登录页面，编写脚本在不同表单间切换，填写信息，并且验证表单提交结果。

7．编写脚本访问京东首页，定位页面上的任意 3 个不同元素，获取其属性值和文本内容，并且验证是否符合预期。

8．编写脚本访问一个长页面，如淘宝首页，实现滚动到页面底部并获取底部元素的操作。

第 6 章

Selenium 高级应用

学习目标

1. 知识目标

（1）理解复杂控件（如富文本编辑器、滑块、Ajax 选项等）在 Web 页面中的作用和特点。

（2）掌握在 Selenium 中定位和操作复杂控件的方法。

（3）理解使用 WebDriver 定位特殊元素的方法。

（4）掌握 WebDriver 的高级定位技术。

2. 能力目标

（1）学会使用 WebDriver API 对复杂控件进行高级操作，如编辑内容、选择选项、展开节点等。

（2）能够编写处理复杂交互场景的自动化测试脚本，实现复杂的业务流程测试。

（3）学会使用 WebDriver API 进行特殊元素定位和执行特殊操作。

（4）能够编写自动化测试脚本来应对复杂的 Web 页面元素和场景。

3. 素养目标

（1）培养对复杂控件操作细节的观察和分析能力，提高问题诊断和解决的能力。

（2）通过实践操作，锻炼对复杂业务逻辑的理解和模拟能力，提升自动化测试脚本的覆盖率和精准度。

（3）学会评估和优化复杂控件操作的测试策略，培养系统性思维和创新能力。

（4）培养对复杂 Web 页面元素进行分析和定位的能力，提高解决定位难题的能力。

（5）通过实践操作，锻炼对 WebDriver 高级功能的应用能力，提升自动化测试脚本的适应性和稳定性。

（6）学会评估和选择适合特定测试场景的 WebDriver 策略和方法，培养灵活应变的能力。

任务情境

小王是一位经验丰富的软件测试工程师，最近他加入了一个需要进行复杂交互测试的项目。项目中包含多个复杂的 Web 控件，如富文本编辑器、滑块、Ajax 选项等。小王需要验证这些控件的行为是否符合预期，并且确保它们在不同条件下都能正常工作。

在项目启动会议上，小王提出了他的问题："面对这些复杂的控件，我应该如何有效地设计和执行测试用例？有哪些高级技术和策略可以帮助我提高测试效率和质量？"

为了帮助对 Selenium 高级应用感兴趣的读者，本章将深入探讨复杂控件的操作方法，并且通过实际的编程练习，介绍如何使用 Selenium 进行复杂的控件交互。

6.1 复杂控件操作

6.1.1 滑动滑块操作概述

滑块（Slider）是一种常见的 Web 控件，用于在一定范围内选择数值。在自动化测试中，模拟滑块操作可以验证滑块的交互功能和响应性。

假设我们需要测试百度首页上的滑块控件，该滑块用于控制页面上某个元素的显示大小。

参考代码如下。

```python
from selenium import webdriver
from selenium.webdriver.common.by import By
from selenium.webdriver.support.ui import WebDriverWait
from selenium.webdriver.support import expected_conditions as EC
from selenium.webdriver.common.action_chains import ActionChains

# 创建 WebDriver 实例
driver = webdriver.Chrome(executable_path='path/to/chromedriver')

# 访问包含滑块的网页
driver.get('https://www.bai**.com/slider')
# 等待滑块控件加载完成
slider = WebDriverWait(driver, 10).until(
    EC.element_to_be_clickable((By.ID, 'slider-id'))
)
# 使用 ActionChains 模拟滑块操作
actions = ActionChains(driver)
# 定位到滑块的句柄
slider_handle = driver.find_element(By.ID, 'slider-handle-id')

# 执行滑动操作，如将滑块从最小位置滑动到最大位置
actions.click_and_hold(slider_handle).perform()
# 根据实际滑块位置调整
actions.move_by_offset(offset_x=100, offset_y=0).perform()
actions.release().perform()

# 验证滑块操作后的结果，如某个元素的宽度变化
element_after_slider = driver.find_element(By.ID, 'element-after-slider')
# 根据实际预期调整
assert element_after_slider.get_attribute('style') == 'width: 200px;'

driver.quit()
```

代码解析如下。

(1) click_and_hold()：单击并按下鼠标左键。

(2) move_by_offset()：移动鼠标，第一个参数为 x 坐标距离，第二个参数为 y 坐标距离。

6.1.2 操作 Ajax 选项

Ajax（Asynchronous JavaScript And XML）允许网页在不重新加载整个页面的情况下与服务器交换数据并更新部分内容。WebDriver 可以处理 Ajax 请求，等待 Ajax 加载完成，并且获取更新后的数据。

假设我们正在测试一个使用 Ajax 动态加载内容的网页，我们需要打开一个新选项卡，并且在新选项卡中进行操作。

```python
from selenium import webdriver
from selenium.webdriver.common.by import By
from selenium.webdriver.support.ui import WebDriverWait
from selenium.webdriver.support import expected_conditions as EC
# 创建 WebDriver 实例
driver = webdriver.Chrome(executable_path='path/to/chromedriver')
# 访问百度首页
driver.get('https://www.bai**.com')
# 打开新的选项卡 newtab 新标签页，并且切换到新选项卡
driver.execute_script("window.open('https://www.new***.com', '_blank');")
# 等待新选项卡加载完成
wait = WebDriverWait(driver, 10)
new_tab = wait.until(EC.number_of_windows_to_be(2))
driver.switch_to.window(driver.window_handles[-1])  # 切换到新打开的选项卡
# 在新选项卡中操作，如获取页面标题
print(driver.title)
# 完成后，可以关闭新选项卡并返回到原来的选项卡
driver.close()
driver.switch_to.window(driver.window_handles[0])
driver.quit()
```

6.1.3 操作富文本编辑器

在 Web 自动化测试中，操作富文本编辑器是一个常见的需求。富文本编辑器允许用户以所见即所得的方式格式化文本，包括但不限于字体样式、颜色、大小等。

富文本编辑器通常提供类似于桌面文字处理软件的功能，允许用户对文本内容的格式进行设置。在自动化测试中，我们经常需要向这些富文本编辑器中输入特定内容或进行格式设置。

假设我们需要在网页的富文本编辑器中输入一段格式化文本，并且将文本设置为加粗。参考代码如下。

```python
from selenium import webdriver
from selenium.webdriver.common.by import By
from selenium.webdriver.common.keys import Keys
```

```python
from selenium.webdriver.support.ui import WebDriverWait
from selenium.webdriver.support import expected_conditions as EC

# 创建 WebDriver 实例
driver = webdriver.Chrome(executable_path='path/to/chromedriver')

# 访问包含富文本编辑器的网页
driver.get('https://www.bai**.com/rich-text-editor')
# 等待富文本编辑器加载完成
wait = WebDriverWait(driver, 10)
editor = wait.until(EC.frame_to_be_available_and_switch_to_it((By.TAG_NAME, "iframe")))
# 定位到富文本编辑器的 body 元素或具体可编辑元素
editor_body = driver.find_element(By.TAG_NAME, 'body')
# 输入文本内容
editor_body.send_keys('这是一段测试文本')
# 模拟键盘操作设置文本格式,如将文本格式设置为加粗(快捷键 Ctrl+B)
editor_body.send_keys(Keys.CONTROL, 'b')
# 也可以使用 JavaScript 执行更复杂的编辑操作
driver.execute_script("arguments[0].style.fontWeight='bold';", editor_body)
# 验证文本内容或格式
assert '这是一段测试文本' in editor_body.text
driver.quit()
```

6.2 WebDriver 的特殊操作

为了帮助对 WebDriver 特殊操作感兴趣的读者,本节将深入探讨 WebDriver 在面对特殊元素和场景时的高级应用,并且通过实际的编程练习,介绍如何使用 WebDriver 进行有效的特殊操作。通过对本节的学习,读者能够掌握 WebDriver 的高级技能,提升自动化测试的深度和广度,逐步成长为一名能够应对各种复杂测试挑战的自动化测试专家。

6.2.1 定位 class 属性包含空格的元素

在 Web 开发中,元素的 class 属性可能包含多个值,这些值之间使用空格分隔。如<span class="Chinese student">张三</span>。

注意:span 元素有两个 class 属性,分别是 chinese 和 student,而不是一个名为 chinese student 的属性。

我们要使用代码定位这个元素,指定任意一个 class 属性值都可以选择到这个元素,如下所示。

```
element = wd.find_elements(By.CLASS_NAME,'chinese')
```

或者

```
element = wd.find_elements(By.CLASS_NAME,'student')
```

而不能这样写:

```
element = wd.find_elements(By.CLASS_NAME,'chinese student')
```

此外，也可以使用 find_element()方法和 CSS 选择器定位 class 属性包含空格的元素。这里使用了*=选择器，它会匹配包含指定 class 属性值的任意元素。

```
driver.find_element(By.CSS_SELECTOR, 'button[class*="Chinese"]')
```

6.2.2 attribute、property 与 text 的区别

在 Web 开发和自动化测试中，区分 attribute、property 与 text 是非常重要的。这些概念在处理 HTML 元素时有不同的含义和用途。

（1）attribute：定义在 HTML 标签中，用于描述元素的特征或传递信息给浏览器。如<input type="text" name="username">中的 type 和 name 就是属性。attribute 属性通常在 HTML 文档的源代码中静态定义，并且在页面加载时被解析。通过 get_attribute('attribute_name')方法可以访问 HTML 属性。

（2）property：JavaScript 中的对象特性，可以代表元素的当前状态或行为，并且可以被 JavaScript 动态读取和修改。property 属性基于 DOM（文档对象模型），它们是在页面加载后通过 JavaScript 在运行时环境中定义的。通过 get_property('property_name')方法可以访问 DOM 属性。

（3）text：元素内的文本内容，不包含任何 HTML 标签。
假设我们需要访问一个网页，并且区分使用 attribute、property 和获取 text。
该网页的部分 HTML 如下。

```
<div id="myDiv" style="color: blue;">Hello World!</div>
```

对于 id 和 style，它们是 HTML attribute，可以通过 Selenium 的 get_attribute()方法访问。

```
div_id = driver.find_element(By.ID, 'myDiv').get_attribute('id')
div_style = driver.find_element(By.ID, 'myDiv').get_attribute('style')
```

对于 className 和 textContent，它们是 DOM property，可以通过 Selenium 的 get_property()方法访问。

```
div_class_name = driver.find_element(By.ID, 'myDiv').get_property('className')
div_text_content = driver.find_element(By.ID,
'myDiv').get_property('textContent')
```

对于 text，它是元素文本内容，可以通过 text 访问。

```
element_text = driver.find_element(By.ID, 'myDiv').text
print(f"Text content: {element_text}")
```

6.2.3 定位具有动态 ID 的元素

在 Web 自动化测试中，定位具有动态 ID 的元素可能会比较棘手，因为 ID 是元素定位的一种常见方式。如果元素的 ID 是动态生成的，则可以采用以下一些策略和方法来定位这些元素。

1. 使用其他属性定位元素

如果元素有其他静态属性，如 class、name 等，则可以使用这些属性来定位。例如：

```
element = driver.find_element(By.CLASS_NAME, "static-class")
```

2. 相对定位

如果具有动态 ID 的元素与页面上某个已知元素有相对位置关系，则可以使用相对定位的方法，如定位某个父元素下的子元素或兄弟元素。例如：

```
element = driver.find_element(By.XPATH,
".//div[@class='parent']/div[@class='dynamic-id-child']")
```

3. 使用 XPath 和 CSS 选择器定位元素

使用 XPath 中的 contains()方法来定位包含特定文本的元素。例如：

```
element = driver.find_element(By.XPATH,"//*[contains(@id,'dynamicIdPart')]")
```

使用 CSS 选择器结合属性选择器来定位元素。例如：

```
element = driver.find_element(By.CSS_SELECTOR, "div[id^='dynamicIdStart']")
```

4. 使用链接文本

如果元素附近有固定的文本链接，则可以使用 link_text 或 partial_link_text 来定位。例如：

```
element = driver.find_element(By.LINK_TEXT, "Sign In")
```

5. 使用元素的关系定位元素

如果元素相对于其他元素的位置是已知的，可以使用这种关系来定位。例如：

```
parent_element = driver.find_element(By.ID, "known-parent-id")
child_element = parent_element.find_element(By.XPATH,
".//child::*[contains(@id, 'dynamic')]")
```

6. 使用 execute_script()方法执行 JavaScript 代码定位元素

可以使用 execute_script()方法执行 JavaScript 代码来定位元素。例如：通过 document.querySelector 或 document.evaluate。

```
element = driver.execute_script("return document.getElementById('dynamicId')")
```

7. 使用具有动态 ID 的元素周围的静态元素

分析页面的 DOM 结构，找到具有动态 ID 的元素周围的静态元素，并且使用这些静态元素来辅助定位。

8. 使用正则表达式

使用 XPath 的正则表达式功能，通过正则表达式匹配 ID 的模式。例如：

```
element = driver.find_element(By.XPATH, "//input[re:test(@id, 'dynamic-regex-id-\d+')]/@id")
```

6.2.4 截图功能

截图是自动化测试中一个非常有用的功能，可以用来捕获测试过程中页面的状态，以便调试和记录测试结果。

WebDriver 提供了 save_screenshot()方法对当前页面进行截图，并且保存为本地文件。参考代码如下。

```
from selenium import webdriver

# 创建 WebDriver 实例
driver = webdriver.Chrome(executable_path='path/to/chromedriver')
# 访问百度首页
driver.get('https://www.bai**.com')
# 对当前页面进行截图，并且保存到 files 目录下
driver.save_screenshot('./files/baidu_1.png')
# 也可以使用 get_screenshot_as_file()方法，返回一个二进制文件对象
# with open('./files/baidu_2.png', 'wb') as file:
# driver.get_screenshot_as_file(file)
```

6.3 浏览器定制启动参数

在自动化测试中，对浏览器进行定制化启动时，可以使用多种参数来满足特定的测试需求。常用的浏览器启动参数及其含义如下。

（1）--disable-images：禁用加载网页中的图片，可以提高页面加载速度，减少数据的使用。

（2）--headless：启用无头模式，浏览器不会显示界面，适合在后台执行自动化测试脚本。

（3）--disable-gpu：禁用 GPU 硬件加速，有些测试环境可能没有 GPU 或不需要 GPU 加速。

（4）--window-size=WxH：设置浏览器窗口的初始尺寸，其中，W 和 H 分别表示窗口的宽度和高度。

（5）--start-maximized：在启动时最大化浏览器窗口。

（6）--user-agent=<ua>：设置自定义的用户代理字符串，模拟不同的浏览器或设备。

（7）--proxy-server=<p>：设置 HTTP 代理服务器，<p>应为 host:port 格式。

（8）--ignore-certificate-errors：忽略 SSL 证书错误，允许浏览器在访问 HTTPS 站点时不进行证书验证。

（9）--disable-popup-blocking：禁用弹窗阻止程序，允许显示弹窗。

（10）--disable-translate：禁用自动翻译非用户语言的页面。

（11）--disable-extensions：禁用所有 Chrome 扩展程序。

（12）--disable-sync：禁用同步功能。

（13）--no-sandbox：禁用操作系统的沙箱机制，有时用于解决权限问题。

（14）--disable-dev-shm-usage：禁用/dev/shm，有时用于解决无头模式下的渲染问题。

（15）--enable-automation：启用自动化，有时用于确保浏览器知道它正在被自动化工具控制。

（16）--disable-infobars：禁用信息栏（infobars），这些信息栏可能会干扰测试。

（17）--disable-browser-side-navigation：禁用浏览器端导航，强制使用服务端导航。

（18）--disable-notifications：禁用桌面通知。

这些参数可以通过 Selenium 的 Options 类设置。

例如：我们需要启动 Chrome 浏览器，禁用图片加载和启用无头模式来进行自动化测试。参考代码如下。

```python
from selenium import webdriver
from selenium.webdriver.chrome.service import Service
from selenium.webdriver.chrome.options import Options

# 设置 Chrome Driver 的路径
chrome_driver_path = 'path/to/chromedriver'
# 初始化 Service
service = Service(executable_path=chrome_driver_path)
# 设置 Chrome 浏览器的启动参数
chrome_options = Options()
chrome_options.add_argument('--disable-images');  # 禁用图片加载
chrome_options.add_argument('--headless');  # 启用无头模式
# 创建 WebDriver 实例,传入定制的启动参数
driver = webdriver.Chrome(service=service, options=chrome_options)
# 访问百度首页
driver.get('https://www.bai**.com')
# 执行测试操作
driver.quit()
```

6.4 影响元素加载的外部因素

在 Web 自动化测试中,元素的加载可能受多种外部因素的影响,如网络延迟、JavaScript 异步加载、Ajax 请求、浏览器渲染速度等。这些因素可能导致元素定位失败或测试结果不稳定。因此,合理地处理元素加载问题是确保测试准确性的关键。

假设我们需要测试一个通过 Ajax 请求异步加载数据的网页,需要确保数据加载完成后再进行元素定位和操作。参考代码如下。

```python
from selenium import webdriver
from selenium.webdriver.common.by import By
from selenium.webdriver.support.ui import WebDriverWait
from selenium.webdriver.support import expected_conditions as EC

# 创建 WebDriver 实例
driver = webdriver.Chrome(executable_path='path/to/chromedriver')
# 访问某测试网页
driver.get('https://www.****.com/data-loading-page')
# 使用显式等待等待 Ajax 请求完成
try:
    # 等待某个特定元素出现,如一个表格行
    table_row = WebDriverWait(driver, 10).until(
        EC.presence_of_element_located((By.CSS_SELECTOR, "table#data tr"))
    )
    # 可以添加更多的等待条件,如检查元素是否可见或可单击
    # EC.visibility_of_element_located((By.ID, "element-id"))
    # EC.element_to_be_clickable((By.XPATH, "//button[text()='Click Me']"))
```

```
    # 执行测试操作,如单击按钮或获取文本
    # button = driver.find_element(By.ID, "load-button").click()
    # text = driver.find_element(By.ID, "result-text").text
except TimeoutException:
    print("超时,元素未加载完成")
# 完成操作后关闭浏览器
driver.quit()
```

6.5 设置元素等待

WebDriver 提供了两种类型的元素等待:显式等待和隐式等待。

6.5.1 显式等待

显式等待是指 WebDriver 等待某个条件成立则继续执行,否则在达到最大时长时抛出超时异常(TimeoutException)。

```
from selenium import webdriver
from selenium.webdriver.common.by import By
from selenium.webdriver.support.ui import WebDriverWait
from selenium.webdriver.support import expected_conditions as EC
driver = webdriver.Chrome()
driver.get("http://www.bai**.com")
# WebDriverWait()方法与until()方法配合使用
# 调用visibility_of_element_located()方法判断元素是否存在
element = WebDriverWait(driver, 5, 0.5).until(
    EC.visibility_of_element_located((By.ID, "kw"))
)
element.send_keys('selenium')
driver.quit()
```

WebDriverWait()是 WebDriver 提供的等待方法。在设置时间内,默认每隔一段时间检测一次当前页面元素是否存在,如果超过设置时间仍检测不到,则抛出异常。

```
WebDriverWait(driver, timeout, poll_frequency=0.5, ignored_exceptions=None)
```

参数说明如下。

(1) driver:浏览器驱动。

(2) timeout:最长超时时间,默认以秒为单位。

(3) poll_frequency:检测的间隔(步长)时间,默认为 0.5s。

(4) ignored_exceptions:超时后的异常信息,默认情况下抛出 NoSuchElementException 异常。

WebDriverWait()方法一般与 until()方法或 until_not()方法配合使用,下面是 until()方法和 until_not()方法的说明。

```
until(method, message='')
```

调用该方法提供的驱动程序作为一个参数,直到返回值为 True。

```
until_not(method, message='')
```
调用该方法提供的驱动程序作为一个参数,直到返回值为 False。

6.5.2 隐式等待

WebDriver 提供的 implicitly_wait()方法可用来实现隐式等待,用法相对来说要简单许多。

```
from time import ctime
from selenium import webdriver
from selenium.common.exceptions import NoSuchElementException
driver = webdriver.Firefox()
# 将隐式等待设置为 10s
driver.implicitly_wait(10)
driver.get("http://www.bai**.com")
try:
    print(ctime())
    driver.find_element_by_id("kw22").send_keys('selenium')
except NoSuchElementException as e:
    print(e)
finally:
    print(ctime())
driver.quit()
```

implicitly_wait()方法的参数是时间,单位为秒,在以上代码中,等待时间被设置为 10s。首先,10s 并非一个固定的等待时间,它并不影响自动化测试脚本的执行速度。其次,它会等待页面上的所有元素。当自动化测试脚本执行到定位某个元素时,如果定位到元素,则继续执行;如果定位不到元素,则它将以轮询的方式不断地判断元素是否存在,直到超出设置的等待时间,抛出异常。

6.6 JavaScript 的应用

JavaScript 是 Web 开发中不可或缺的一部分,Selenium 提供了执行 JavaScript 代码的能力,这使我们可以在自动化测试中实现更多高级功能。

1. 操作页面元素

通过 JavaScript,我们可以操作页面元素,如获取或设置元素的属性。

```
# 使用 JavaScript 获取页面元素的值
element_value = driver.execute_script("return document.getElementById('myElement').value")
print(f"元素的值为: {element_value}")
```

2. 修改页面元素的属性

JavaScript 可以用来修改页面元素的属性,如启用或禁用按钮。

```
# 使用 JavaScript 修改页面元素的属性
```

```
driver.execute_script("document.getElementById('myButton').disabled = false;")
```

3. 高亮显示正在被操作的页面元素

为了在测试过程中可视化操作，可以使用 JavaScript 临时改变元素的样式。

```
# 使用 JavaScript 高亮显示正在被操作的元素
driver.execute_script("arguments[0].style.border='3px solid red';",
    driver.find_element(By.ID, 'myElement'))
```

4. 操作滚动条

滚动条操作通常用于确保元素在可视范围内，特别是对于那些位于页面下方或隐藏在折叠菜单中的元素。

假设我们需要测试一个长页面，其中某些操作按钮被固定在页面的底部，需要滚动到页面底部才能单击。部分参考代码如下。

```
# 访问某测试页面
driver.get('https://www.****.com/long-page')

# 等待页面加载完成
WebDriverWait(driver, 10).until(EC.presence_of_all_elements_located((By.TAG_NAME, 'body')))
# 滚动到页面底部
driver.execute_script("window.scrollTo(0, document.body.scrollHeight);")
# 也可以使用 ActionChains 滚动到元素位置
# element_at_bottom = driver.find_element(By.ID, 'element-at-bottom')
# actions = driver.action_chains()
# actions.move_by_offset(x_offset=0, y_offset=element_at_bottom.location['y']).perform()
# 等待滚动条操作完成
driver.implicitly_wait(2)
# 执行页面底部的操作，如单击按钮
bottom_button = driver.find_element(By.ID, 'bottom-button')
bottom_button.click()
```

5. 操作 span 元素

span 元素通常用于展示文本，但可能没有足够的属性来直接定位，JavaScript 可以用来操作这类元素。

```
# 使用 JavaScript 获取 span 元素的文本
span_text = driver.execute_script("return arguments[0].textContent;")
driver.find_element(By.XPATH, "//span"))
print(f"Span 元素的文本为: {span_text}")
```

【练习与实训】

1. 编写 Python 代码，使用 WebDriver 启动 Chrome 浏览器，并且添加自定义启动参数 --disable-popup-blocking 来禁用弹出窗口拦截功能。

2. 编写 Python 代码，实现对某个特定元素的显式等待，直到该元素可以被单击，之后模拟单击操作。

3. 编写 Python 代码，模拟拖动滑块至正确位置的操作。

4. 编写 Python 代码，操作一个在线富文本编辑器（如 Summernote 或 TinyMCE），在富文本编辑器中输入文本、设置加粗和改变颜色。

5. 编写 Python 代码，使用 WebDriver 执行 JavaScript 代码来滚动页面至底部。

6. 编写 Python 代码，使用 WebDriver 执行 JavaScript 代码来获取并打印当前页面的标题。

7. 编写 Python 代码，等待 Ajax 请求加载的元素，并且对这些动态加载的元素进行操作（如获取文本或单击）。

8. 编写 Python 代码，打开一个新标签页，切换到该标签页，并且在新标签页中导航到指定 URL，之后切换回原标签页。

9. 编写 Python 代码，在 Web 页面上找到文件上传控件，选择文件并提交表单。

10. 编写 Python 代码，在页面上查找所有链接元素，验证每个链接的 href 属性，并且打开其中的一个链接。

第 7 章

unittest 单元测试框架

学习目标

1. 知识目标
（1）理解 unittest 的设计原理和核心组件。
（2）熟悉 unittest 测试用例的编写规范和结构。

2. 能力目标
（1）能够独立编写 unittest 测试用例，包括 setUp() 和 tearDown() 方法的使用。
（2）掌握 unittest 测试用例的组织和批量执行方法。
（3）学会使用断言来验证测试结果的正确性。

3. 素养目标
（1）培养对单元测试重要性的认识，理解其在软件开发过程中的作用。
（2）培养编写清晰、可维护测试用例的能力，提高代码质量。
（3）培养使用自动化测试提高开发效率和测试覆盖率的意识。

任务情境

小李是一名软件开发工程师，他正在参与一个中型 Web 应用的开发项目。项目组决定引入单元测试来提高代码的质量和开发效率。小李之前没有使用过 unittest，因此他需要快速掌握 unittest 的使用方法。

在项目中，有一个登录模块，小李需要对这个模块进行单元测试。登录模块包含用户名和密码的验证，如果验证通过，则允许用户登录系统；如果验证失败，则返回错误信息。

小李的任务包括：
（1）使用 unittest 编写测试用例，验证登录模块的用户名和密码验证逻辑。
（2）设计测试用例以覆盖各种正常和异常的输入情况。
（3）编写自动化测试脚本，自动执行测试用例，并且生成测试报告。

小李希望通过这个任务，学会使用 unittest，提升自己编写高质量测试代码的能力。

第 7 章 unittest 单元测试框架

7.1 unittest 的基本结构

7.1.1 unittest 简介

unittest 是 Python 中用于构建和执行单元测试的核心组件。它提供了一套丰富的工具来帮助开发者验证代码的正确性，提供了多种断言方法来检查代码的输出是否符合预期。

新建 unittest 并执行

TestCase 类是 unittest 的基础，它是所有测试用例的基类，提供了多种断言方法（如 assertEqual、assertTrue 等）来验证测试结果。

TestSuite 类用于组合多个 TestCase 实例或其他 TestSuite 实例，使开发者可以批量执行测试用例。TestSuite 类充当一个容器，可以动态地将不同的测试用例组合在一起。这使开发者可以针对特定功能或模块编写多个测试用例，并且将它们作为一个整体来执行，从而简化测试流程。

TextTestRunner 类是执行测试并输出结果的关键组件。它接收一个 TestSuite 实例作为输入，执行其中的测试用例，并且将结果以文本的形式输出到控制台。输出结果包括测试用例的名称、状态（通过、失败或错误）及失败时的错误信息。

unittest 还提供了其他工具，如加载器（defaultTestLoader），用于自动发现和加载测试用例，以及各种装饰器和上下文管理器（如 skip、skipIf、expectedFailure 等），用于更细粒度地控制测试的行为。

下面是一个简单的 unittest 测试用例结构，如图 7-1 所示。

```python
import unittest

class TestClass(unittest.TestCase):

    def test_upper(self):
        self.assertEqual('foo'.upper(), 'FOO')

    def test_isupper(self):
        self.assertTrue('FOO'.isupper())
        self.assertFalse('Foo'.isupper())

    def test_split(self):
        s = 'hello world'
        # 按照空格分割
        self.assertEqual(s.split(), ['hello', 'world'])

if __name__ == '__main__':
    unittest.main()
```

图 7-1 基本的 unittest 测试用例结构

（1）导入 unittest 模块。

（2）创建测试类：创建一个继承 unittest.TestCase 类的类。这个类将包含所有的测试方法。

（3）编写测试方法：在测试类中定义以 test 开头的方法，这些方法将被自动识别为测试用例。

（4）使用断言方法：在测试方法中使用 assertEqual()、assertTrue()、assertFalse() 等断言方法来验证预期结果与实际结果是否一致。

（5）执行测试：可以通过 main()函数来执行测试。

在这个案例中，首先导入了 unittest 模块，测试类 TestClass 继承 unittest.TestCase 类。在测试类 TestClass 中有 3 个测试用例 test_upper()、test_isupper()和 test_split()。在测试用例中使用了断言方法 self.assertEqual()、self.assertTrue()和 self.assertFalse()。每个测试方法都是独立执行的，不会相互影响。如果测试失败或出错，则 unittest 会提供详细的错误信息以帮助定位问题。

7.1.2 setUp()方法和 tearDown()方法

在 Python 自动化测试的框架中，setUp()和 tearDown()是两个不可或缺的方法。它们常常用于测试用例的前期配置和后期清理，以保证每个测试用例能在独立的环境中执行，有效地防止了测试用例之间的影响。setUp()方法在每个测试用例执行前调用，tearDown()方法在测试用例执行后调用。

夹具的执行顺序

setUp()方法与 tearDown()方法还有类级别的 setUpClass()方法和 tearDownClass()方法。

setUpClass(cls)：这是一个类方法，会在测试类之前执行一次，用于类级别的初始化。

tearDownClass(cls)：这也是一个类方法，会在测试类执行完成之后执行一次，用于类级别的清理。

注意，在 setUpClass(cls)方法和 tearDownClass(cls)方法前需要加上标签@classmethod。

接下来，我们将通过一系列实际的代码示例，详细阐述这 4 个方法的使用目的和操作方式。打开 testSetUpAndtearDown.py 文件，测试类 testDemo1 中包含了 setUp()、tearDown()、setUpClass()和 tearDownClass()这 4 个方法，还有 test_demo1_case1()和 test_demo1_case2()这两个测试用例。

```
testSetUpAndtearDown.py:
import unittest

class testDemo1(unittest.TestCase):
    def setUp(self)->None:
        #调用 setUp()方法
        print("调用 setUp()方法")

    def tearDown(self)->None:
        print("调用 tearDown()方法")

    @classmethod
    def setUpClass(cls)->None:
        print("调用 setUpClass()类方法")

    @classmethod
    def tearDownClass(cls)->None:
        print("调用 tearDownClass()类方法")

    def test_demo1_case1(self):
        """demo1 中的测试用例 1"""
        print("demo1 中的测试用例 1")
        self.assertEqual(True,True)
```

第 7 章 unittest 单元测试框架

```
    def test_demo1_case2(self):
        """demo1 中的测试用例 2"""
        print("demo1 中的测试用例 2")
        self.assertEqual(True,True)

if __name__=='__main__':
    unittest.main()
```

执行结果如图 7-2 所示。

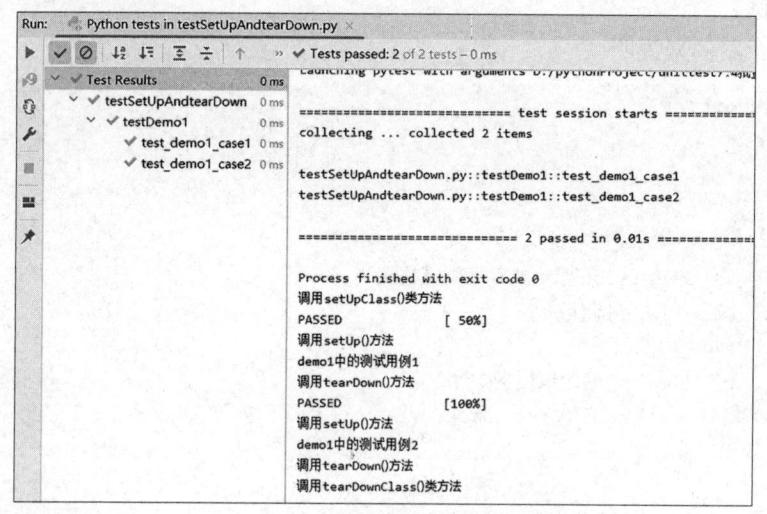

图 7-2　执行结果

执行顺序如图 7-3 所示。

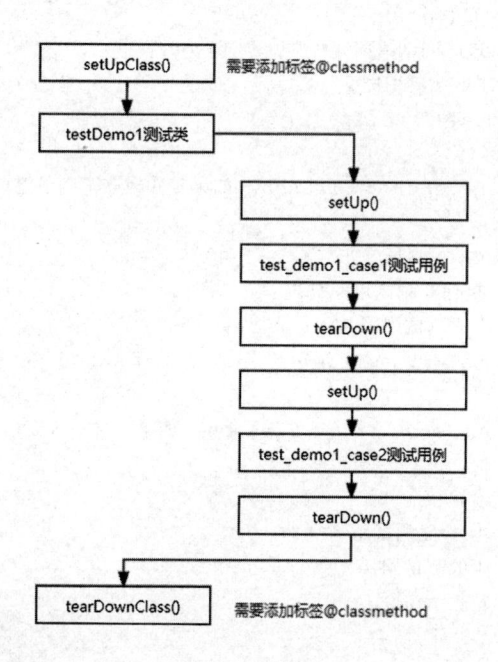

图 7-3　执行顺序

7.1.3 跳过测试和条件执行

可以使用 unittest.skip(reason)或 unittest.skipIf(condition,reason)装饰器来影响测试用例的实际执行情况。

（1）unittest.skip(reason)：跳过某个测试用例。

（2）unittest.skipIf(condition,reason)：如果条件为真，则跳过测试用例；如果条件为假，则执行测试用例。

（3）unittest.skipUnless(condition,reason)：如果条件为真，则执行测试用例；如果条件为假，则跳过测试用例。

下面以一个案例来说明。

```
testskipAndskipif.py:
import unittest

class testDemo1(unittest.TestCase):

    @unittest.skip(reason='不执行此测试用例')
    def test_demo1_case1(self):
        """demo1 中的测试用例 1"""
        print("demo1 中的测试用例 1")
        self.assertEqual(True,True)


    env="test"

    @unittest.skipIf(env=="test",reason="如果条件成立,则跳过此测试用例；如果条件不成立,则执行此测试用例")
    def test_demo1_case2(self):
        """条件成立, 跳过此测试用例 2"""
        print("demo1 中的测试用例 2")
        self.assertEqual(True,True)

    @unittest.skipIf(env=="prov",reason="如果条件成立,则跳过此测试用例；如果条件不成立,则执行此测试用例")
    def test_demo1_case3(self):
        """条件不成立, 执行此测试用例"""
        print("demo1 中的测试用例 3")
        self.assertEqual(True,True)

    @unittest.skipUnless(env=="prov",reason="如果条件不成立,则跳过此测试用例；如果条件成立,则执行此测试用例")
    def test_demo1_case4(self):
        """条件不成立, 执行此测试用例"""
        print("demo1 中的测试用例 4")
        self.assertEqual(True,True)

if __name__=='__main__':
    unittest.main()
```

第 7 章　unittest 单元测试框架

执行结果如图 7-4 所示。第一个测试用例 test_demo1_case1，直接跳过不执行；第二个测试用例 test_demo1_case2，条件 env=="test"为真，跳过此测试用例；第三个测试用例 test_demo1_case3，条件 env=="prov"为假，执行此测试用例；第四个测试用例 test_demo1_case4，条件 env=="prov"为假，跳过此测试用例。

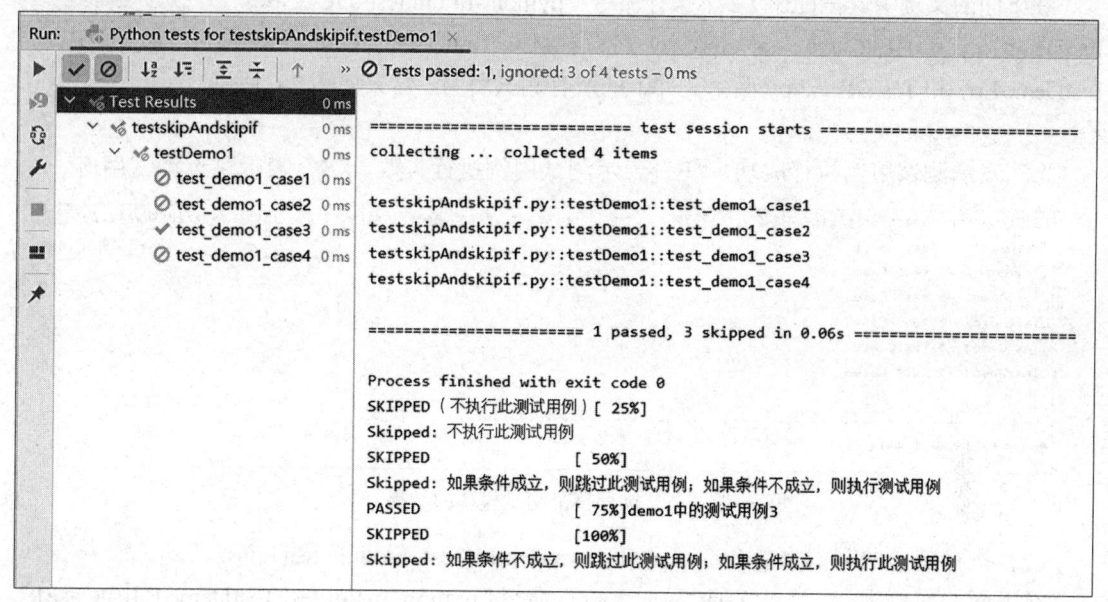

图 7-4　执行结果

7.2　执行测试用例的方法

在 Python 中，使用 unittest 执行测试用例有多种方法。下面将使用图 7-5 的测试框架结构，讲解一些常见的执行测试用例的方法。在下面的案例中，TestCases 下有 TestDemo1.py 和 TestDemo2.py 两个文件。

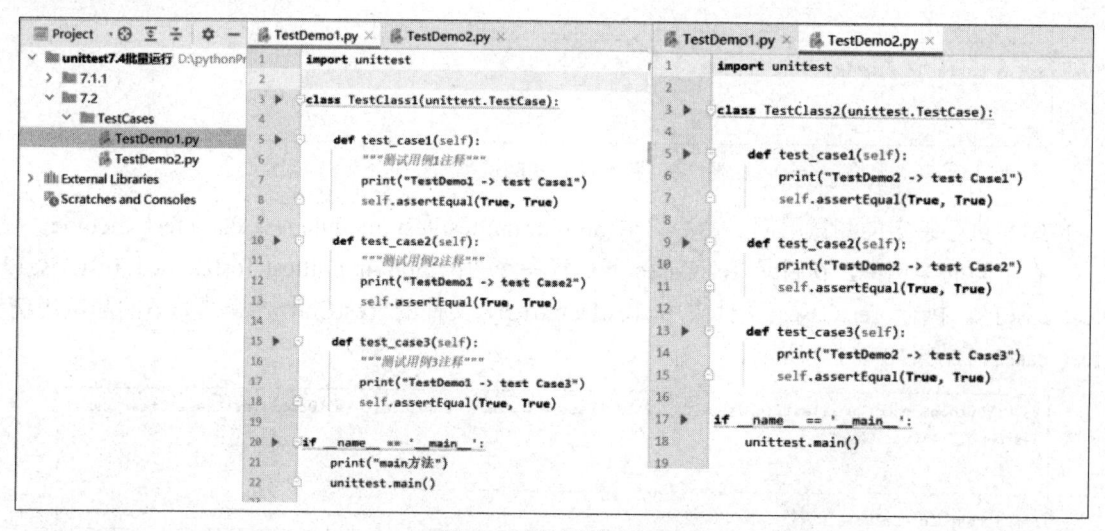

图 7-5　测试框架结构

7.2.1 运行命令行工具

可以直接从命令行执行测试，而无须在脚本中加入任何代码。

（1）执行整个测试模块，命令：python -m unittest test_module。

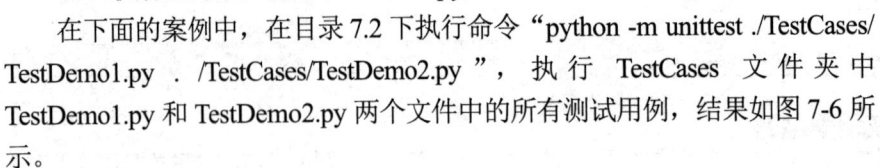

在下面的案例中，在目录 7.2 下执行命令"python -m unittest ./TestCases/TestDemo1.py ./TestCases/TestDemo2.py"，执行 TestCases 文件夹中 TestDemo1.py 和 TestDemo2.py 两个文件中的所有测试用例，结果如图 7-6 所示。

"."表示测试用例执行成功，"F"表示测试用例执行失败，"S"表示跳过测试用例。

```
PS D:\pythonProject\unittest7.4批量执行\7.2> python -m unittest ./TestCases/TestDemo1.py ./TestCases/TestDemo2.py
TestDemo1 -> test Case1
.TestDemo1 -> test Case2
.TestDemo1 -> test Case3
.TestDemo2 -> test Case1
.TestDemo2 -> test Case2
.TestDemo2 -> test Case3
.
----------------------------------------------------------------------
Ran 6 tests in 0.001s
```

图 7-6　执行整个测试模块的结果

（2）执行特定的测试类，命令：python -m unittest test_module.test_class。

在下面的案例中，在目录 TestCases 下执行命令"python -m unittest TestDemo1.TestCase1"，执行 TestCases 文件夹中 TestDemo1.py 文件的 TestClass1 测试类下的所有测试用例，结果如图 7-7 所示。

```
PS D:\pythonProject\unittest7.4批量执行\7.2> cd ./TestCases
PS D:\pythonProject\unittest7.4批量执行\7.2\TestCases> python -m unittest TestDemo1.TestClass1
TestDemo1 -> test Case1
.TestDemo1 -> test Case2
.TestDemo1 -> test Case3
.
----------------------------------------------------------------------
Ran 3 tests in 0.001s

OK
```

图 7-7　执行特定的测试类的结果

（3）执行特定的测试用例，命令：python -m unittest test_module.test_class.test_method。

在下面的案例中，在目录 TestCases 下执行命令"python -m unittest TestDemo1.TestCase1.test_case1"，执行 TestCases 文件夹中 TestDemo1.py 文件的 TestClass1 测试类下的测试用例 test_case1，结果如图 7-8 所示。

```
PS D:\pythonProject\unittest7.4批量执行\7.2\TestCases> python -m unittest TestDemo1.TestClass1.test_case1
TestDemo1 -> test Case1
.
----------------------------------------------------------------------
Ran 1 test in 0.000s
```

图 7-8　执行特定的测试用例的结果

通过命令执行测试用例时，还有一些参数可以使用。

使用-v 参数可以输出详细的测试用例信息，如图 7-9 所示。

```
PS D:\pythonProject\unittest7.4批量执行\7.2\TestCases> python -m unittest TestDemo1.TestClass1.test_case1 -v
test_case1 (TestDemo1.TestClass1)
测试用例1注释 ... TestDemo1 -> test Case1
ok

----------------------------------------------------------------------
Ran 1 test in 0.001s
```

图 7-9　使用-v 参数

还可以使用-k 参数只执行匹配模式或子字符串的测试类和用例。此参数可以被多次使用，在此情况下将会包括匹配任何给定模式的所有测试用例。

在下面的案例中，使用-k 参数匹配了 TestCases 文件夹下所有的测试用例名字中包含 test_case1 的测试用例。在本例中，TestCases 文件夹下有两个测试用例：TestDemo1.py 文件中 TestClass1 的 test_case1 测试用例和 TestDemo2.py 文件中 TestClass2 的 test_case1 测试用例。如图 7-10 所示。

```
PS D:\pythonProject\unittest7.4批量执行\7.2\TestCases> python -m unittest -k test_case1
TestDemo1 -> test Case1
.TestDemo2 -> test Case1
.
----------------------------------------------------------------------
Ran 2 tests in 0.001s

OK
```

图 7-10　使用-k 参数

7.2.2　在 PyCharm 中执行自动化测试脚本

在 PyCharm 中，执行自动化测试脚本主要有两种模式：Python 和 Python tests。单击 Run 按钮前的下拉框，在弹出的下拉列表中选择"Edit Configurations…"选项，如图 7-11 所示，在弹出的对话框中可以设置这两种模式。

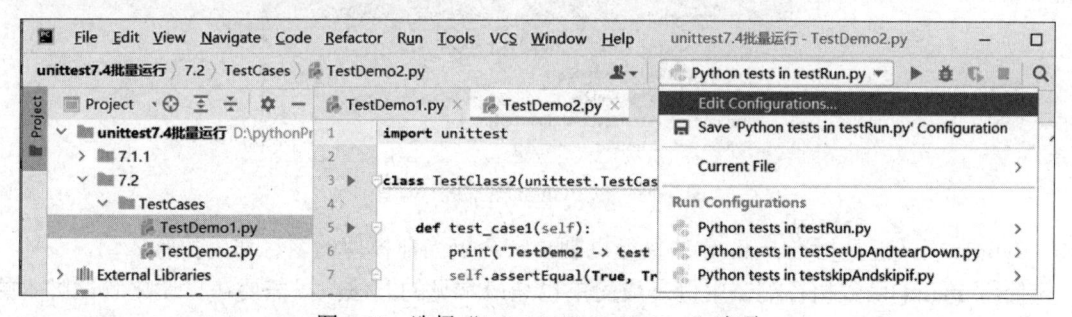

图 7-11　选择"Edit Configurations…"选项

1．Python 模式

配置 Python 模式，如图 7-12 所示。

单击对话框中的"+"按钮，在弹出的下拉列表中选择"Python"选项。在弹出的对话框的"Name"文本框中输入"TestRunTestDemo1"，在"Script path"文本框中选择相应的自动化测试脚本的路径，单击"Apply"和"OK"按钮。配置完成后，单击 Run 按钮前的下拉框，在弹出的下拉列表中选择"TestRunTestDemo1"选项,如图 7-13 所示。单击 Run 按钮,即可以 Python 模式运行程序。

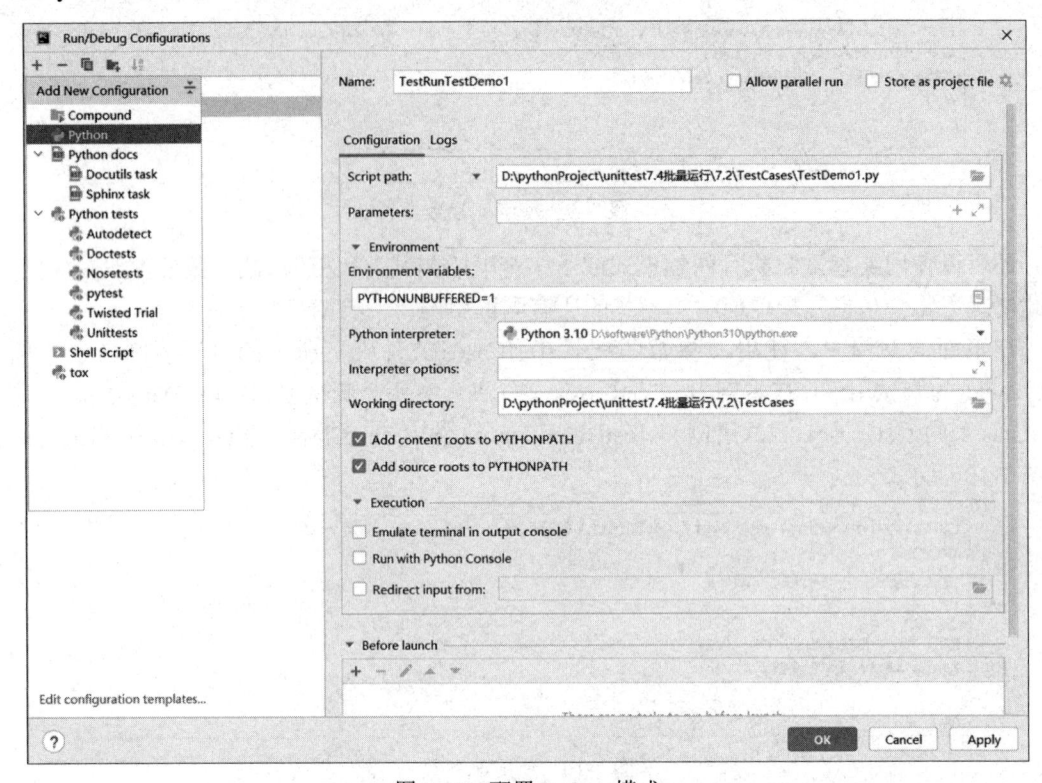

图 7-12 配置 Python 模式

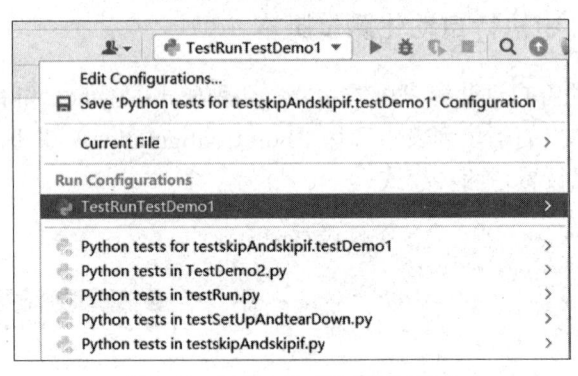

图 7-13 以 Python 模式运行程序

Python 模式遵循标准 Python 的执行机制,它会以当前模块的名称作为执行入口。

使用 main()函数执行测试用例是最简单也是最常见的方法,只需要在自动化测试脚本的末尾添加以下代码。

```
if __name__=='__main__':
    unittest.main()
```

这将自动查找当前模块中的测试用例并执行它们。main()函数会解析命令行参数,加载测试用例并执行测试。

查看 main()函数的源代码,如图 7-14 所示。

第 7 章 unittest 单元测试框架

```
run.py ×    main.py ×
59          # defaults for testing
60   *      module=None
61   *      verbosity = 1
62   *      failfast = catchbreak = buffer = progName = warnings = testNamePatterns = None
63          _discovery_parser = None
64
65   *      def __init__(self, module='__main__', defaultTest=None, argv=None,
66                       testRunner=None, testLoader=loader.defaultTestLoader,
67                       exit=True, verbosity=1, failfast=None, catchbreak=None,
68                       buffer=None, warnings=None, *, tb_locals=False):
```

图 7-14 main()函数的源代码

其中，如果指定了 defaultTest 具体的参数，unittest 将只运行与这个参数匹配的测试集合，可以是一个模块名、类名或者方法名，支持点号连接指定嵌套关系。如果未指定 defaultTest 参数或 defaultTest 参数值为 None 且未通过 argv 参数指定任何测试名称，则会在 module 参数中找到所有测试用例。testLoader 参数必须是一个 TestLoader 实例，其默认值为 defaultTestLoader。

2. Python tests 模式

配置 Python tests 模式的方法如下。

单击对话框中的 "+" 按钮，在弹出的下拉列表中选择 "Unittests" 选项。在弹出的对话框的 "Name" 文本框中输入 "Python tests in TestDemo2.py"，在 "Target" 下的文本框中选择需要执行的模块的名称或自动化测试脚本的路径，单击 "Apply" 和 "OK" 按钮，如图 7-15 所示。配置完成后，单击 Run 按钮前的下拉框，在弹出的下拉列表中选择 "Python tests in TestDemo2.py" 选项，如图 7-16 所示。单击 Run 按钮。

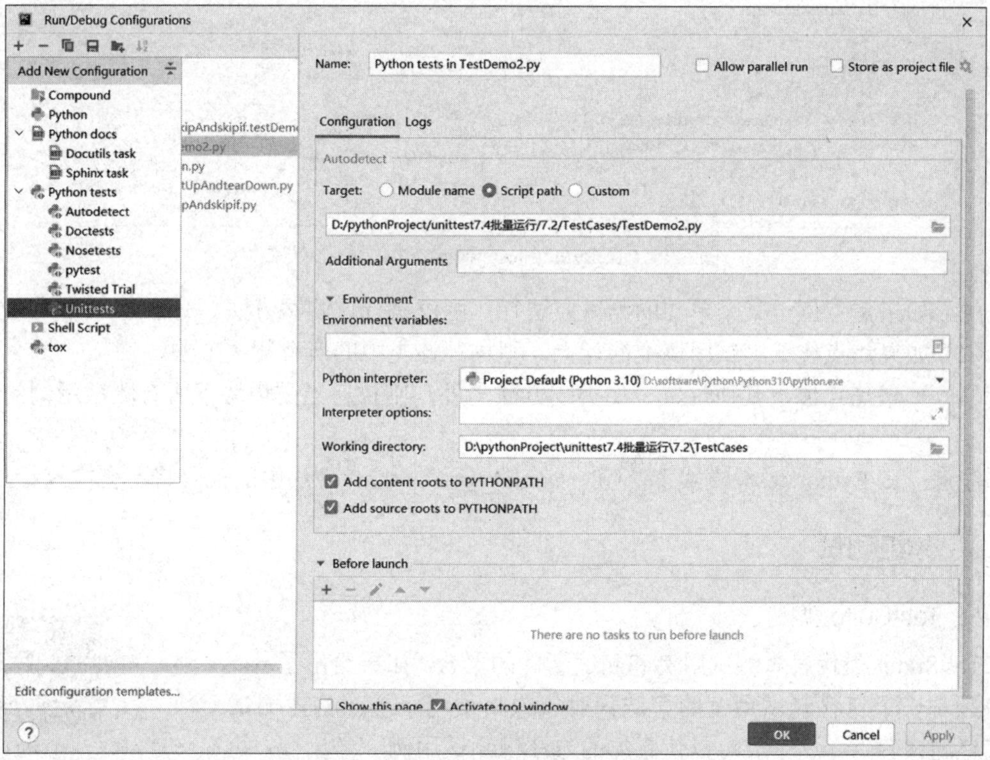

图 7-15 配置 Python tests 模式

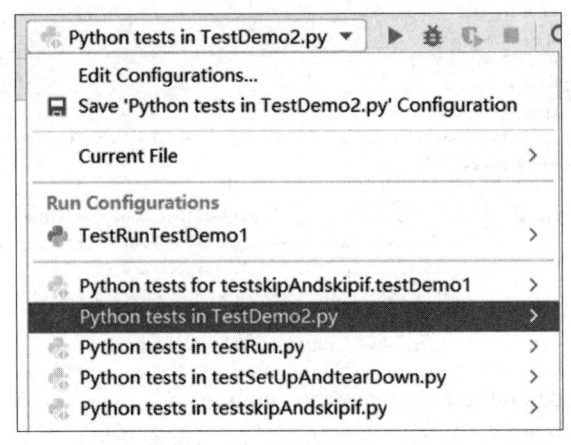

图 7-16　以 Python tests 模式运行程序

在 Python tests 模式下执行测试用例，可以将光标定位在测试类或测试方法的任意区域并右击，在弹出的快捷菜单中选择"Run"命令，或者单击 Run 按钮，如图 7-17 所示，即可执行具体的测试对象。

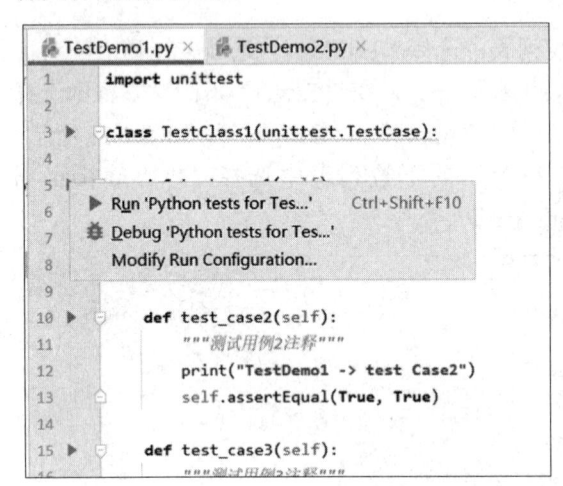

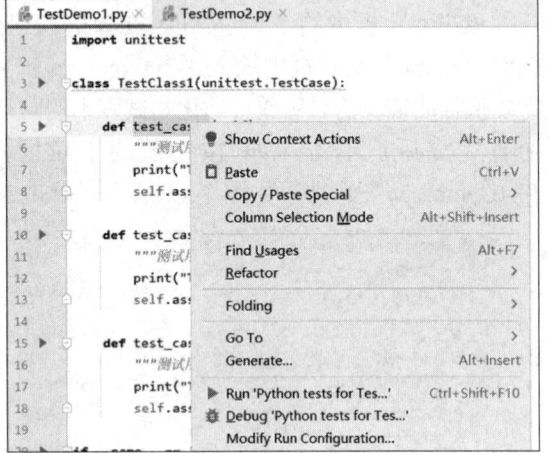

图 7-17　在 Python tests 模式下执行测试对象

（1）如果焦点位于某个单独的测试方法行，则仅执行该测试方法。

（2）如果焦点位于测试用例类的行上，则执行该类中的所有测试方法。

（3）如果焦点位于其他位置，如类或方法之外，则执行当前模块下所有测试用例的所有方法。

注意：在 Python tests 模式下，"if __name__=='__main__'"块中的代码将不会被执行。

7.2.3　分组测试

1. TestSuite 类

TestSuite 类代表对测试用例和测试套件的聚合。如果给出了 tests，则它必须是一个包含测试用例的可迭代对象或将被用于初始构建测试套件的其他测试套件。这个类可以使添加的方法像测试用例一样执行。执行一个 TestSuite 对象与逐一执行测试的效果相同。

使用 addTest()方法添加用例并执行

第 7 章 unittest 单元测试框架

TestSuite 对象的行为与 TestCase 对象很相似，区别在于它并不会真正实现一个测试用例。它用于将测试用例聚合为多个要同时执行的测试组。

以下方法用来向 TestSuite 对象添加测试用例。

（1）addTest(test)：向测试套件添加 TestCase 或 TestSuite。如图 7-18、图 7-19 和图 7-20 所示，将测试用例添加到测试套件中。

（2）addTests(tests)：将包含 TestCase 和 TestSuite 对象的可迭代对象的所有测试用例添加到测试套件中，如图 7-21 所示。这等价于对 tests 进行迭代，并且为其中的每个元素调用 addTest()方法。

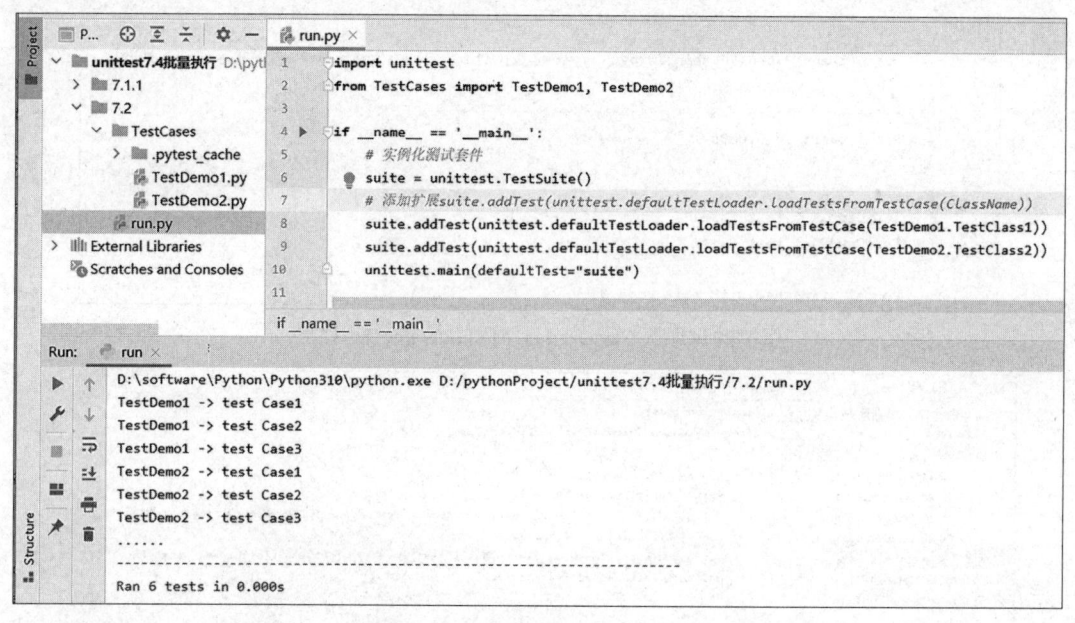

图 7-18 将测试类添加到 suite 中

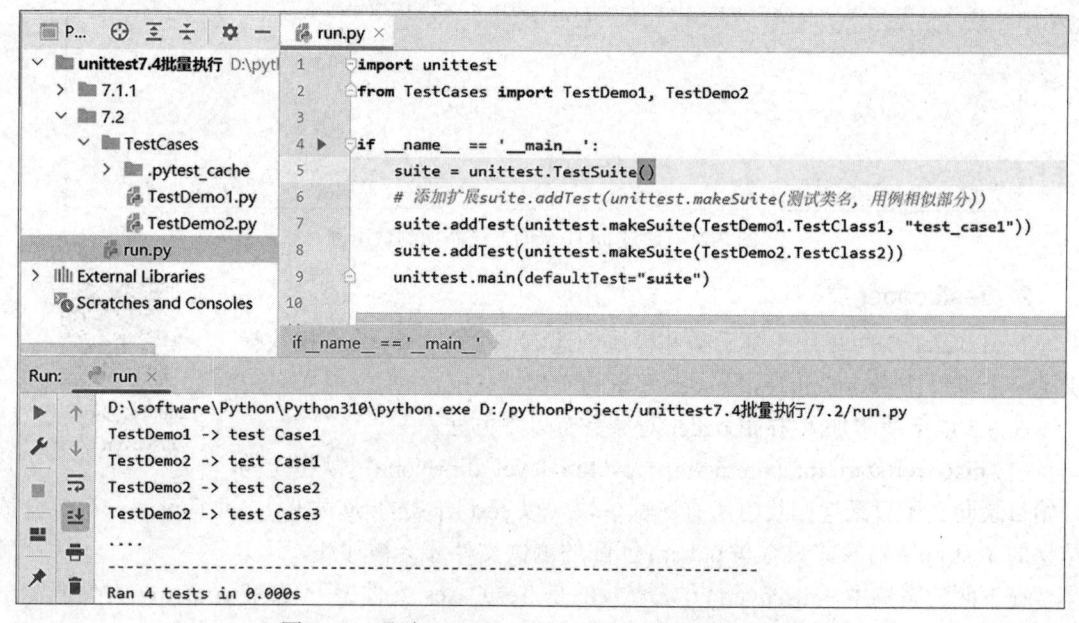

图 7-19 通过 unittest.makeSuite()方法添加测试用例

图 7-20 添加 ClassName("MethodName")测试类

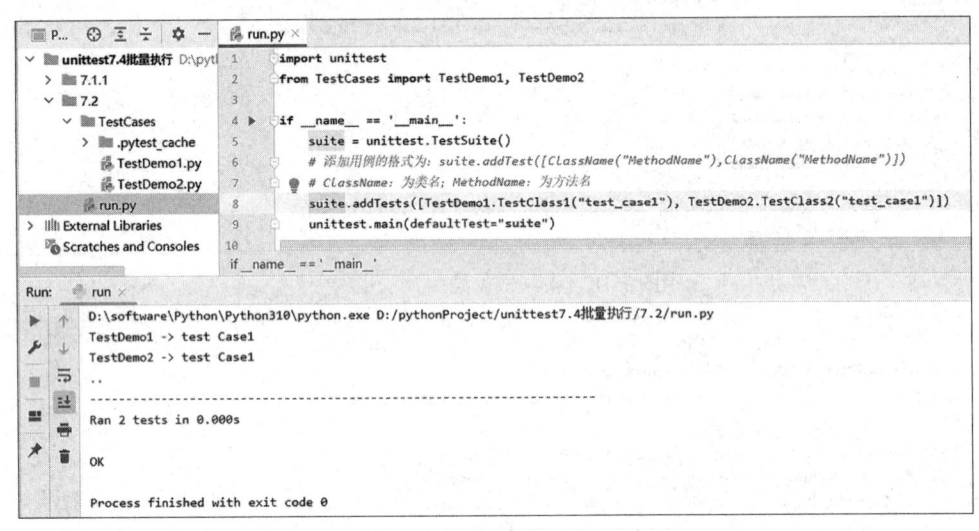

图 7-21 通过 addTests()方法添加测试用例

2. TestLoader 类

TestLoader 类可以用于基于类和模块创建测试套件，unittest 模块提供了一个可以作为defaultTestLoader 共享的实例。

在 3.5 以上版本加入 TestLoader 对象具有以下方法。

（1）discover(start_dir,pattern='test*.py',top_level_dir=None)：从指定的开始目录向其子目录递归找出所有测试模块（以 test 开头的.py 文件），并且返回一个包含该结果的 TestSuite 对象。只有与 pattern 匹配的测试文件才会被加载。

在下面的案例中，discover()方法查找的是 TestCases 文件夹下 TestDemo1.py 文件的测试用例，执行了 test_case1、test_case2 和 test_case3 三个测试用例，如图 7-22 所示。

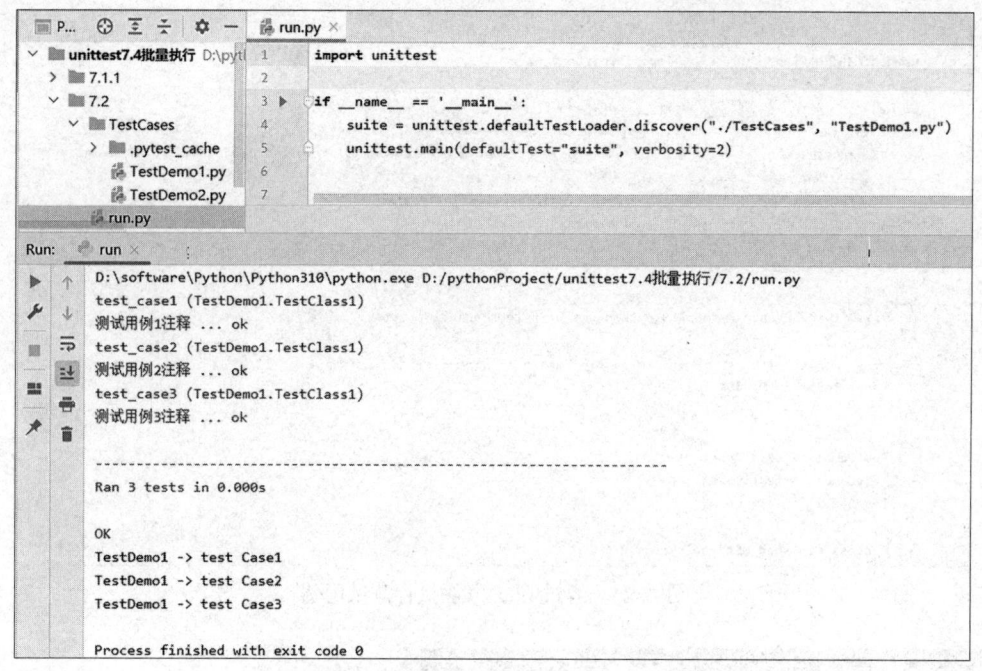

图 7-22　通过 discover()方法添加测试用例

（2）loadTestsFromTestCase(testCaseClass)：返回一个包含在 TestCase 派生的 testCaseClass 中的所有测试用例的测试套件。

（3）loadTestsFromModule(module,pattern=None)：返回包含在给定模块中所有测试用例的测试套件。此方法会在 module 中搜索派生自 TestCase 的类并为该类定义的每个测试方法创建一个实例。

（4）loadTestsFromName(name,module=None)：返回字符串形式规格描述的所有测试用例组成的测试套件。描述名称 name 是一个带点号的名称，它可以被解析为一个模块、一个测试用例类、一个测试用例类内部的测试方法、一个 TestSuite 实例，或者一个返回 TestCase 或 TestSuite 实例的可调用对象。

例如，如果你有一个 SampleTests 模块，其中包含一个派生自 TestCase 类的 SampleTestCase 类，其中包含 3 个测试方法（test_one()、test_two()和 test_three()）。使用描述名称 SampleTests.SampleTestCase 将使此方法返回一个测试套件，它将执行全部测试方法。使用描述名称 SampleTests.SampleTestCase.test_two 将使此方法返回一个测试套件，它将仅执行 test_two()测试方法。

（5）loadTestsFromNames(names,module=None)。与 loadTestsFromName()方法类似，但 loadTestsFromNames(names,module=None)方法接收一个名称序列而不是单个名称，它的返回值是一个测试套件。它支持为每个名称所定义的所有测试。

3．TextTestRunner 类

TextTestRunner(stream=None,descriptions=True,verbosity=1,failfast=False,buffer=False, resultclass=None,warnings=None,*,tb_locals=False)类是一个将结果输出到流的基本测试运行器。

TextTestRunner 对象常用的有 run(test)方法，此方法是 TextTestRunner 的主要公共接口，test 参数接收一个 TestSuite 或 TestCase 实例，如图 7-23 所示。

```
P  ⊕  ≛  ✲  ─       run.py  ×
▼ ■ unittest7.4批量执行  D:\pyt|  1      import unittest
  > ■ 7.1.1                    2
  ∨ ■ 7.2                      3   ▶ if __name__ == '__main__':
    ∨ ■ TestCases               4         # discover查找的是TestCases文件夹下的TestDemo1.py模块下的所有测试用例
      > ■ .pytest_cache         5         suite = unittest.defaultTestLoader.discover("./TestCases", "TestDemo1.py")
      ■ TestDemo1.py            6         # 实例化TextTestRunner()
      ■ TestDemo2.py            7         runner = unittest.TextTestRunner()
    ■ run.py                    8         runner.run(suite)
> Ⅲ External Libraries
  Scratches and Consoles               if __name__ == '__main__':

Run:    ▶ run  ×
  D:\software\Python\Python310\python.exe D:/pythonProject/unittest7.4批量执行/7.2/run.py
  ...
  ----------------------------------------------------------------------
  Ran 3 tests in 0.000s

  OK
  TestDemo1 -> test Case1
  TestDemo1 -> test Case2
  TestDemo1 -> test Case3

  Process finished with exit code 0
```

图 7-23　通过 run()方法执行测试用例

7.3　unittest 中测试用例的执行顺序

在 unittest 中，测试用例的执行顺序是由测试方法的名称决定的。在默认情况下，测试方法按照其名称的 ACSII 码顺序执行。例如，有两个测试方法 test_a()和 test_b()，test_a()方法将会在 test_b()方法之前执行。这种执行顺序是由 unittest 的测试加载器决定的，它在发现测试用例时，会根据方法名称的 ACSII 码顺序来决定它们的执行顺序。

测试用例的执行顺序对于测试的独立性和准确性至关重要。在理想情况下，每个测试用例都应该是独立的，即不受其他测试用例执行结果的影响。如果测试用例之间存在依赖关系，则它们的执行顺序可能会影响测试结果的准确性。因此，开发者需要在设计测试时考虑到测试用例的执行顺序。

为了控制测试用例的执行顺序，可以使用数字前缀来为测试方法命名，如 test_01_login()、test_02_login()等。

这种做法利用了 Python 字符串比较规则，数字前缀会使方法名按照数字大小排序，从而实现对执行顺序的控制。

（1）测试类的实例化：每个测试类都会被实例化一次，然后依次执行该实例的所有测试方法。不同的测试类实例之间没有特定的执行顺序，除非通过某些方式显式地指定执行顺序。

（2）测试方法的隔离：每个测试方法都应该是独立的，不应依赖于其他测试方法的状态。即使测试方法按一定顺序执行，也不应该假设前面的测试会影响后面测试的结果。

7.4　编写测试断言

断言是 unittest 不可或缺的一部分，它是验证测试结果是否符合预期的关键机制。如果测试结果与预期不符，则测试用例将被标记为失败。通过使用断言，可以确保测试用例能够准确地验证代码的行为,并且在实际结果与预期不符时快速定位问题。

TestCase 类提供了许多断言方法,这些方法可以帮助开发者验证各种类型的测试结果。下面是一些常用的断言方法及其用途。

1. 基本断言方法

assertEqual(a,b):断言 a 等于 b。

assertNotEqual(a,b):断言 a 不等于 b。

assertTrue(x):断言 x 为 True。

assertFalse(x):断言 x 为 False。

assertIs(a,b):断言 a 和 b 是同一个对象。

assertIsNot(a,b):断言 a 和 b 不是同一个对象。

assertIsNone(x):断言 x 为 None。

assertIsNotNone(x):断言 x 不为 None。

2. 序列断言方法

assertIn(item,container):断言 item 在 container 中。

assertNotIn(item,container):断言 item 不在 container 中。

3. 字符串断言方法

assertEqual(s1,s2):断言两个字符串相等。

assertRegex(s,regex):断言 regex 匹配。

assertNotRegex(s,regex):断言 regex 不匹配。

4. 浮点数断言方法

assertAlmostEqual(a,b,places=7):断言 a 和 b 近似相等,精确到 places 位小数。

assertNotAlmostEqual(a,b,places=7):断言 a 和 b 不近似相等,精确到 places 位小数。

5. 容器断言方法

assertListEqual(list1,list2):断言两个列表相等。

assertTupleEqual(tuple1,tuple2):断言两个元组相等。

assertSetEqual(set1,set2):断言两个集合相等。

assertDictEqual(dict1,dict2):断言两个字典相等。

6. 异常断言方法

assertRaises(exception,callable,*args,**kwargs):断言 callable(*args,**kwargs)会抛出 exception。

testAssert.py:

```python
import unittest

class TestAssertMethods(unittest.TestCase):
    def test_basic_assertions(self):
        # 断言 1+1 等于 2
        self.assertEqual(1+1,2)
        # 断言 1+1 不等于 3
        self.assertNotEqual(1+1,3)
```

```python
        # 断言 1<2 为真
        self.assertTrue(1<2)
        # 断言 1>2 为假
        self.assertFalse(1>2)

    def test_sequence_assertions(self):
        lst=[1,2,3]
        # 断言 2 在列表[1,2,3]中
        self.assertIn(2,lst)
        # 断言 4 不在列表[1,2,3]中
        self.assertNotIn(4,lst)
        # 断言列表[1,2,3]是list
        self.assertIsInstance(lst,list)
        # 断言列表[1,2,3]不是字符串
        self.assertNotIsInstance(lst,str)

    def test_string_assertions(self):
        s="Hello,World!"
        # 通过正则表达式断言
        self.assertRegex(s,r"World")
        self.assertNotRegex(s,r"world")

    def test_float_assertions(self):
        # 断言 first 约等于 second，palces 指定精确到小数点后多少位，默认值为 7
        self.assertAlmostEqual(0.1+0.2,0.3,places=2)
        # 断言 first 不约等于 second，palces 指定精确到小数点后多少位，默认值为 7
        self.assertNotAlmostEqual(0.1+0.2,0.3,places=16)

    def test_container_assertions(self):
        list1=[1,2,3]
        list2=[1,2,3]
        # 断言两个列表相等
        self.assertListEqual(list1,list2)
        # 断言两个元组相等
        self.assertTupleEqual((1,2,3),(1,2,3))
        # 断言两个集合相等
        self.assertSetEqual({1,2,3},{3,2,1})
        # 断言两个字典相等
        self.assertDictEqual({'a':1,'b':2},{'a':1,'b':2})

    def test_exception_assertions(self):
        # 断言抛出异常
        With self.assertRaises(ValueError):
            int("not a number")
```

```
if __name__=='__main__':
    unittest.main()
```

7.5　自动生成 HTML 测试报告

在 unittest 中，测试报告默认以文本的形式输出，但这对于复杂的测试套件或在需要更详细视觉呈现的情况下可能不够直观。使用第三方库，如 HTMLTestRunner，可以自动生成 HTML 格式的测试报告。HTMLTestRunner 是一个流行的 Python 库，用于将测试结果转换为 HTML 格式的报告。这些报告不仅包含测试通过或失败的基本信息，还提供详细的错误信息、堆栈跟踪和测试覆盖率。

HTMLTestRunner

（1）安装 HTML Test Runner。

```
pip install HTMLTestRunner
```

（2）创建文件结构。创建一个命名为 unittestDemo2 的项目，在项目下右击，在弹出的快捷菜单中选择"New"→"Directory"命令，如图 7-24 所示。创建两个文件夹 test 和 reports，项目结构如图 7-25 所示。

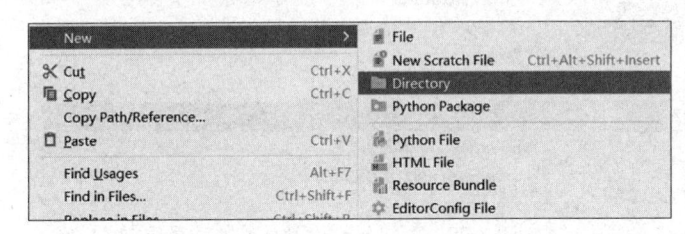

图 7-24　选择"New"→"Directory"命令 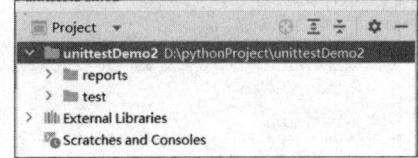　　　　图 7-25　项目结构

（3）创建测试用例文件 test_1.py。在 test 文件夹上右击，在弹出的快捷菜单中选择"New"→"Python File"命令，如图 7-26 所示。弹出"New Python file"对话框，选择"Python unit test"选项并输入文件名称"test_1"，如图 7-27 所示。

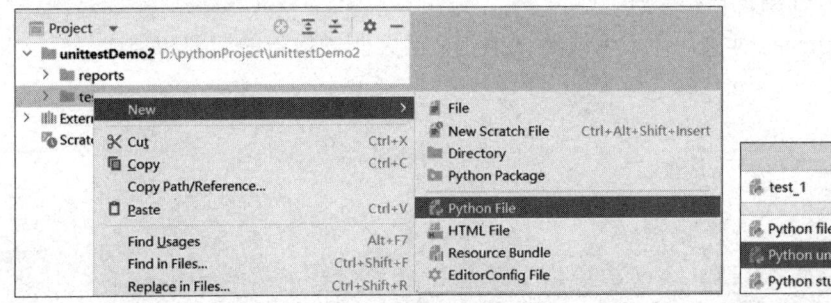

图 7-26　选择"New"→"Python File"命令 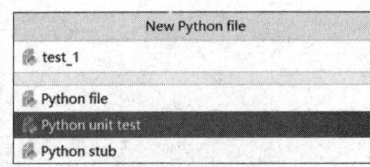　　　　图 7-27　选择"Python unit test"选项

在 test_1.py 中创建 3 个测试用例，其中 2 个测试用例执行成功，1 个测试用例执行失败。具体代码如下：

```
import unittest
```

```python
class TestExample(unittest.TestCase):

    # 判断1+1是否等于2，该测试用例执行成功
    def test_addition(self):
        self.assertEqual(1+1,2)

    # 判断10-5是否等于5，该测试用例执行成功
    def test_subtraction(self):
        self.assertEqual(10-5,5)

    # 判断1+1是否等于3，该测试用例执行失败
    def test_failure(self):
        self.assertEqual(1+1,3)
```

（4）使用 HTMLTestRunner 生成报告。在项目中创建一个 Python 文件 run.py，在这个文件中使用 HTMLTestRunner 来执行测试并生成 HTML 报告。在项目中右击，在弹出的快捷菜单中选择"New"→"Python File"命令，弹出"New Python file"对话框，选择"Python file"选项并输入文件名称"run.py"，如图 7-28 所示。创建后的项目结构如图 7-29 所示。

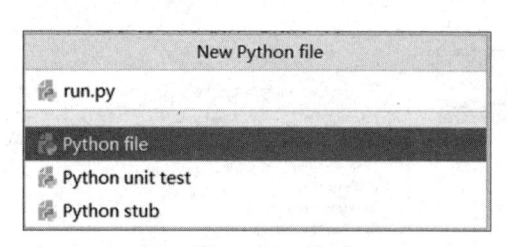

图 7-28　创建 Python 文件 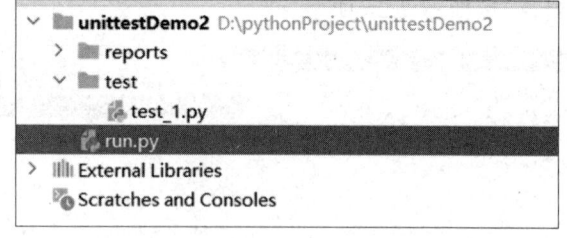　　　　图 7-29　创建 run.py 文件后的项目结构

编写 run.py 文件，步骤如下。
- 创建测试套件，并且添加 test 文件夹下以 test_ 开头和以 .py 结尾的文件下的测试用例。
- 将测试报告文件名设置为"result+当前时间.html"。
- 以写（w）模式打开测试报告文件。
- 创建 HTMLTestRunner 对象，便于生成测试报告，给定测试报告的标题和描述。
- 执行测试套件。
- 关闭测试报告。

具体代码如下。

```python
import unittest
from HTMLTestRunner import HTMLTestRunner
from datetime import date,datetime,time

if __name__=='__main__':
    # 创建测试套件，并且添加test文件夹下以test_开头和以.py结尾的文件下的测试用例
    suite=unittest.TestLoader().discover('test',pattern='test_*.py')
```

```
    # 将测试报告文件名设置为"result+当前时间.html"
    fileName="./reports/result"+datetime.now().strftime("%Y.%m.%d%H.%M.%S.%f")+".html"
    # 以写(w)模式打开测试报告文件
    report_file=open(file=fileName,mode="w",encoding='utf-8')
    # 创建HTMLTestRunner对象，给定测试报告的标题和描述
    runner=HTMLTestRunner.HTMLTestRunner(stream=report_file,title="HTMLTestRunner测试报告",description="测试报告执行情况")
    # 执行测试套件
    runner.run(suite)
    # 关闭测试报告
    report_file.close()
```

（5）执行测试。单击 main() 函数左侧的绿色三角形按钮执行 run.py 文件，如图 7-30 所示。

```
import unittest
from HTMLTestRunner import HTMLTestRunner
from datetime import date, datetime, time

if __name__ == '__main__':
    # 加载test文件夹下以test_开头和以.py结尾的文件下的测试用例
    suite = unittest.TestLoader().discover('test', pattern='test_*.py')
    # 将测试报告文件名设置为"result+当前时间.html"
    fileName = "./reports/result" + datetime.now().strftime("%Y.%m.%d %H.%M.%S.%f") + ".html"
    # 以写(w)模式打开测试报告文件
    report_file = open(file=fileName, mode="w", encoding='utf-8')
    # 创建HTMLTestRunner对象，给定测试报告的标题和描述
    runner = HTMLTestRunner.HTMLTestRunner(stream=report_file, title="HTMLTestRunner测试报告",
                                            description="测试报告执行情况")
    # 执行测试套件
    runner.run(suite)
    # 关闭测试报告
    report_file.close()
```

图 7-30　执行 run.py 文件

执行完成后，可以看到在 reports 文件夹下生成了一个测试报告，如图 7-31 所示。

```
∨ ■ unittestDemo2  D:\pythonProject\unittestDemo2
  ∨ ■ reports
        result2024.08.19 23.48.34.227222.html
  ∨ ■ test
        test_1.py
     run.py
> IIII External Libraries
  Scratches and Consoles
```

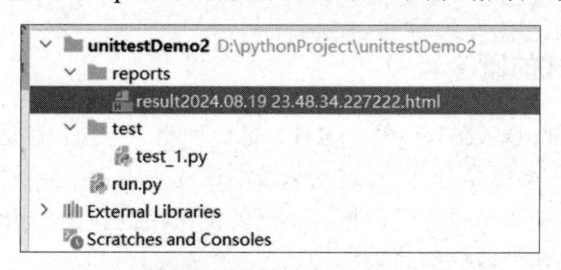

图 7-31　生成测试报告

（6）查看测试报告。在生成的测试报告文件上右击，在弹出的快捷菜单中选择"Open In"→"Browser"→"Chrome"命令。你将看到一个包含测试结果的网页，其中包括了所有测试用例的状态（成功/失败）及任何错误或失败的详细信息，如图 7-32 和图 7-33 所示。

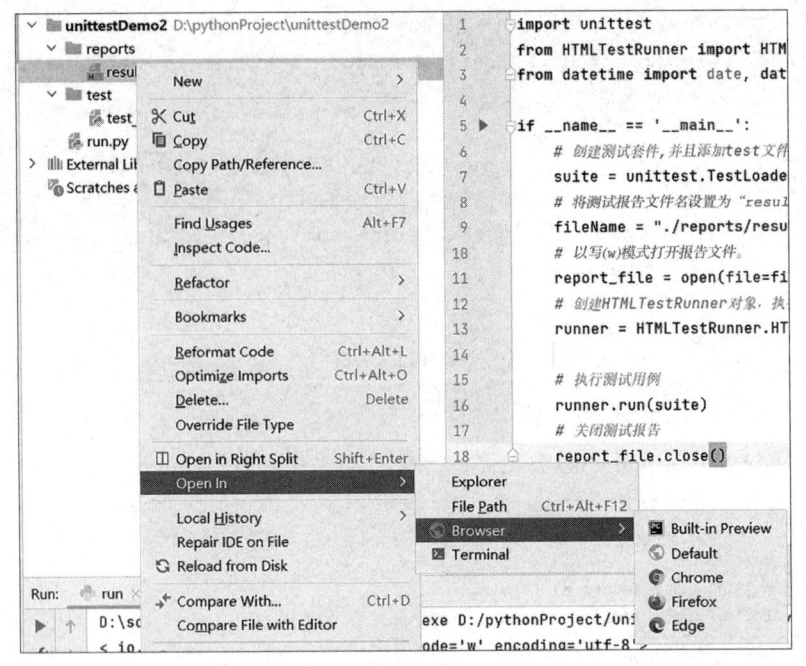

图 7-32　打开测试报告

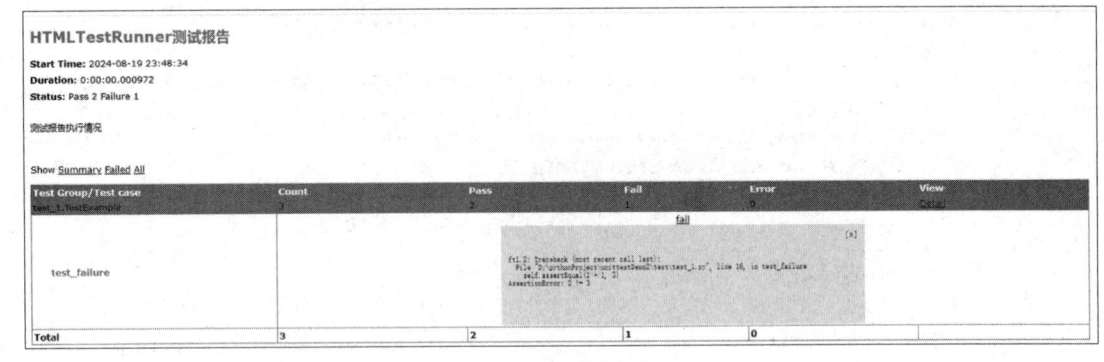

图 7-33　测试报告

7.6　数据驱动测试

7.6.1　数据驱动测试的概念

数据驱动测试（Data-DrivenTesting，DDT）是一种测试方法，在这种方法中，测试逻辑与测试数据是分开的。这意味着测试代码本身不会改变，而不同的测试数据会被传入测试方法以执行不同的测试用例。在 unittest 中，可以使用多种方法实现数据驱动测试。

DDT 的用处与安装

数据驱动测试可以通过 "pip install ddt" 命令进行安装，或者通过 PyCharm 进行安装。

7.6.2　数据驱动测试支持的数据类型

数据驱动测试允许测试人员使用不同的数据集重复执行同一个测试方法，从而验证该方法在各种条件下的行为是否符合预期。数据驱动测试将测试逻辑与测试数据分离，提高了测试代码的可维护性和复用性，使修改测试数据变得更加简单直接，无须改动测试代码。数据驱动测试特别适用于需要针对多个数据点执行相同测试逻辑的场景，如单元测试中的边界条件检查或功能测试中的参数化测试。

DDT 案例演示

数据驱动测试有以下几个重要的装饰器。

（1）@ddt 装饰器：遍历测试数据，每遍历出一条数据，就向测试类中添加一个以 test 开头的方法。

（2）@data 装饰器：传递数据。这是 DDT 库提供的主要装饰器之一，用于将数据集传递给测试方法。可以使用@data 装饰器来指定一个或多个参数的值，这些参数将用于测试方法。也可以传递一个列表、元组、字典或任何可迭代对象等。

（3）@file_data 装饰器：加载文件数据，从 CSV 文件或 YAML 文件等中加载测试数据。

（4）@unpack 装饰器：拆分数据。在使用@data 装饰器传递数据集时，如果将数据集作为单个参数（如一个列表或元组）传递给测试方法，则可能需要将这些值解包并分别传递给测试方法。

DDT 库支持多种数据类型的输入，允许测试用例对不同格式和来源的数据进行测试。DDT 库支持的常见数据类型如下。

（1）元组：将数据以元组的形式直接在代码中指定，每个元组代表一组测试数据。

例如：

```
from ddt import data, ddt
import unittest

@ddt
class MyTestCase(unittest.TestCase):

    @data(1,2,3)
    def test_case1(self,param1):
        print("----testcase1---")
        print(param1)
        print("******")
```

执行结果如图 7-34 所示，test_case1 执行了三次，第一次取值为 1，第二次取值为 2，第三次取值为 3。

图 7-34　执行结果（1）

在下面的案例中，给定了三组元组数据(1,2)、(1,3)和(1,4)，使用了@unpack 装饰器对元组进行拆分。

```python
import unittest
from ddt import ddt, data, unpack

#拆分元组
@ddt
class MyTestCase(unittest.TestCase):
    @data((1,2),(1,3),(1,4))
    @unpack
    def test_case4(self,x,y):
        print("---testcase4----")
        print("x=",x,",y=",y)
```

执行结果如图 7-35 所示。从执行结果中可以看到，每一组值拆被分成了两个参数。例如，第一组数据(1,2)被拆分为两个变量，分别赋值给参数 x 和参数 y。

```
✓ Test Results              0 ms   PASSED           [ 33%]---testcase4----
  ✓ test_元组                0 ms   x= 1 ,y= 2
    ✓ MyTestCase             0 ms   PASSED           [ 66%]---testcase4----
      ✓ test_case4_1__1_2_   0 ms   x= 1 ,y= 3
      ✓ test_case4_2__1_3_   0 ms   PASSED           [100%]---testcase4----
      ✓ test_case4_3__1_4_   0 ms   x= 1 ,y= 4
```

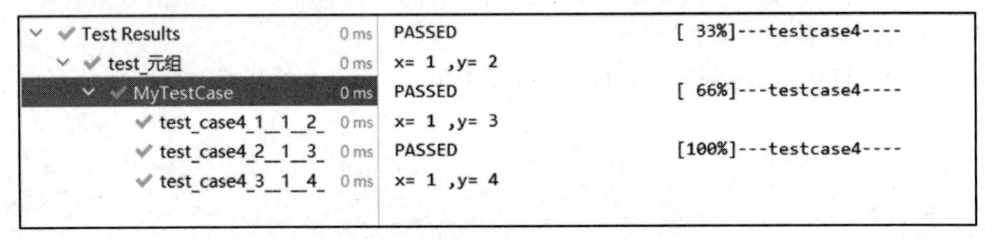

图 7-35　执行结果（2）

（2）列表：使用列表来包含多个测试数据集，每个列表项可以是一个元组或字典。

在下面的案例中，使用了两组列表数据，第一组是[1,2,3]，第二组是[4,5,6]。

```python
import unittest
from ddt import ddt, data

@ddt
class MyTestCase(unittest.TestCase):
    @data([1,2,3],[4,5,6])
    def test_case2(self,param1):
        print("---testcase2----")
        print(param1)
        print(param1[0])
        print(param1[1])
        print(param1[2])
        print("******")
```

执行结果如图 7-36 所示，可以看到 test_case2 执行了两次，第一次取值[1,2,3]，第二次取值[4,5,6]。通过索引，可以获取列表中的单个值。

```
      ✓ Test Results                                    0 ms    PASSED              [ 50%]---testcase2----
         ✓ test_列表                                    0 ms    [1, 2, 3]
            ✓ MyTestCase                                0 ms    1
               ✓ test_case2_1__1_2_3                    0 ms    2
               ✓ test_case2_2__4_5_6                    0 ms    3
                                                               ******
                                                               PASSED              [100%]---testcase2----
                                                               [4, 5, 6]
                                                               4
                                                               5
                                                               6
                                                               ******
```

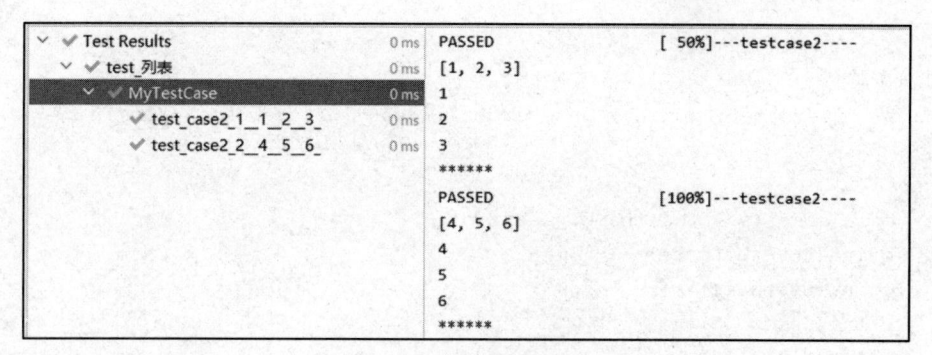

图 7-36　执行结果（3）

```
import unittest
from ddt import ddt, data, unpack

@ddt
class MyTestCase(unittest.TestCase):
    #拆分列表
    @data([1,2,3],[4,5,6])
    @unpack
    def test_case3(self,param1,param2,param3):
        print("---testcase3----")
        print(param1)
        print(param2)
        print(param3)
        print("******")
```

执行结果如图 7-37 所示，可以看到 test_case3 执行了两次，第一次取值[1,2,3]，第二次取值[4,5,6]。通过@unpack 拆分，可以使用 param1、param2 和 param3 获取列表中的值。

```
  ✓  ⊘  ↓₹ ↓₹ ≡ ₹ ↑ ↓ Q ⊵ ⊵ »   ✓ Tests passed: 2 of 2 tests – 0 ms
      ✓ Test Results                                    0 ms    PASSED              [ 50%]---testcase3----
         ✓ test_列表                                    0 ms    1
            ✓ MyTestCase                                0 ms    2
               ✓ test_case3_1__1_2_3                    0 ms    3
               ✓ test_case3_2__4_5_6                    0 ms    ******
                                                               PASSED              [100%]---testcase3----
                                                               4
                                                               5
                                                               6
                                                               ******
```

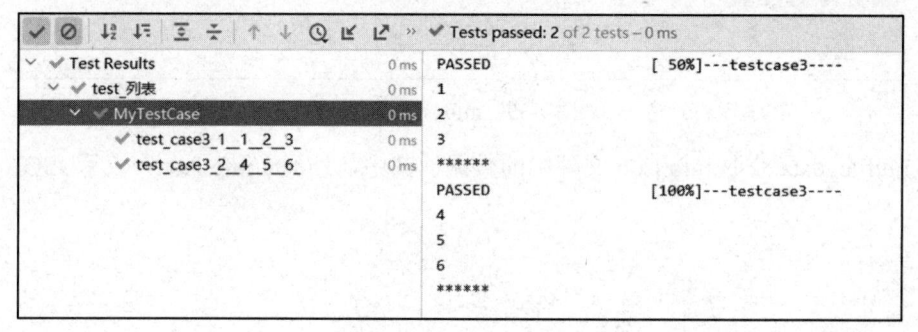

图 7-37　执行结果（4）

（3）字典：提供字段名称和对应的测试数据，使测试数据更加清晰和易于管理。

在下面的案例中，test_case5 中有两组数据，第一组为{"username":"admin","password":"123456"}，第二组为{"username":"admin","password":"123"}。

```
import unittest
from ddt import ddt, data, unpack

@ddt
class MyTestCase(unittest.TestCase):
```

```python
#拆分字典
@data({"username":"admin","password":"123456"},{"username":"admin","password":"123"})
@unpack
def test_case5(self,username,password):
    print("---testcase5----")
    print(username)
    print(password)
    print("******")
```

执行结果如图 7-38 所示，可以看到 test_case5 执行了两次，第一次取值为{"username":"admin","password":"123456"}，第二次取值为{"username":"admin","password":"123"}。通过@unpack 进行拆分，可以获取 username 和 password 的值。

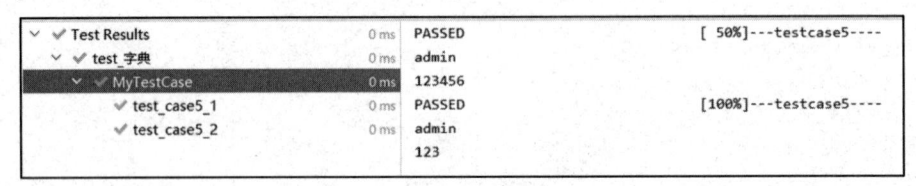

图 7-38 执行结果（5）

（4）文件数据。

- JSON 文件：从 JSON 文件中读取测试数据。

例如：在 data 文件夹下，新建了一个 info.json 文件，其中含有两组数据，如图 7-39 所示。

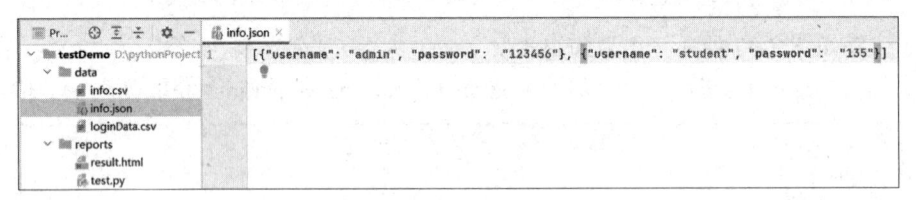

图 7-39 info.json 文件

通过@file_data 获取 info.json 文件中的数据，其中，"./data/info.json"表示 JSON 文件的相对路径。

```python
import unittest
from ddt import ddt, data, file_data

@ddt
class MyTestCase(unittest.TestCase):
    @file_data("./data/info.json")
    def test_case6(self,username,password):
        print("---testcase6----")
        print(username)
        print(password)
        print("******")
```

执行结果如图 7-40 所示，可以看到 test_case6 执行了两次，第一次取值为{"username":"admin", "password":"123456"},第二次取值为{"username":"student","password":"135"}。username 参数和 password 参数分别取字典中关键字为 username 和 password 的值。

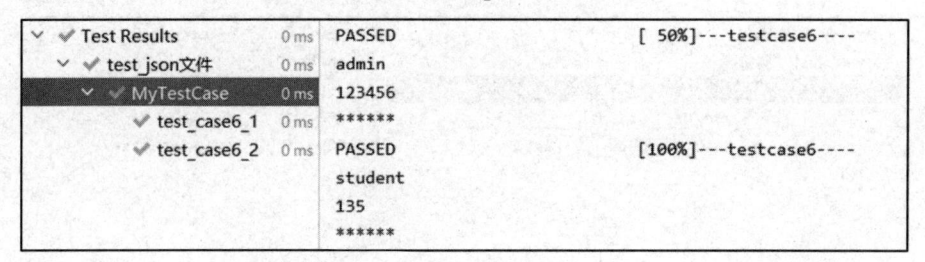

图 7-40　执行结果（6）

- CSV 文件：从 CSV 文件中读取测试数据。

首先在 data 文件下创建 info.csv 文件（绝对路径为 D:\python Project\testDemo\data\info.csv），如图 7-41 所示。

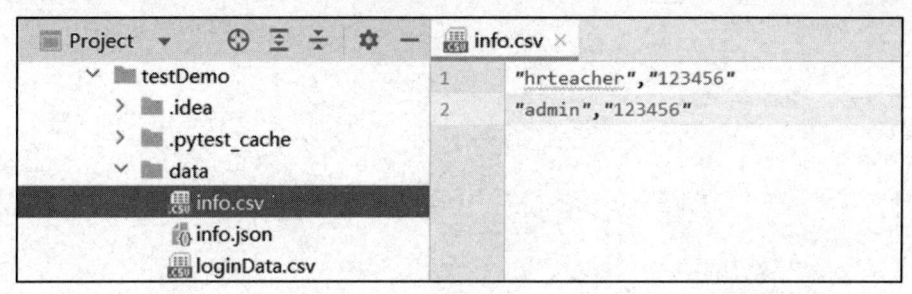

图 7-41　创建 info.csv 文件

先通过 open()方法读取 D:\pythonProject\testDemo\data 目录下的 info.csv 文件。再通过 reader()方法读取 info.csv 文件中的数据，返回一个 reader 对象，利用该对象遍历 info.csv 文件中的行。注意：reader()方法之前要加*，表示将可变数量的参数传递给方法。最后通过@data 装饰器获取读取到的数据。

在下面的案例中，使用了两组列表数据，第一组数据为["hrteacher","123456"]，第二组数据为["admin","123456"]。

```
import unittest
from ddt import ddt, data
from csv import reader

@ddt
class MyTestCase(unittest.TestCase):
    @data(*reader(open("D:/pythonProject/testDemo/data/info.csv","r")))
    def test_case7(self,info):
        print("---testcase7----")
        print(info[0])
        print(info[1])
        print("******")
```

执行结果如图 7-42 所示。通过结果可以看到 test_case7 执行了两次，第一次取值 ["hrteacher","123456"]，第二次取值["admin","123456"]。通过索引，可以取到每一个值。例如，第一组数据["hrteacher","123456"]，通过 info[0]可以取值 hrteacher，通过 info[1]可以取值 123456。

```
Test Results                              0 ms    PASSED [ 50%]---testcase7----
    test_文件数据                          0 ms    hrteacher
        MyTestCase                        0 ms    123456
            test_case7_1__hrteacher___123456_   0 ms    ******
            test_case7_2__admin___123456_       0 ms    PASSED    [100%]---testcase7----
                                                        admin
                                                        123456
                                                        ******
```

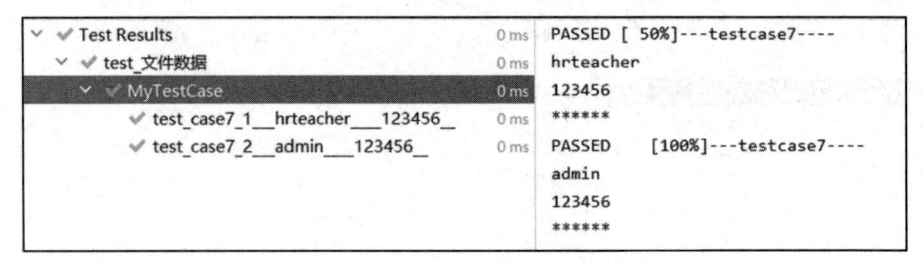

图 7-42　执行结果（7）

在下面的案例中，在方法前加了@unpack 标签，将数据进行拆分。

```python
import unittest
from ddt import ddt, data, unpack
from csv import reader

@ddt
class MyTestCase(unittest.TestCase):

    @data(*reader(open("D:/pythonProject/testDemo/data/info.csv","r")))
    @unpack
    def test_case8(self,username,password):
        print("---testcase8----")
        print(username)
        print(password)
        print("******")
```

执行结果如图 7-43 所示。通过结果可以看到 test_case8 执行了两次，第一次取值 ["hrteacher","123456"]，第二次取值["admin","123456"]，每组数据中有两个值。在测试用例的参数中定义了两个变量 username 和 password，与每组数据中值的数量相同。例如，当取第一组数据["hrteacher","123456"]时，username 的值为 hrteacher，password 的值为 123456；当取第二组数据["admin","123456"]时，username 的值为 admin，password 的值为 123456。

```
Test Results                              0 ms    PASSED [ 50%]---testcase8----
    test_文件数据                          0 ms    hrteacher
        MyTestCase                        0 ms    123456
            test_case8_1__hrteacher___123456_   0 ms    ******
            test_case8_2__admin___123456_       0 ms    PASSED    [100%]---testcase8----
                                                        admin
                                                        123456
                                                        ******
```

图 7-43　执行结果（8）

【练习与实训】

打开人力资源管理系统，搭建 unittest，进行数据驱动测试，以验证登录功能能否实现，其中包含正确登录、用户名错误和密码错误的情况。

第 8 章

pytest 单元测试框架

学习目标

1. 知识目标
（1）了解 pytest 的基本概念和优势。
（2）掌握 pytest 的基本用法，包括如何编写测试用例、断言及生成测试报告。
（3）熟悉 pytest 中的参数化测试和数据驱动测试。
（4）了解 pytest 的插件系统及其在自动化测试中的应用。

2. 能力目标
（1）能够使用 pytest 编写简单的测试用例并执行测试。
（2）学会使用 pytest 的参数化功能，为测试用例提供多组数据。
（3）掌握 pytest 的 fixture 机制，能够编写 setup 及 teardown 逻辑。
（4）能够根据项目需求，选择合适的 pytest 插件来增强测试功能。

3. 素养目标
（1）培养良好的测试习惯，确保测试代码的可读性和可维护性。
（2）提升解决问题的能力，能够在遇到测试难题时寻找并使用 pytest 插件解决问题。
（3）培养团队合作精神，学会与其他开发者协作，共同提高软件质量。

任务情境

小李在掌握了 unittest 的自动化测试技能后，他所在的项目团队决定引入 pytest，以提高测试效率和质量。该项目团队使用 Python 作为主要开发语言，并且希望使用 pytest 作为自动化测试框架，以简化测试流程并提高测试效率。项目团队的任务是设计并实施一套完整的自动化测试方案，以确保产品功能的正确性和稳定性。

这个项目中有一个复杂的用户管理系统，需要进行全面的测试。小李的任务如下。
（1）研究 pytest 的核心概念和技术特点，为项目团队提供一份详细的 pytest 介绍文档。
（2）设计一套覆盖关键业务流程的测试用例，并且使用 pytest 编写这些测试用例。
（3）实现测试用例的数据驱动功能，确保测试用例能够处理多种输入数据。
（4）开发一套测试报告生成机制，以便团队成员快速了解测试结果。
（5）分析测试过程中可能出现的问题，并且制定相应的解决方案。

小李希望通过这个任务熟练使用 pytest，并且提高自己编写高质量自动化测试代码的能力，为保障产品的质量做出贡献。

8.1　pytest 的基本结构

pytest 是一个成熟、功能丰富的 Python 测试工具，它提供了简单易用的 API，能够支持复杂的测试需求。与 unittest 相比，pytest 更加灵活，易于上手，同时具备自动化测试、参数化测试、fixture、插件化等高级功能。

pytest 的特点如下。

（1）语法简洁：使用普通的 Python 函数作为测试用例，不需要特定的继承或装饰器。

（2）自动发现测试：无须配置即可自动检测测试文件和方法。

（3）动态测试生成：支持参数化测试，可以为单个测试方法提供多组测试数据。

（4）丰富的插件生态系统：社区贡献了大量的插件，可以轻松扩展框架的功能。

（5）详细的测试报告：提供详细的测试报告，包括执行失败的测试用例的具体信息。

（6）测试夹具（fixture）：提供了一个强大的 fixture 机制，可以用来设置测试前后的初始化和清理工作。

（7）并发/分布式执行测试：支持并发执行测试和分布式执行测试，以加快大型测试套件的执行速度。

8.1.1　pytest 简介

使用 pytest 的基本步骤如下。

1. 安装 pytest

（1）通过 Python 下的 pip 安装 pytest，如图 8-1 所示。

```
pip install pytest
```

（2）通过 PyCharm 安装 pytest。选择"File"→"Settings…"命令，如图 8-2 所示，打开"Settings"对话框。选择"Project：pytestDemo"→"Python Interpreter"选项，单击右侧列表框上方的"+"按钮，弹出"Available Packages"对话框。搜索"pytest"，选择"pytest"选项，单击"Install Package"按钮进行安装，如图 8-3、图 8-4 和 8-5 所示。

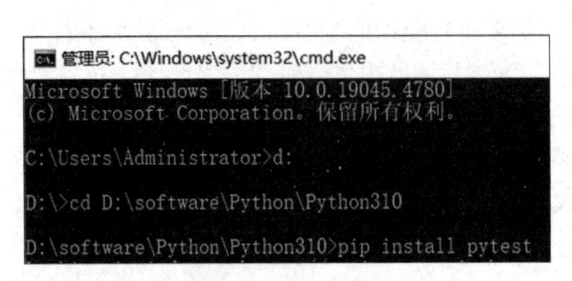

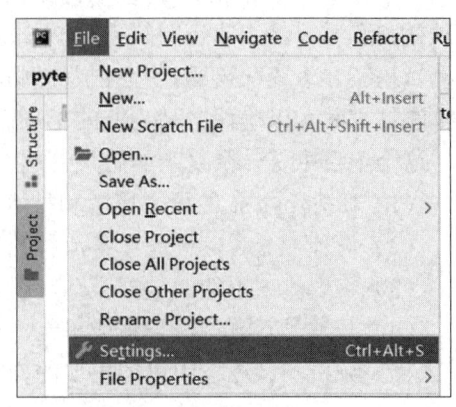

图 8-1　安装 pytest　　　　　　　　图 8-2　选择"File"→"Settings…"命令

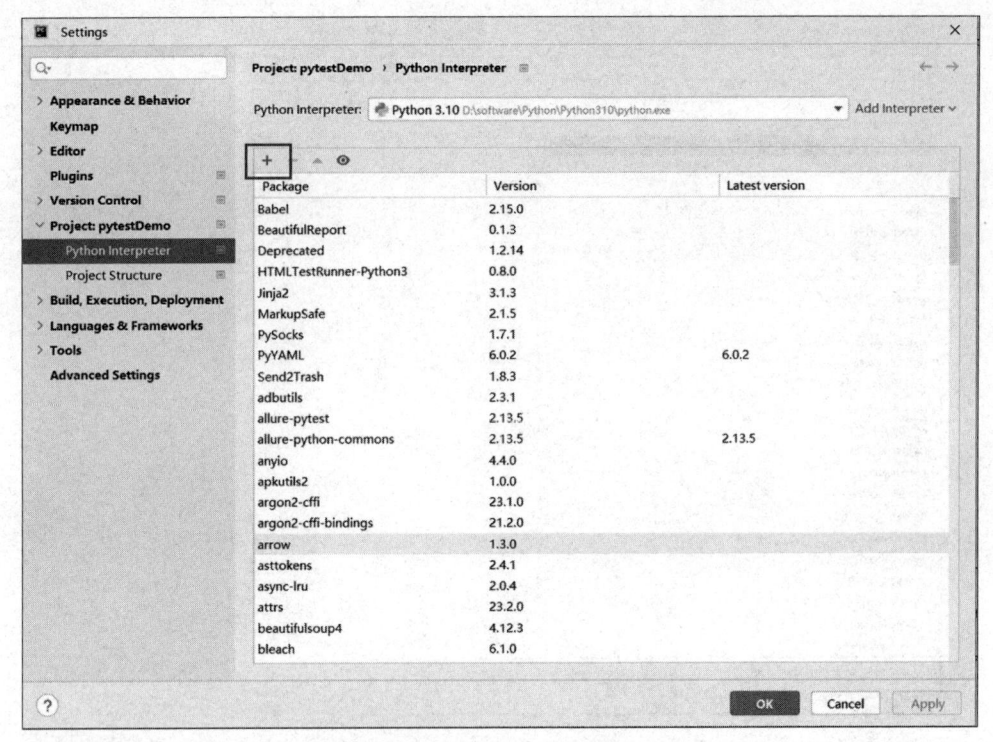

图 8-3　单击"+"按钮

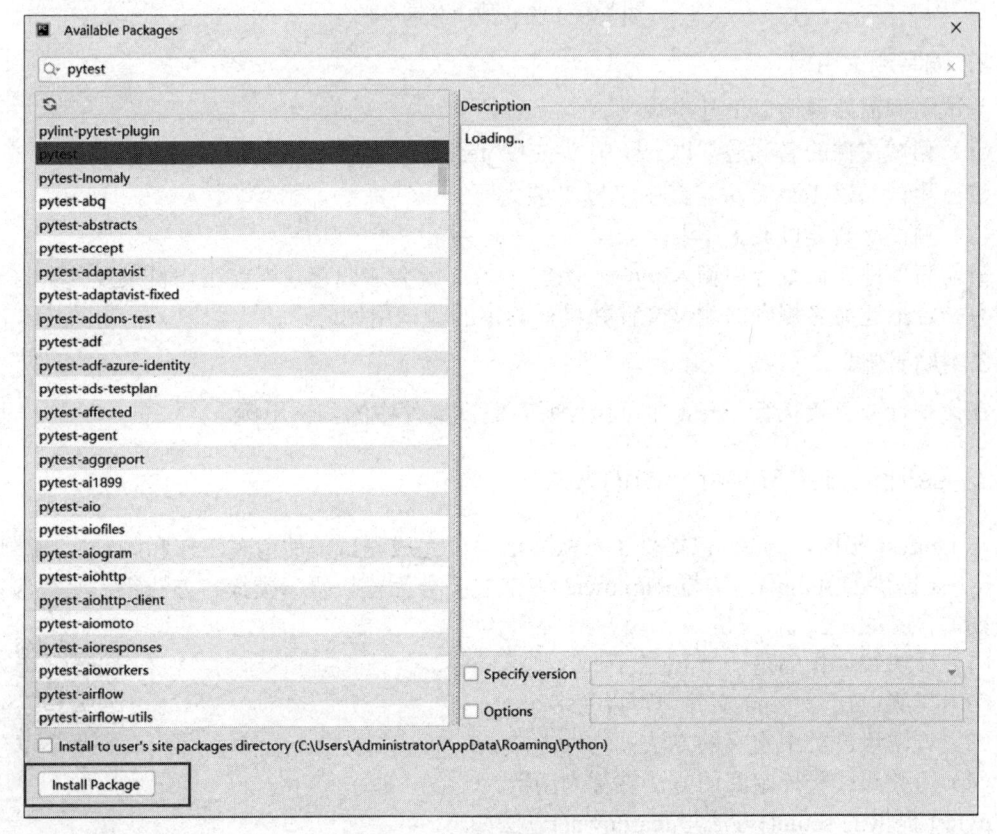

图 8-4　搜索并安装 pytest 插件

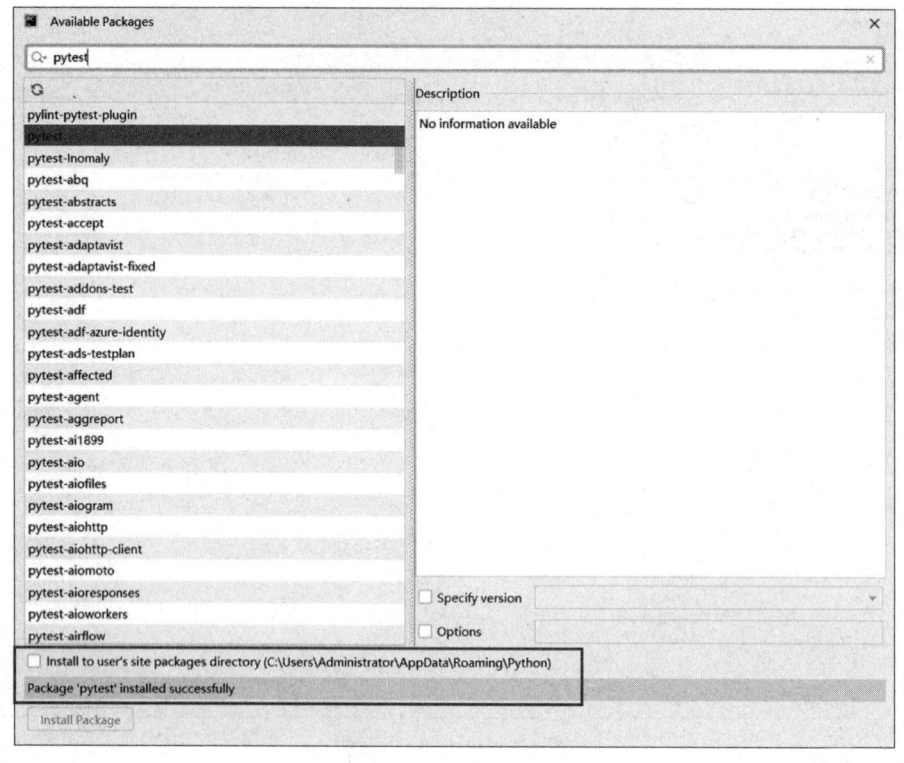

图 8-5 pytest 插件安装完成

2．编写测试用例

测试用例需要遵循以下几点规则。

（1）测试文件的名称通常以 test_ 开头或以 _test 结尾。

（2）测试类以 Test 开头，其中字母 T 要大写。

（3）测试函数要以 test 开头。

只需简单地在命令行中输入 pytest 命令，pytest 就会递归查找当前工作目录及其子目录下的所有符合上述命名规则的测试文件并执行其中的测试用例。

3．执行测试

在命令行中直接执行 pytest 即可执行所有测试文件中的测试用例。

8.1.2 setup()方法与 teardown()方法

与 unittest 相同，pytest 也提供了一些方法，以完成测试前的前置工作和测试后的清理工作。pytest 提供的 setup()方法与 teardown()方法主要分为模块级、类级、方法级、函数级。每个级别的含义如下。

（1）模块级：指的是一个.py 文件。

（2）类级：在一个.py 文件中可以写多个类。

（3）方法级：类中定义的方法被称为方法。

（4）函数级：类外定义的方法被称为函数。

pytest 提供的 setup()方法与 teardown()方法如下。

模块级与函数级不在测试类中定义。

夹具

（1）模块级 setup_module()在模块开始前执行一次，模块级 teardown_module()在模块结束后执行一次。

（2）类级 setup_class()/teardown_class()只对以 Test 开头的测试类生效，setup_class()在测试类开始前执行一次，teardown_class()在测试类结束后执行一次。

（3）方法级 setup_method()/teardown_method()只对测试类中以 test 开头的测试方法生效，setup_method()在测试方法开始前执行一次，teardown_method()在测试方法结束后执行一次。

（4）函数级 setup_function()/teardown_function()只对不在测试类中且以 test 开头的方法生效。setup_function()在测试方法开始前执行一次，teardown_function()在测试方法结束后执行一次。

在下面的案例中有 3 个测试用例，第一个函数级测试用例 test_function()，第二个测试用例 test01_case 和第三个测试用例 test02_case 在测试类 TestDemo02 中。

test_demo_01.py：

```python
"""
模块级 setup_module()与 teardown_moudle()，在模块的前后执行。
类级 setup_class()与 teardown_class()，在测试类的前后执行。
方法级 setup_method()与 teardown_method()，在测试方法（方法级测试用例）的前后执行。
函数级 setup_function()与 teardown_function()，在测试函数（函数级测试用例）的前后执行。
"""
import pytest

def setup_module(self):
    print("setup_module()在模块前执行")

def teardown_module(self):
    print("teardown_module()在模块后执行")

def setup_function(self):
    print("setup_function()在测试函数前执行")

def teardown_function(self):
    print("teardown_function()在测试函数后执行")

def test_function():
    print("test_function")

class TestDemo02():

    def setup_class(self):
        print("setup_class()在测试类前执行")

    def teardown_class(self):
        print("teardown_class()在测试类后执行")

    def setup_method(self):
        print("setup_method()在测试用例前执行")

    def teardown_method(self):
        print("teardown_method()在测试用例后执行")

    def test01_case(self):
        print("test_demo_01.py -> TestDemo02 -> test_01_case")
```

```python
    def test02_case(self):
        print("test_demo_01.py -> TestDemo02 -> test_02_case")

if __name__ == '__main__':
    pytest.main(["-s"])
```

执行结果如图 8-6 所示。

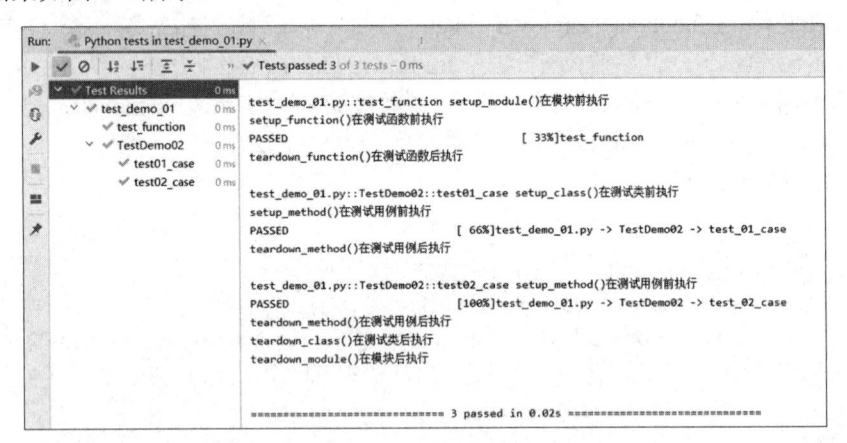

图 8-6　执行结果

通过结果可以看出，setup_model()和 teardown_model()在自动化测试脚本 test_demo_01.py 之前和之后执行；setup_function()和 teardown_function()在测试函数 test_function()之前和之后执行；setup_class()和 teardown_class()在测试类 TestDemo02 之前和之后执行；setup_method()和 teardown_method()在测试用例 test01_case 和 test02_case 之前和之后执行。如图 8-7 所示。

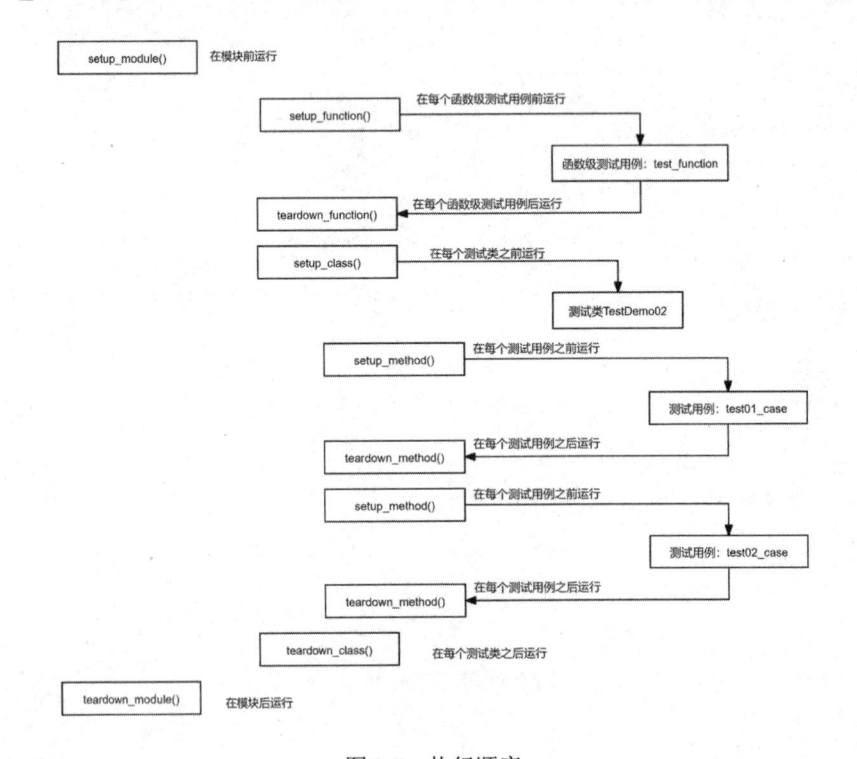

图 8-7　执行顺序

8.2 pytest 的基本使用

8.2.1 pytest 中的 fixture 机制

在 pytest 中，fixture 翻译过来是"固件"的意思。fixture 是一种特殊的函数，它可以用来设置测试所需的初始状态或环境，并且在测试结束之后帮助清理资源。fixture 的概念在 pytest 中非常关键，因为它实现了代码的复用，减少了重复的工作，并且使自动化测试框架更加模块化和可维护。

fixture 通常使用@pytest.fixture 装饰器标记。使用 fixture 可以实现 setup()方法和 teardown()方法的功能，也可以使用 fixture 实现参数化。

使用@pytest.fixture 装饰器，查看 fixture 的源代码，如图 8-8 所示。

```
def fixture(
    fixture_function: Optional[FixtureFunction] = None,
    *,
    scope: "Union[_ScopeName, Callable[[str, Config], _ScopeName]]" = "function",
    params: Optional[Iterable[object]] = None,
    autouse: bool = False,
    ids: Optional[
        Union[Sequence[Optional[object]], Callable[[Any], Optional[object]]]
    ] = None,
    name: Optional[str] = None,
) -> Union[FixtureFunctionMarker, FixtureFunction]:
    """Decorator to mark a fixture factory function...."""
    fixture_marker = FixtureFunctionMarker(
        scope=scope,
        params=tuple(params) if params is not None else None,
        autouse=autouse,
        ids=None if ids is None else ids if callable(ids) else tuple(ids),
        name=name,
        _ispytest=True,
    )
```

图 8-8　fixture 的源代码

可以看到 fixture 有以下几个参数。
（1）scope：表示作用范围。
（2）params：传递参数，实现参数化。
（3）autouse：表示是否自动使用。
（4）ids：表示为参数添加标识。
（5）name：表示为 fixture 取别名。

fixture 的作用范围有以下几个级别。

函数级：@pytest.fixture(scope="function")。@pytest.fixture()不带参数时，默认的范围是 scope="function"，每个测试函数或测试方法都会调用 fixture 一次。

下面使用一个案例进行讲解，代码如下。

```
import pytest

@pytest.fixture(scope="function")
def fixture():
    print("\nfixture()执行，相当于 setup()")
    yield
```

```python
        print("\nfixture()执行,相当于teardown()")

def test_01_case(fixture):
    print("test_01_case")
    print(fixture)

class TestFixture():
    def test_02_case(self, fixture):
        print("test_02_case in test class")

    def test_03_case(self, fixture):
        print("test_03_case in test class")

if __name__ == '__main__':
    pytest.main(['-s'])
```

执行结果如图 8-9 所示。测试函数 test_01_case(fixture)、测试方法 test_02_case(self, fixture) 和测试方法 test_03_case(self, fixture)均有 fixture 作为参数，因此这 3 个测试用例执行前都调用了 fixture 中 yield 之前的内容，而在执行完成后调用了 fixture 中 yield 之后的内容。

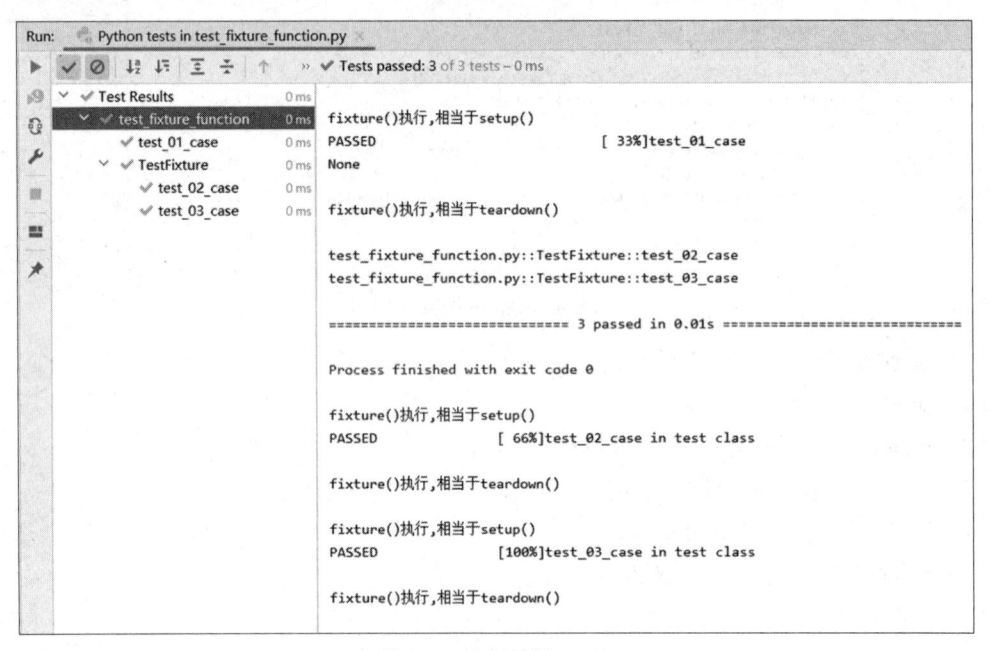

图 8-9 执行结果（1）

模块级：@pytest.fixture(scope="module")。一个模块是一个.py 文件，一个.py 文件中的所有测试用例只调用一次 fixture。

下面使用一个案例进行讲解，test_fixture_module.py 文件的代码如下。

```python
import pytest

@pytest.fixture(scope="module", name= "value")
def fixture():
```

```python
    print("\nfixture()执行，相当于setup()")
    yield 2
    print("\nfixture()执行，相当于teardown()")

def test_01_case(value):
    print("\ntest_01_case")
    print("返回的value值是", value)

class TestFixture():
    def test_02_case(self, value):
        print("\ntest_02_case")
        print("返回的value值是", value)


    def test_03_case(self):
        print("\ntest_03_case")

if __name__ == '__main__':
    pytest.main(['-vs'])
```

执行结果如图 8-10 所示。在执行 test_fixture_module.py 文件之前，调用了 fixture 中 yield 之前的内容。在 test_fixture_module.py 文件执行完成之后，调用了 fixture 中 yield 之后的内容。yield 后有返回值 2，此时 yield 的功能等同于 return。在 test_01_case 和 test_02_case 两个测试用例中，可以看到均接收到了 fixture 返回的值 2。

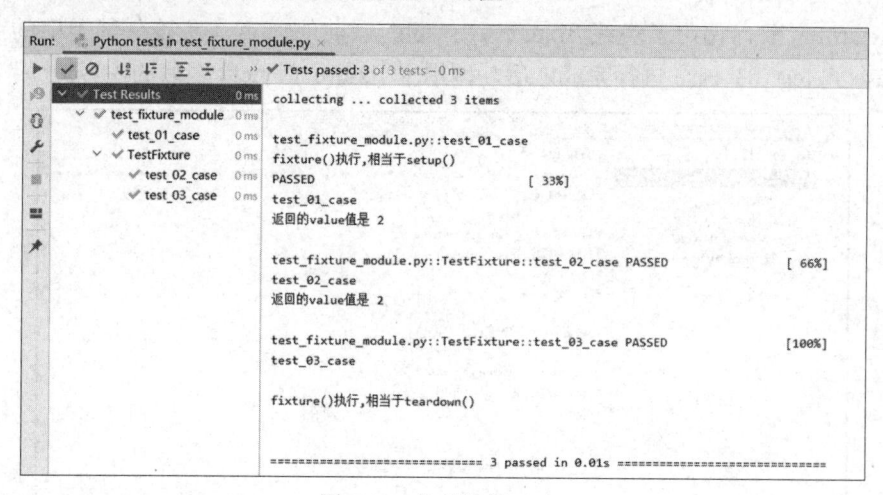

图 8-10　执行结果（2）

类级：@pytest.fixture(scope="class")。当一个测试类包含多个测试用例时，测试类执行时调用 fixture，测试类中的测试用例不调用 fixture。

下面使用一个案例进行讲解，代码如下。

```python
import pytest

@pytest.fixture(scope="class", autouse = True, name= "value")
```

```python
def fixture():
    print("\nfixture 执行，相当于setup()")
    yield
    print("\nfixture 执行，相当于teardown()")

def test_01_case():
    print("\ntest_01_case")

def test_04_case():
    print("\ntest_04_case")

class TestFixture():
    def test_02_case(self):
        print("\ntest_02_case")

    def test_03_case(self):
        print("\ntest_03_case")

if __name__ == '__main__':
    pytest.main(['-vs'])
```

执行结果如图 8-11 所示。@pytest.fixture 设置了 autouse=True，可以自动调用 fixture。从结果中可以看到类级 fixture 一共被调用了三次。第一次是在执行测试函数 test_01_case()之前，调用了 fixture 中 yield 之前的内容，在该测试函数执行完成之后，调用了 yield 之后的内容。第二次是在执行测试函数 test_04_case()时，其调用方式与第一次相同。第三次是在执行测试类 TestFixture 之前，调用了类级 fixture 中 yield 之前的内容，在该测试类中的测试用例 test_02_case 和 test_03_case 执行完成之后，调用了 fixture 中 yield 之后的内容。

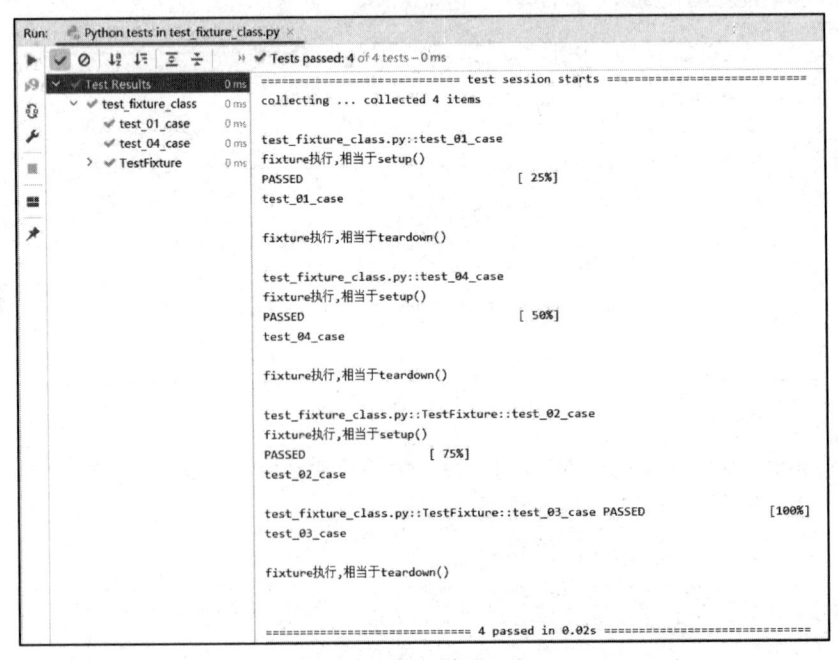

图 8-11 执行结果（3）

会话级：@pytest.fixture(scope="session")。整个测试会话中只调用一次 fixture。
下面使用一个案例进行讲解，代码如下。

```python
import pytest

@pytest.fixture(scope="session", name= "value")
def fixture():
    print("\n fixture 执行，相当于 setup()")
    yield
    print("\n fixture 执行，相当于 teardown()")

def test_01_case(value):
    print("test_01_case")
    print(value)

class TestFixture():
    def test_02_case(self):
        print("test_02_case")

    def test_03_case(self):
        print("test_03_case")

if __name__ == '__main__':
    pytest.main(['-vs'])
```

执行结果如图 8-12 所示。可以看到会话级 fixture 一共被调用了一次，在第一个测试用例 test_01_case 开始之前，调用了 fixture 中 yield 之前的内容，在最后一个测试用例 test_03_case 执行完成之后，调用了 fixture 中 yield 之后的内容。

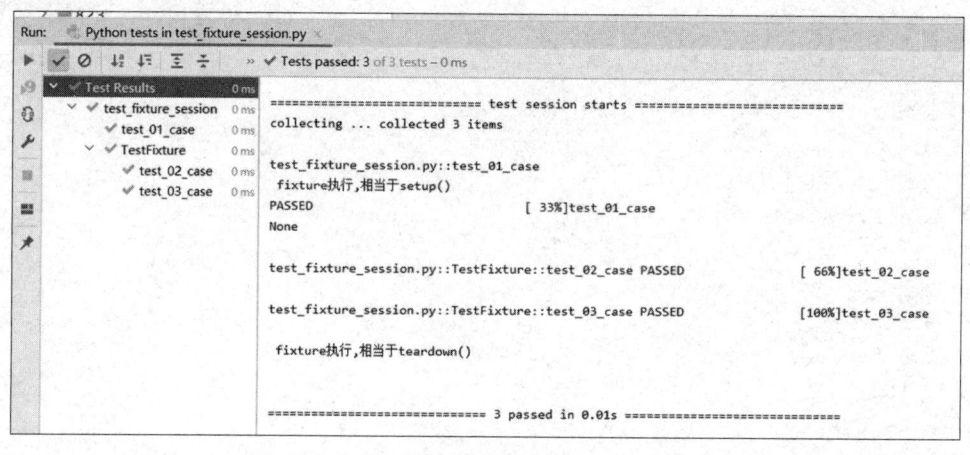

图 8-12 执行结果（4）

8.2.2 pytest 断言

在 pytest 中，断言是测试的核心部分，用于验证程序的行为是否符合预期。pytest 支持标准的 Python 断言语句，即 assert 语句。使用 assert 语句可以很容易

pytest 断言

地检查测试的预期结果是否与实际结果相匹配。

assert 语句的语法格式如下。

```
assert 表达式
```

如果表达式为真,则测试通过;如果表达式为假,则测试失败,并且显示一条默认的错误消息。

常用的断言方式如下。

(1) assert a==b:断言 a 等于 b。

(2) assert a!=b:断言 a 不等于 b。

(3) assert a<b:断言 a 小于 b。

(4) assert a>b:断言 a 大于 b。

(5) assert a is not True:断言 a 不等于 True。

(6) assert a in b:断言 b 包含 a。

(7) assert a not in b:断言 b 不包含 a。

(8) assert a:断言 a 为真。

(9) assert a==False:断言 a 为假。

下面通过一个案例使用这些断言。在 pytest 项目中新建一个 pytest 文件 test_assert.py,输入以下代码。

```python
import pytest
class TestAssertDemo():
    def test_assert_01(self):
        a = 2
        b = 2
        # 断言 a 等于 b
        assert a== b

    def test_assert_02(self):
        a = 2
        b = 4
        # 断言 a 不等于 b
        assert a != b

    def test_assert_03(self):
        a = 2
        b = 5
        # 断言 a 小于 b
        assert a < b

    def test_assert_04(self):
        a = False
        # 断言 a 不等于 True
        assert a is not True

    def test_assert_05(self):
```

```python
        a = True
        # 断言 a 为真
        assert a

    def test_assert_06(self):
        a = False
        # 断言 a 为假
        assert a==False

    def test_assert_07(self):
        a = "a"
        b = "abc"
        # 断言 b 包含 a
        assert a in b

    def test_assert_08(self):
        a = "d"
        b = "abc"
        # 断言 b 不包含 a
        assert a not in b

if __name__ == '__main__':
    pytest.main("-vs")
```

通过 main()函数执行一次，执行结果如图 8-13 所示，以上 8 个测试用例都执行成功了。

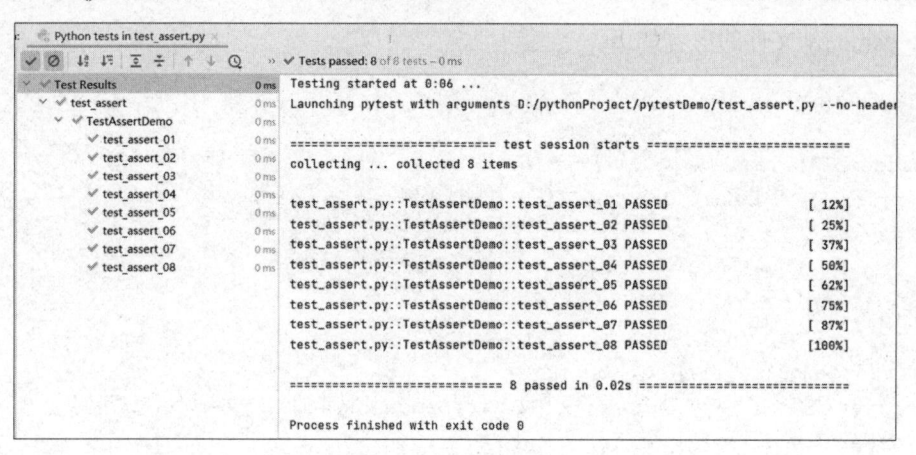

图 8-13　执行结果

8.2.3　pytest 的运行方式

pytest 的运行方式主要有三种：通过命令行模式运行、通过主函数模式运行和通过 pytest.ini 配置文件运行。配置文件具有最高优先级，无论使用哪种方式，pytest 都会先读取 pytest.ini 配置文件以获取执行配置。

以下面的 Python 项目为例，讲解这三种运行方式。

首先准备测试数据，测试框架结构如图 8-14 所示，放置在路径 D:\pthonProject\pytest 下。

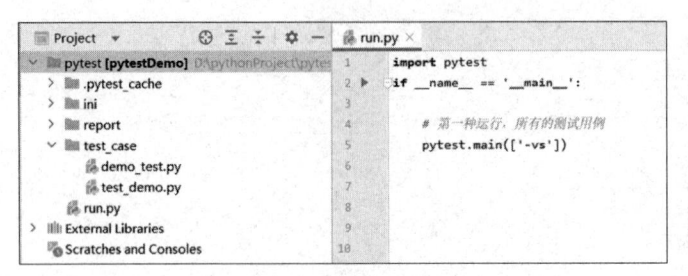

图 8-14 测试框架结构

demo_test.py 文件的内容如下。

```
import pytest

def my_func(x):
    return x


def test_case1():
    print("执行了 demo_test.py 文件中的测试用例 test_case1")
    assert my_func('hello world!') == 'hello world!'


class TestMethod:
    def test_case2(self):
        a = 'hello world!'
        print("执行了 demo_test.py 文件中的测试用例 test_case2")
        assert 'hello' in a
```

test_demo.py 文件的内容如下。

```
import pytest

def testdemo1():
    print("执行了 test_demo.py 文件中的测试用例 testdemo1")
    assert 2 == 2


class TestDemo2:

    def testdemo2(self):
        print("执行了 test_demo.py 文件中 TestDemo2 测试类的 testdemo2 测试用例")
        assert 2==2
```

1. 通过命令行模式运行

pytest 默认通过标准的搜索规则，搜索并执行测试用例，规则如下。

（1）命令行指定的文件名或目录名。如果未指定，则使用当前目录。

（2）在指定目录及其所有子目录下递归查找文件名为 test_*.py 或*_test.py 的测试模块。

（3）在测试模块中查找以 test 开头的函数。

（4）在测试模块中查找以 test 开头的类，其中，先筛选掉包含__init__()方法的类，再查找以 test 开头的类中的方法。

根据实际需求，也可以更改规则。pytest 常用的命令参数如表 8-1 所示。

表 8-1 pytest 常用的命令参数

命令	描述
-v	输出调试信息，如打印信息等
-s	输出更详细的信息，如文件名、测试用例名等
-n	多线程或分布式执行测试用例
-x	在测试过程中遇到失败后立即停止测试并显示失败的详细信息
--maxfail	出现 N 个测试用例失败，就停止测试
--html=report.html	生成测试报告，需要安装插件 pytest-html
-m	通过标记表达式执行
-k	根据测试用例的部分字符串（函数名、测试类名、方法名等）指定测试用例，可以使用 and 和 or

通过命令行模式执行，常见的情形如下。

（1）执行所有测试模块，在终端命令行中输入"pytest -vs"。

（2）执行指定测试模块，在终端命令行中输入"pytest -vs 模块名"，例如：

```
pytest -vs ./test_case/test_demo.py
```

（3）执行指定目录下的测试用例，在终端命令行中输入"pytest -vs 目录"，例如：

```
pytest -vs ./test_case
```

（4）执行指定的测试函数、测试类或测试方法。

执行指定的测试函数，例如：

```
pytest -vs ./test_case/test_demo.py::testdemo1
```

执行指定的测试类，例如：

```
pytest -vs ./test_case/test_demo.py::TestDemo2
```

执行指定的测试方法，例如：

```
pytest -vs ./test_case/test_demo.py::TestDemo2::testdemo2
```

执行结果如实例 6 所示。

（5）使用-k 参数搜索测试函数、测试类和测试方法中包含或不包含部分字符串的测试用例，并且可以通过 and 或 or 进行组合逻辑搜索。

实例 1：执行结果如图 8-15。在 PyCharm 的终端 Terminal 中输入"pytest -vs"，可以看到当前目录 D:\pythonProject\pytest 及其子目录中所有的测试用例都已经执行了。

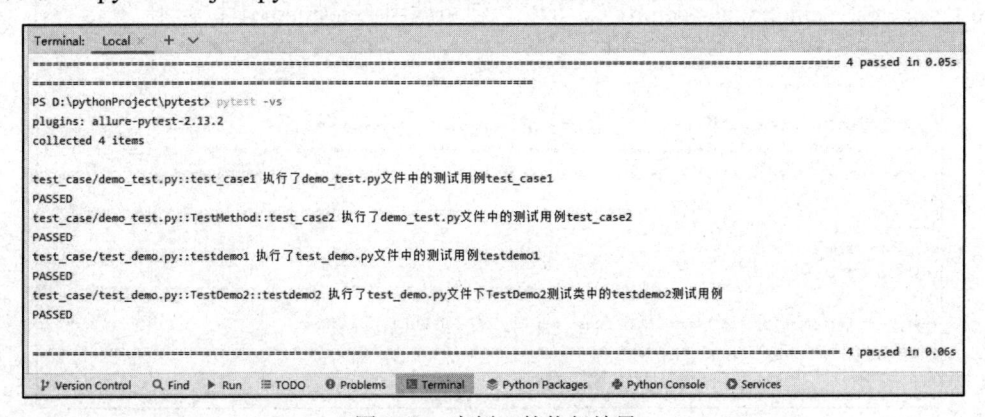

图 8-15 实例 1 的执行结果

实例 2：执行结果如图 8-16。在 PyCharm 的终端 Terminal 中输入 "pytest -vs ./test_case/test_demo.py"，可以看到当前 test_demo.py 中的所有测试用例都已经执行了。

```
Terminal: Local
PS D:\pythonProject\pytest> pytest -vs ./test_case/test_demo.py
============================= test session starts =============================
platform win32 -- Python 3.11.3, pytest-7.4.2, pluggy-1.3.0 -- d:\software\python311\python.exe
cachedir: .pytest_cache
rootdir: D:\pythonProject\pytest
plugins: allure-pytest-2.13.2
collected 2 items

test_case/test_demo.py::testdemo1 执行了test_demo.py文件中的测试用例testdemo1
PASSED
test_case/test_demo.py::TestDemo2::testdemo2 执行了test_demo.py文件下TestDemo2测试类中的testdemo2测试用例
PASSED

============================== 2 passed in 0.04s ==============================
```

图 8-16　实例 2 的执行结果

实例 3：执行结果如图 8-17。在 PyCharm 的终端 Terminal 中输入 "pytest -vs ./test_case"，可以看到 test_case 目录下的所有测试用例都已经执行了。

```
Terminal: Local
PS D:\pythonProject\pytest> pytest -vs ./test_case
============================= test session starts =============================
platform win32 -- Python 3.11.3, pytest-7.4.2, pluggy-1.3.0 -- d:\software\python311\python.exe
cachedir: .pytest_cache
rootdir: D:\pythonProject\pytest
plugins: allure-pytest-2.13.2
collected 4 items

test_case/demo_test.py::test_case1 执行了demo_test.py文件中的测试用例test_case1
PASSED
test_case/demo_test.py::TestMethod::test_case2 执行了demo_test.py文件中的测试用例test_case2
PASSED
test_case/test_demo.py::testdemo1 执行了test_demo.py文件中的测试用例testdemo1
PASSED
test_case/test_demo.py::TestDemo2::testdemo2 执行了test_demo.py文件下TestDemo2测试类中的testdemo2测试用例
PASSED

============================== 4 passed in 0.06s ==============================
```

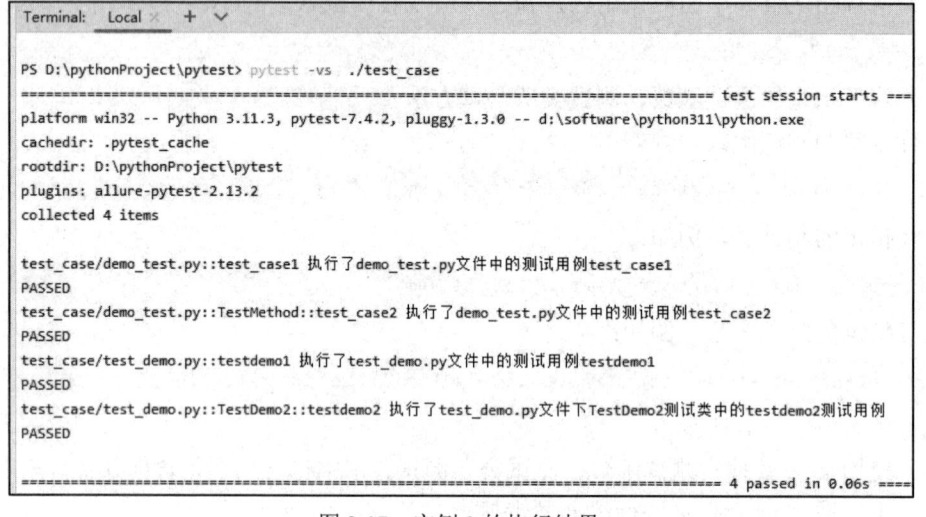

图 8-17　实例 3 的执行结果

实例 4：执行结果如图 8-18。在 PyCharm 的终端 Terminal 中输入 "pytest -vs ./test_case/test_demo.py::testdemo1"，可以看到测试用例 testdemo1 执行了。

```
Terminal: Local
PS D:\pythonProject\pytest> pytest -vs ./test_case/test_demo.py::testdemo1
============================= test session starts =============================
platform win32 -- Python 3.11.3, pytest-7.4.2, pluggy-1.3.0 -- d:\software\python311\python.exe
cachedir: .pytest_cache
rootdir: D:\pythonProject\pytest
plugins: allure-pytest-2.13.2
collected 1 item

test_case/test_demo.py::testdemo1 执行了test_demo.py文件中的测试用例testdemo1
PASSED

============================== 1 passed in 0.02s ==============================
```

图 8-18　实例 4 的执行结果

实例 5：执行结果如图 8-19。在 pycharm 的终端 Terminal 中输入 " pytest -vs ./test_case/test_demo.py::Testdemo2"，可以看到测试类 TestDemo2 下的测试用例都执行了。

```
Terminal:  Local  +  ∨
PS D:\pythonProject\pytest> pytest -vs ./test_case/test_demo.py::TestDemo2
============================================= test session starts =
rootdir: D:\pythonProject\pytest
plugins: allure-pytest-2.13.2
collected 1 item

test_case/test_demo.py::TestDemo2::testdemo2 执行了test_demo.py文件下TestDemo2测试类中的testdemo2测试用例
PASSED

======================================================= 1 passed in 0.02s ==
```

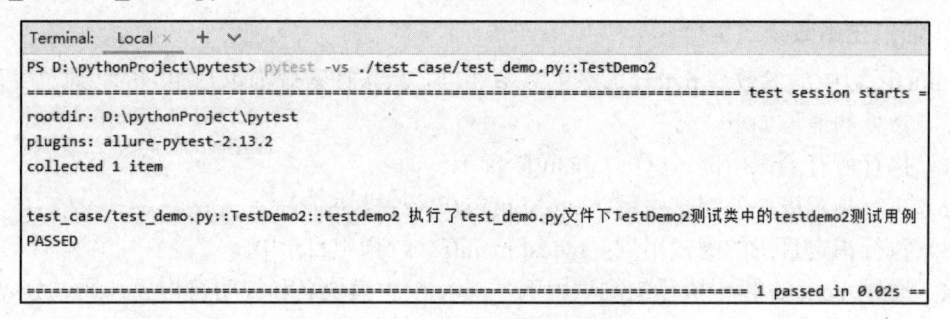

图 8-19　实例 5 的执行结果

实例 6：执行结果如图 8-20。在 PyCharm 的终端 Terminal 中输入 " pytest -vs ./test_case/test_demo.py::Testdemo2::testdemo2"，可以看到测试类 Testdemo2 下的测试用例 testdemo2 执行了。

```
Terminal:  Local  +  ∨
PS D:\pythonProject\pytest> pytest -vs ./test_case/test_demo.py::TestDemo2::testdemo2
================================================== test session starts
platform win32 -- Python 3.11.3, pytest-7.4.2, pluggy-1.3.0 -- d:\software\python311\python.exe
cachedir: .pytest_cache
rootdir: D:\pythonProject\pytest
plugins: allure-pytest-2.13.2
collected 1 item

test_case/test_demo.py::TestDemo2::testdemo2 执行了test_demo.py文件下TestDemo2测试类中的testdemo2测试用例
PASSED

=========================================================== 1 passed in 0.02s ================
  ▶ Version Control   Q Find   ▶ Run   ≡ TODO   ⊘ Problems   ⊡ Terminal   ⊕ Python Packages   ⊕ Python Console   ⊕ Services
```

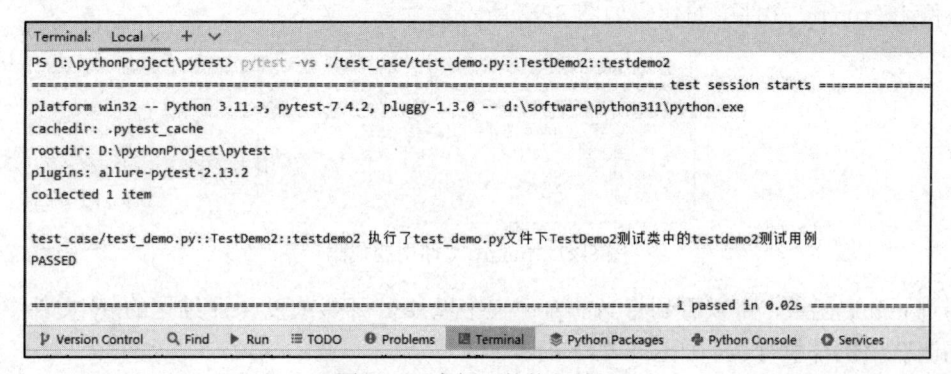

图 8-20　实例 6 的执行结果

实例 7：执行结果如图 8-21。在 PyCharm 的终端 Terminal 中输入 " pytest -vs ./test_case/test_demo.py -k test"，搜索 test_demo.py 文件中的测试函数 testdemo1、测试类 TestDemo2 和测试方法 testdemo2 是否包含字符串 test。可以看到测试用例 testdemo1 和 testdemo2 执行了。

```
PS D:\pythonProject\pytest> pytest -vs ./test_case/test_demo.py -k test
================================================== test session starts ======
platform win32 -- Python 3.11.3, pytest-7.4.2, pluggy-1.3.0 -- d:\software\python311\python.exe
cachedir: .pytest_cache
rootdir: D:\pythonProject\pytest
plugins: allure-pytest-2.13.2
collected 2 items

test_case/test_demo.py::testdemo1 执行了test_demo.py文件中的测试用例testdemo1
PASSED
test_case/test_demo.py::TestDemo2::testdemo2 执行了test_demo.py文件下TestDemo2测试类中的testdemo2测试用例
PASSED

============================================================ 2 passed in 0.02s =======
```

图 8-21　实例 7 的执行结果

执行包含字符串 test 和 1 的测试用例，可以输入 "pytest -vs ./test_case/test_demo.py -k 'test and 1'"。

执行包含字符串 test 但不包含字符串 1 的测试用例，可以输入"pytest -vs ./test_case/test_demo.py -k 'test or not 1'"。

2．通过主函数模式运行

main()函数中的参数与 pytest 命令的参数相同，默认搜索规则也是相同的。通过主函数模式运行，常见的情形如下。

（1）执行所有测试用例：pytest.main(['-vs'])。
（2）执行指定模块的测试用例：pytest.main(['-vs','模块名'])。
（3）执行指定目录的测试用例：pytest.main(['-vs','指定目录'])。
（4）通过 nodeid 指定执行的测试用例，nodeid 由模块名和说明符构成，通过分隔符::间隔。其中，说明符可以是类名、方法名、函数名。

- 执行某个类：pytest.main(['-vs','pytest 文件名.py::类名'])。
- 执行某个方法：pytest.main(['-vs','pytest 文件名.py::类名::方法名'])。
- 执行模块中的某个函数：pytest.main(['-vs','pytest 文件名.py::函数名'])。

实例 1：run.py 文件中的代码如图 8-22 所示。

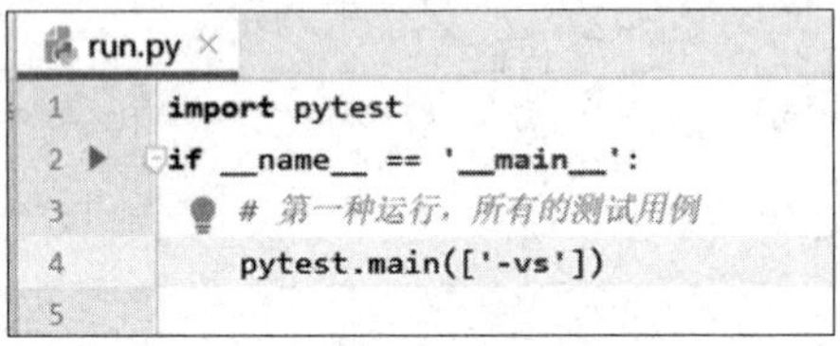

```
import pytest
if __name__ == '__main__':
    # 第一种运行，所有的测试用例
    pytest.main(['-vs'])
```

图 8-22 run.py 文件中的代码

通过 main()函数，可以看到将当前文件夹中以 test_开头或以_test 结尾的.py 文件中以 test 开头的测试用例都执行了，如图 8-23 所示。

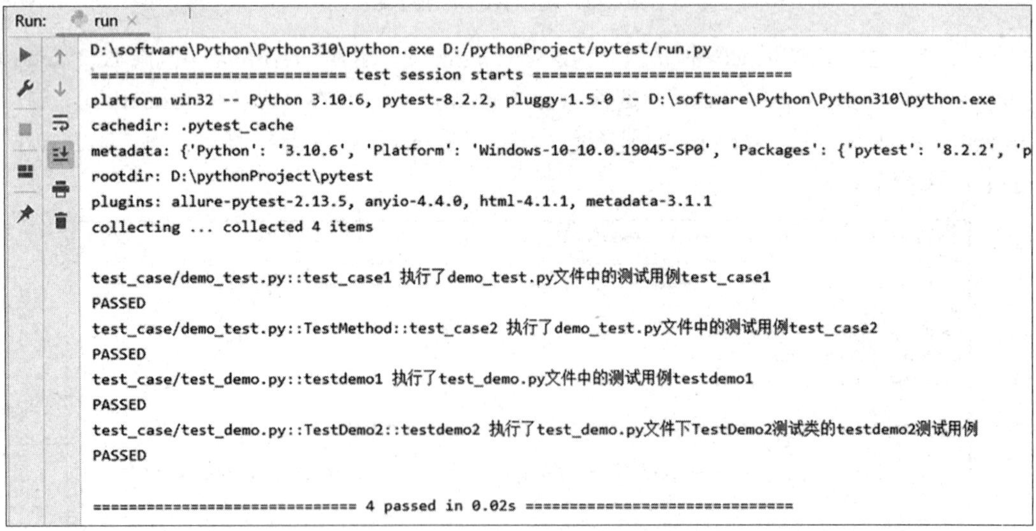

```
D:\software\Python\Python310\python.exe D:/pythonProject/pytest/run.py
============================= test session starts =============================
platform win32 -- Python 3.10.6, pytest-8.2.2, pluggy-1.5.0 -- D:\software\Python\Python310\python.exe
cachedir: .pytest_cache
metadata: {'Python': '3.10.6', 'Platform': 'Windows-10-10.0.19045-SP0', 'Packages': {'pytest': '8.2.2', 'p
rootdir: D:\pythonProject\pytest
plugins: allure-pytest-2.13.5, anyio-4.4.0, html-4.1.1, metadata-3.1.1
collecting ... collected 4 items

test_case/demo_test.py::test_case1 执行了demo_test.py文件中的测试用例test_case1
PASSED
test_case/demo_test.py::TestMethod::test_case2 执行了demo_test.py文件中的测试用例test_case2
PASSED
test_case/test_demo.py::testdemo1 执行了test_demo.py文件中的测试用例testdemo1
PASSED
test_case/test_demo.py::TestDemo2::testdemo2 执行了test_demo.py文件下TestDemo2测试类的testdemo2测试用例
PASSED

============================== 4 passed in 0.02s ==============================
```

图 8-23 实例 1 的执行结果

实例 2：通过 pytest.main(['-vs','./test_case/test_demo.py'])函数，可以看到 test_case 文件夹中 test_demo.py 文件的测试用例都执行了，如图 8-24 所示。

图 8-24 实例 2 的执行结果

实例 3：通过 pytest.main(['-vs', './test_case/test_demo.py::TestDemo2'])函数，可以看到 test_case 文件夹中 test_demo.py 文件的测试类 TestDemo2 中的所有测试用例都执行了，如图 8-25 所示。

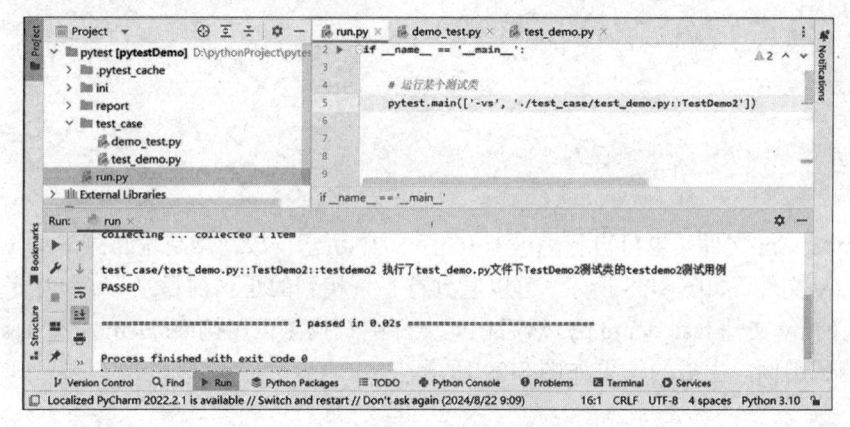

图 8-25 实例 3 的执行结果

实例 4：通过 pytest.main(['-vs', './test_case/test_demo.py::TestDemo2::testdemo2', '--html=./report/report3.html'])函数，可以看到 test_case 文件夹中 test_demo.py 文件的测试类 TestDemo2 中的测试用例 testdemo2 执行了，并且通过--html 参数，在 report 文件夹中生成了测试报告 reports3.html，如图 8-26 所示。

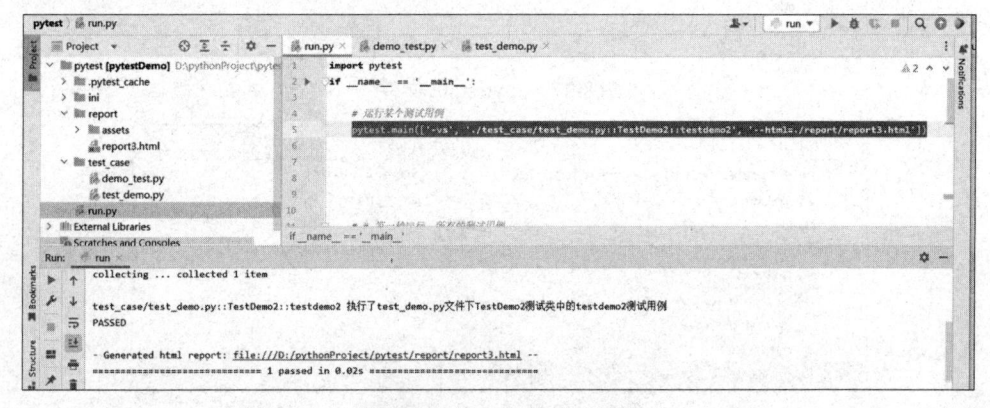

图 8-26 实例 4 的执行结果

3. 通过 pytest.ini 配置文件运行

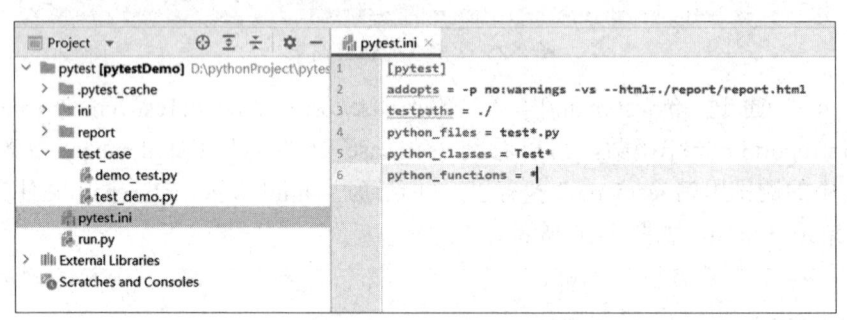

pytest.ini 是 pytest 的核心配置文件，可以改变 pytest 的默认行为，有很多可配置的选项。在编写配置文件时，有几点需要注意。

（1）位置：一般放在项目的根目录下。
（2）编码：必须是 ANSI，可以使用 notepad++ 来修改编码格式。
（3）作用：改变 pytest 的默认行为。
（4）运行的规则：不管是通过命令行模式运行，还是通过主函数模式运行，都会读取这个配置文件。

pytest.init 文件中的基本配置如下。

```
[pytest]
# 使用空格分隔，可以添加多个命令行参数，配置--html 需要安装 pytest-html 插件，否则会报错
addopts=-vs --html=./report/report.html
# 配置测试用例的路径
testpaths=./
# 搜索模块的文件名称，搜索当前目录下的 Python 文件，如以 test 开头、以.py 结尾的所有文件
python_files=test*.py
# 搜索测试文件夹中的测试类，如以 Test 开头的测试类
python_classes=Test*
# 搜索测试函数和测试方法，*表示所有测试用例
python_functions=*
```

新建 pytest.ini 文件（也可自行修改），如图 8-27 所示，放在项目根目录 pytest 文件夹下，再执行 run.py 文件，如图 8-28 所示。可以看到首先查找到的是当前目录下（包括子文件夹中）以 test 开头的.py 文件 test_demo.py，然后在此文件中查找测试用例 testdemo1 和 TestDemo2 测试类下的测试用例，生成的结果如图 8-29 所示。

图 8-27　pytest.ini 文件

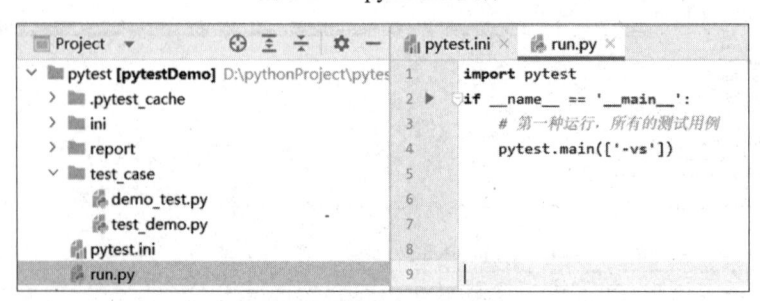

图 8-28　执行 run.py 文件

```
Run:    run
        collecting ... collected 2 items
        test_case/test_demo.py::testdemo1 执行了test_demo.py文件中的测试用例testdemo1
        PASSED
        test_case/test_demo.py::TestDemo2::testdemo2 执行了test_demo.py文件下TestDemo2测试类的testdemo2测试用例
        PASSED
        -- Generated html report: file:///D:/pythonProject/pytest/report/report.html --
        ============================== 2 passed in 0.02s ==============================
```

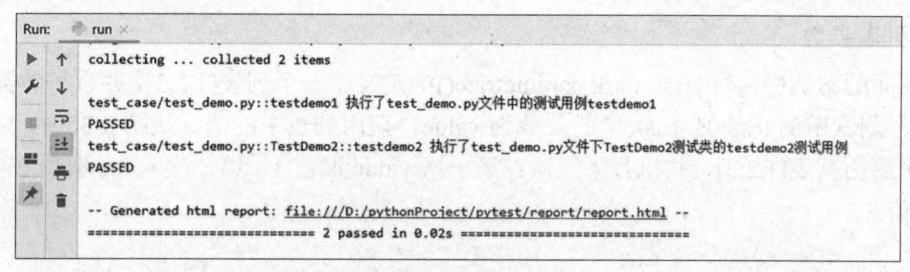

图 8-29 生成的结果

8.2.4 pytest 中测试用例的执行顺序

pytest 中测试用例的执行顺序与 unittest 中的不同，unittest 中的测试用例是按照 ASCII 码的顺序执行的，而 pytest 中的测试用例则是按照从上到下的顺序执行的。如果想改变默认的执行顺序，必须使用第三方插件（如 pytest-ordering）来标记测试用例的顺序，格式如下。

```
@pytest.mark.run(order=序号)
```

序号为 1 表示第一个执行，序号为 2 表示第二个执行，以此类推。

8.3 pytest 参数化

数据驱动是指使用不同的测试数据来执行相同的自动化测试脚本，测试数据与测试逻辑完全分离，这样的自动化测试脚本设计模式被称为数据驱动。参数化是实现数据驱动的一种形式。pytest 有一个重要的功能就是参数化，它可以使开发者使用不同的数据组合来执行同一个测试用例，从而提高测试覆盖率和效率。

pytest 参数化的基本用法非常简单，只需要先在测试方法上添加一个装饰器@pytest.mark.parametrize()，再指定参数名称和参数值列表即可。或者使用 fixture 中的参数 params 实现参数化。

8.3.1 数据驱动之 parametrize

@pytest.mark.parametrize()的语法格式如下。

```
@pytest.mark.parametrize(argnames, argvalues, indirect=False, ids=None, scope=None)
```

@pytest.mark.parametrize()的参数如下。

（1）argnames：参数名。

（2）argvalues：参数对应值，参数类型支持列表、元组、字典列表和字典元组等。当参数为单个时，格式为[value]。当参数为多个时，格式为[(param_value1,param_value2...), (param_value1, param_value2...)]。

（3）indirect：表示是否当作函数使用。

（4）ids：表示为参数起一个别名。

（5）scope：表示使用的范围。

下面将对@pytest.mark.parameterize()支持的参数类型进行说明。

1. 列表参数

在下面的案例中，@pytest.mark.parametrize()中定义了一个列表[1,2,3]，并且将参数名设置为 value。测试用例 test_01_case 中的参数为 value，调用列表中的值。从图 8-30 中可以看到，测试用例遍历列表[1,2,3]，共执行了三次：第一次 value 取值 1，第二次 value 取值 2，第三次 value 取值 3。

```python
import pytest
# 单列表参数
@pytest.mark.parametrize("value",[1,2,3])
def test_01_case(value):
    print(value)
```

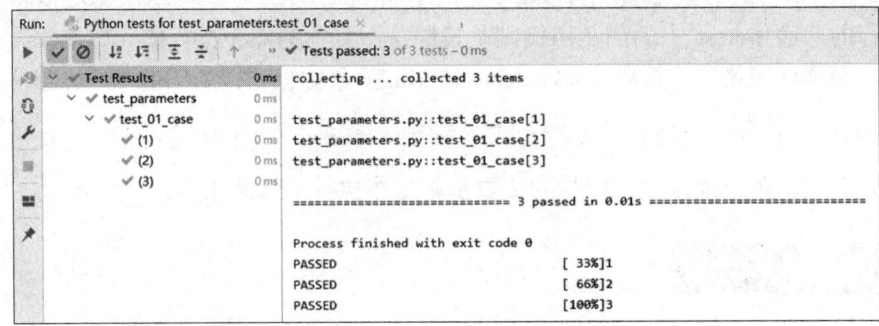

图 8-30　测试结果-列表参数

2. 元组参数

在下面的案例中，@pytest.mark.parametrize()中定义了一个元组(1,2,3)，并且将参数名设置为 value。测试用例 test_02_case 中的参数为 value，调用元组中的值。从图 8-31 中可以看到，测试用例遍历列表(1,2,3)，共执行了三次：第一次 value 取值 1，第二次 value 取值 2，第三次 value 取值 3。

```python
# 单元组参数
@pytest.mark.parametrize("value",(1,2,3))
def test_02_case(value):
    print(value)
```

图 8-31　测试结果-元组参数

3. 元组列表

在下面的案例中，@pytest.mark.parametrize()中定义了一个元组列表[("hrteacher","123456"), ("admin","123456")]，并且将参数名分别设置为 usr 和 pwd。测试用例 test_03_case 同样设置了两个参数 usr 和 pwd 与之对应。

```python
# 多参数：元组列表参数
@pytest.mark.parametrize("usr, pwd",[("hrteacher","123456"),("admin","123456")])
def test_03_case(usr, pwd):
    print("usr: ", usr, "pwd: ", pwd)
```

从图 8-32 中我们可以看到，测试用例 test_03_case 共执行了两次，第一次 value 取值 ("hrteacher","123456")，其中，参数 usr 对应值 hrteacher，参数 pwd 对应值 123456；第二次 value 取值("admin","123456")，其中，参数 usr 对应值 admin，参数 pwd 对应值 123456。

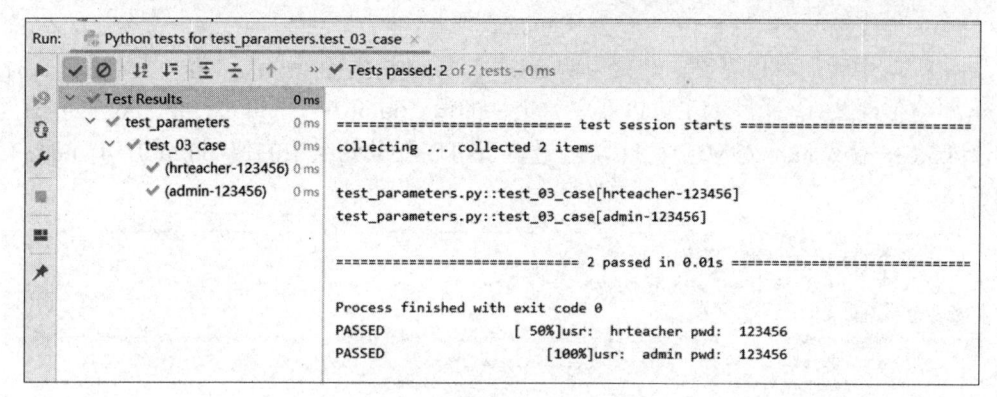

图 8-32 测试结果-元组列表

4．多元组参数

在下面的案例中，@pytest.mark.parametrize()中定义了一个多元组((1,2,3),(4,5,6))，里面包含两组值：第一组值为（1,2,3），第二组值为（4,5,6），并且设置了三个参数 num1、num2 和 num3。测试用例 test_04_case 有三个参数 num1、num2 和 num3，以接收参数化的数据。

```python
# 多元组参数
@pytest.mark.parametrize("num1, num2, num3",((1,2,3),(4,5,6)))
def test_04_case(num1, num2, num3):
    print(num1," , ", num2," , ", num3)
```

从图 8-33 中我们可以看到，测试用例 test_04_case 共执行了两次，第一次取值（1,2,3），其中，参数 num1 对应值 1，参数 num2 对应值 2，参数 num3 对应值 3；第二次取值（4,5,6），其中，参数 num1 对应值 4，参数 num2 对应值 5，参数 num3 对应值 6。

图 8-33 测试结果-多元组参数

在上面的案例中，@pytest.mark.parameterize()中定义了三个参数接收 num1、num2 和 num3，对应元组中的每个值。例如，第一次取值（1,2,3），其中，num1 对应值 1，num2 对应值 2，num3 对应值 3。

在@pytest.mark.parameterize()中只定义一个参数也是可行的。在下面的示例中，@pytest.mark.parametrize()中定义的参数为 num，里面包含两组值，第一组值为(1,2,3)，第二组值为(4,5,6)。

```
# 多元组参数
@pytest.mark.parametrize("num",((1,2,3),(4,5,6)))
def test_05_case(num):
    print("num[0]: ", num[0],",num[1]: ", num[1]," ,num[2]: ", num[2])
```

从图 8-34 中我们可以看到，测试用例 test_05_case 共执行了两次，第一次取值(1,2,3)，参数 num 对应值(1,2,3)，通过索引可以获取元组中的值，num[0]=1，num[1]=2，num[2]=3；第二次取值(4,5,6)，参数 num 对应值(4,5,6)，通过索引可以获取元组中的值，num[0]=4，num[1]=5，num[2]=6。

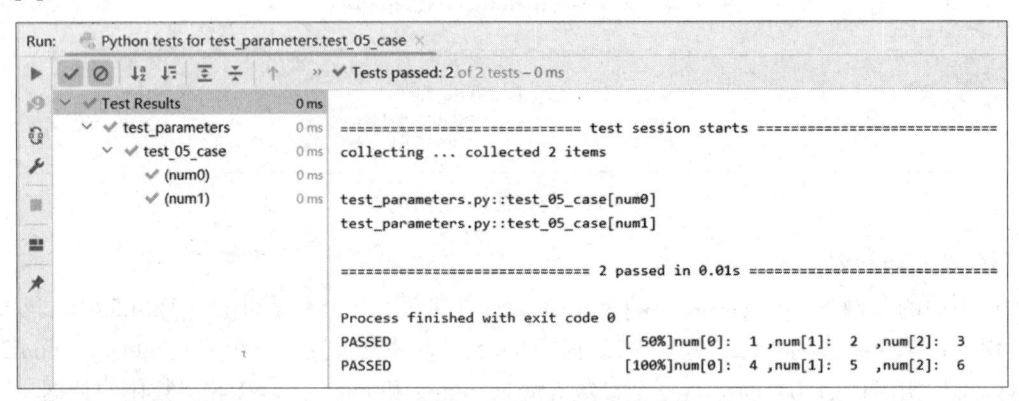

图 8-34 测试结果-只定义一个参数

5．字典列表

在下面的案例中，@pytest.mark.parametrize()中定义了参数 info，其值取自是 get_login()方法返回的字典列表中的三组值：第一组值为{"username":"hrteacher", "password" : "123456", "expect" : "登录成功"}；第二组值为{"username":"teacher", "password" : "123456","expect" : "用户名不存在"}；第三组值为{"username":"hrteacher", "password" : "123", "expect" : "密码错误"}。

测试用例 test_06_case 中定义了参数 info 接收数据。

```
def get_login():
    return [{"username":"hrteacher", "password" : "123456", "expect" : "登录成功"},
            {"username":"teacher", "password" : "123456", "expect" : "用户名不存在"},
            {"username":"hrteacher", "password" : "123", "expect" : "密码错误"}]


# 多参数:字典列表
@pytest.mark.parametrize("info",get_login())
def test_06_case(info):
    print(info)
    print("username:",info["username"],",password:",info["password"],",expect:",
```

```
info["expect"])
```

从图 8-35 中我们可以看到，测试用例 test_06_case 共执行了三次，第一次参数 info 取值为字典{"username":"hrteacher","password":"123456","expect":"登录成功"}，通过 key 可以获取字典中的值，info["username"]="hrteacher"，info["password"]="123456"，info["expect"]="登录成功"；第二次参数 info 取值为字典{"username":"teacher", "password" : "123456", "expect" : "用户名不存在"}，通过 key 可以获取字典中的值，info["username"]="teacher"，info["password"]="123456"，info["expect"]="用户名不存在"；第三次参数 info 取值为字典{"username":"hrteacher", "password" : "123", "expect" : "密码错误"}，通过 key 可以获取字典中的值，info["username"]="hrteacher"，info["password"]="123"，info["expect"]="密码错误"。

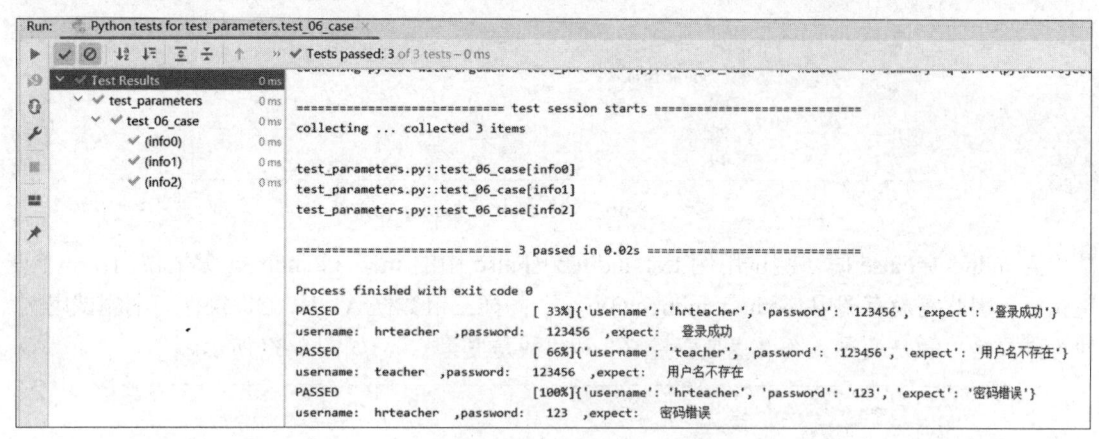

图 8-35 测试结果-字典列表

在@pytest.mark.parametrize()中，indirect 参数的设置会影响测试方法的行为。

（1）当 indirect=False 时，argnames 参数被当作普通变量执行。

（2）当 indirect=True 时，argnames 参数被当作方法执行，并且 argvalues 值作为 argnames 方法中的参数传参。

下面我们来看一个具体的案例。

```
import pytest

@pytest.fixture()
def method_indirect(request):
    return "我是方法" + request.param

@pytest.mark.parametrize('method_indirect', ['A', 'B', 'C'], indirect=True)
def test_indirectIsTrue(method_indirect):
    print(method_indirect)

@pytest.mark.parametrize('method_indirect', ['A', 'B', 'C'], indirect=False)
def test_indirectIsFalse(method_indirect):
    print("我是变量" + method_indirect)

if __name__ == '__main__':
    pytest.main(['demo.py'])
```

现在来分析一下执行结果，当 indirect=True 时，测试用例 test_indirectIsTrue 中的 method_indirect 参数被当作一个方法执行，因此它调用了 method_indirect()方法，三组数据 A、B、C，执行三个测试用例。所以执行结果是"我是方法 A"、"我是方法 B"和"我是方法 C"，如图 8-36 所示。

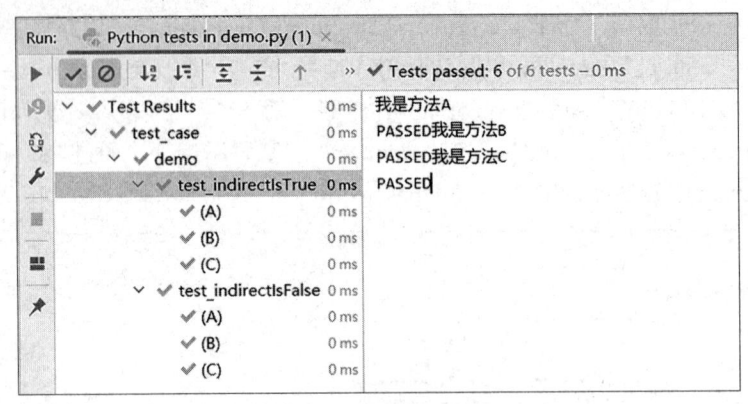

图 8-36 执行结果（1）

当 indirect=False 时，测试用例 test_indirectIsFalse 中的 method_indirect 参数被当作一个变量执行，因此它没有调用 method_indirect()方法。同样三组数据 A、B、C，执行三个测试用例。执行结果是"我是变量 A"、"我是变量 B"和"我是变量 C"，如图 8-37 所示。

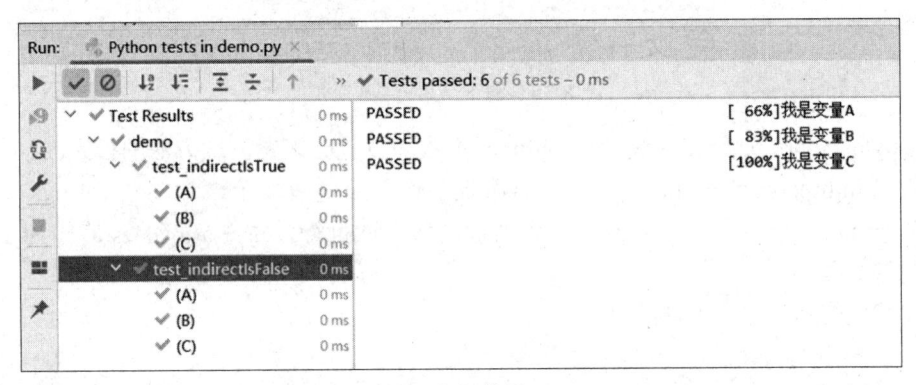

图 8-37 执行结果（2）

8.3.2 数据驱动之 fixture

fixture 的 params 参数也能实现数据驱动。

（1）params 形参是 fixture 的可选形参列表，支持列表传入。

（2）不传入 params 参数时默认为 None。

（3）对于每个 params 参数的值，fixture 都会执行一次，类似于 for 循环。

（4）params 参数可以与 ids 参数一起使用，作为每个参数的标识，类似于测试用例参数化时 ids 参数的作用。

下面我们将通过案例进行演示。

1．fixture

在下面的案例中，get_value()是被 fixture 标记的方法，它返回一个数组，值为[1,2]，如

图 8-38 所示。

```
import pytest

@pytest.fixture()
def get_value():
    return [1,2]

def test_01_case(get_value):
    print(get_value)
```

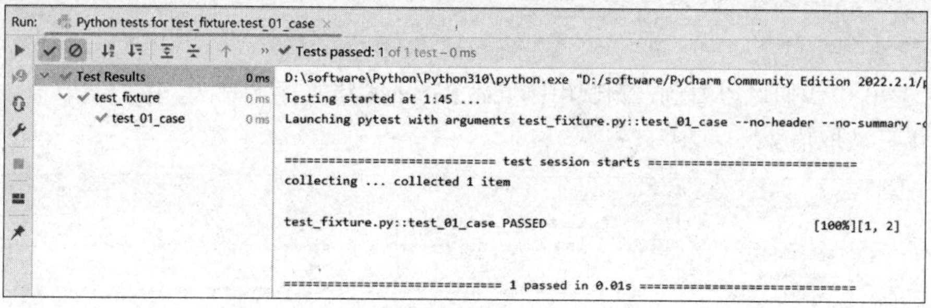

图 8-38　fixture

2. params 参数为列表

在下面的案例中，fixture 的 params 参数中提供了一个列表，值为[1,2,3]。在@pytest.fixture() 标记的 get_list()方法中，request 参数获取 params 参数中的值[1,2,3]，返回值 request.param 是固定写法，依次返回列表中的每个值。

```
@pytest.fixture(params = [1, 2, 3])
def get_list(request):
    return request.param

def test_02_case(get_list):
    print( get_list)
```

从图 8-39 中我们可以看到，测试用例 test_02_case 共执行了三次。第一次取值 1，第二次取值 2，第三次取值 3。

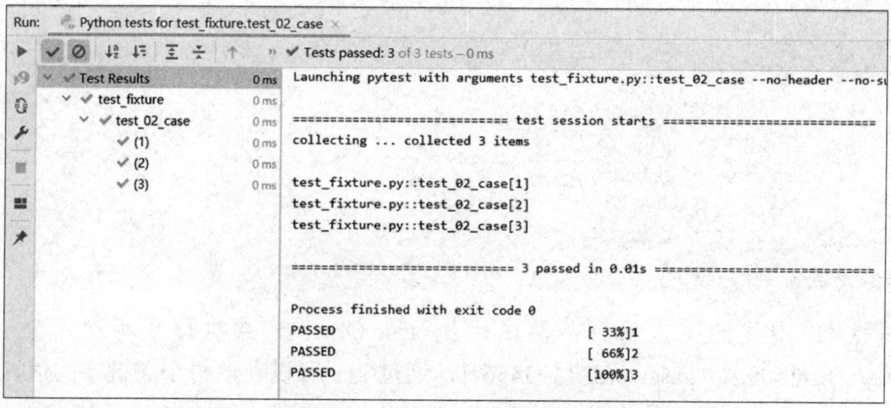

图 8-39　params 参数为列表

3. params 参数为元组

在下面的案例中,fixture 的 params 参数中提供了一个元组,值为(1,2,3)。在 fixture 标记的 get_tuple()方法中,request 参数获取 params 参数中的值(1,2,3),返回值 request.param 是固定写法,依次返回元组中的每个值。

```
@pytest.fixture(params = (1, 2, 3))
def get_tuple(request):
    return request.param

def test_03_case(get_tuple):
    print( get_tuple)
```

从图 8-40 中我们可以看到,测试用例 test_03_case 共执行了三次,第一次取值 1,第二次取值 2,第三次取值 3。

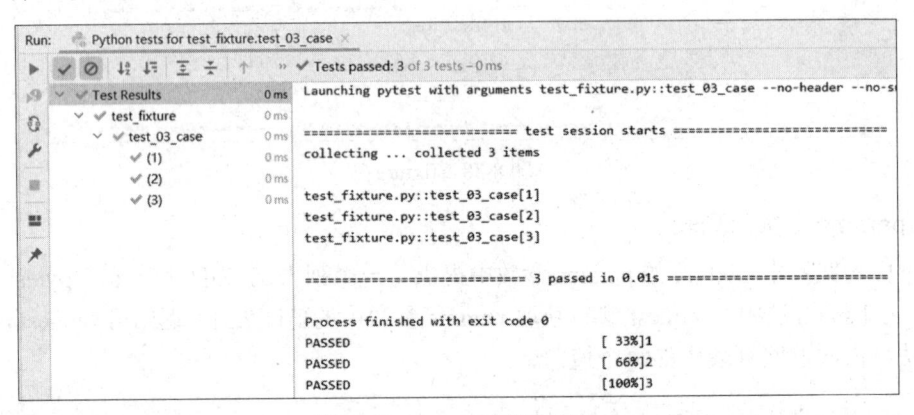

图 8-40 params 参数为元组

4. params 参数为字典列表

在下面的案例中,fixture 的 params 参数中提供了一个字典列表,第一组值为 {"username":"hrteacher", "password":"123456"},第二组值为 {"username":"admin", "password":"123456"}。在 fixture 标记的 get_dictlist()方法中,request 参数获取 params 参数中的值,返回值 request.param 是固定写法,依次返回列表中的每个字典。

```
@pytest.fixture(params =[{"username":"hrteacher",
"password":"123456"},{"username":"admin", "password":"123456"}])
def get_dictlist(request):
    return request.param

def test_04_case(get_dictlist):
    print( get_dictlist)
    print( get_dictlist["username"])
    print( get_dictlist["password"])
```

从图 8-41 中我们可以看到,测试用例 test_04_case 共执行了两次,第一次取值 {"username":"hrteacher","password":"123456"},通过 key 可以获取每个关键字的值。

```
get_dictlist={"username":"hrteacher", "password":"123456"}
```

```
get_dictlist["username"]="hrteacher"
get_dictlist["password"]="123456"
```

第二次取值{"username":"admin", "password":"123456"}，通过 key 可以获取每个关键字的值。

```
get_dictlist={"username":"admin", "password":"123456"}
get_dictlist["username"]="admin"
get_dictlist["password"]="123456"
```

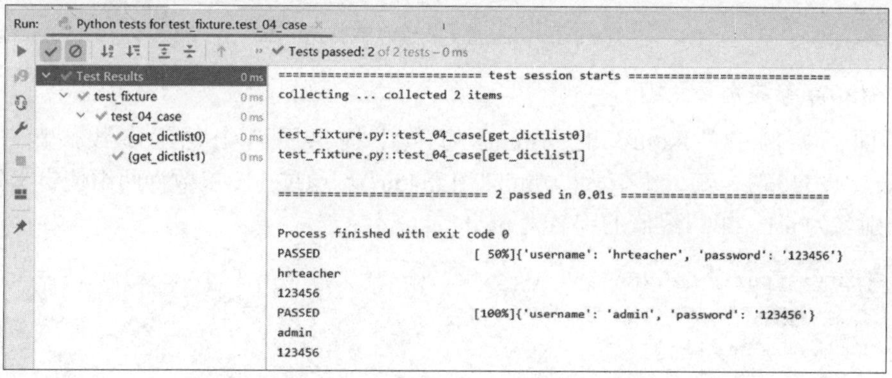

图 8-41　params 参数为字典列表

5. params 参数为字典元组

在下面的案例中，fixture 的 params 参数中提供了一个字典元组，第一组字典为 {"username":"hrteacher", "password":"123456"}，第二组字典为 {"username":"admin", "password":"123456"}。通过 ids 参数为这两组字典定义别名，第一组字典的别名为 usr，第二组字典的别名为 pwd。

```
@pytest.fixture(params =({"username":"hrteacher",
"password":"123456"},{"username":"admin", "password":"123456"}),
            ids=["usr","pwd"])
def get_dicttuple(request):
    return request.param

def test_05_case(get_dicttuple):
    print(get_dicttuple)
    print(get_dicttuple["username"])
    print(get_dicttuple["password"])
```

从图 8-42 中我们可以看到，测试用例 test_05_case 共执行了两次，第一次取值 {"username":"hrteacher", "password":"123456"}，通过 key 可以获取每个关键字的值。

```
get_dicttuple={"username":"hrteacher", "password":"123456"}
get_dicttuple["username"]="hrteacher"
get_dicttuple["password"]="123456"
```

第二次取值{"username":"admin", "password":"123456"}，通过 key 可以获取每个关键字的值。

```
get_dicttuple{"username":"admin", "password":"123456"}
get_dicttuple["username"]="admin"
get_dicttuple["password"]="123456"
```

图 8-42　params 参数为字典元组

6. params 参数为多元组

在下面的案例中，fixture 的 params 参数中提供了两个元组参数，第一组值为 ("hrteacher","123456")，第二组值为("admin","123456")。通过 ids 参数为两组值定义别名，第一组值的别名为 usr，第二组值的别名为 pwd。

```
@pytest.fixture(params =(("hrteacher","123456"),("admin","123456")),
            ids=["usr","pwd"])
def get_tuples(request):
    return request.param

def test_06_case(get_tuples):
    print( get_tuples)
    print( get_tuples[0])
    print( get_tuples[1])
```

从图 8-43 中我们可以看到，ids 参数是配合 fixture 的 params 参数使用的，如果没有设置 params 参数，则 ids 参数毫无意义。ids 参数的作用是为每一个 params 参数值设置别名，params 参数值包含的列表有多少个值，ids 参数就必须有多少个值。

usr 是 params 参数的第一组值("hrteacher","123456")的别名，pwd 是 params 参数的第二组值("admin","123456")的别名。

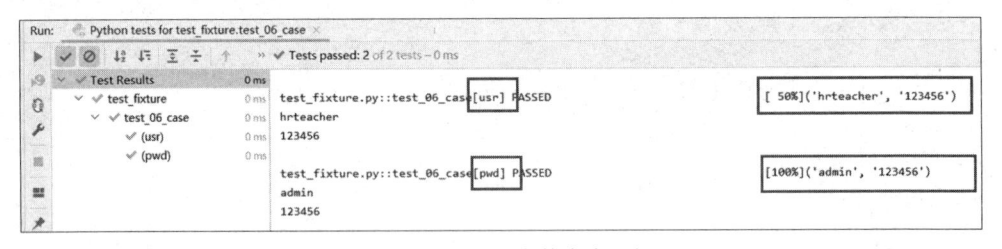

图 8-43　params 参数为多元组

8.4　pytest 测试报告

1. 安装 pytest-html

安装 pytest-html 的代码如下。

```
pip install pytest-html
```

如果超时报错，则可以使用豆瓣镜像进行安装，代码如下。

```
pip install pytest-html -i http://pypi.doub**.com/simple --trusted-host pypi.douban.com
```

2．编写测试用例

新建 Python 项目，项目结构如图 8-44 所示。

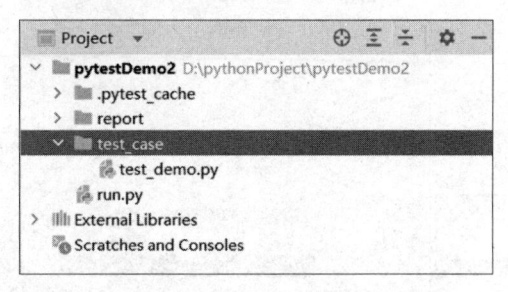

图 8-44　项目结构

test_demo.py 文件中的代码如下。

```python
import pytest
data = [3, 4, 2]


# 通过fixture进行参数化设置，给定了3个变量
@pytest.fixture(scope='function',params=data)
def fun(request):
    return request.param


class TestDemo:
    def testdemo3(self, fun):
        print(fun)
        assert fun > 2
```

3．执行脚本

run.py 文件中的代码如下。

```python
import pytest
if __name__ == '__main__':

    # 执行某个测试类，并且生成测试报告
    pytest.main(['-vs','./test_case/test_demo.py::TestDemo::testdemo3','--html=./report/report3.html'])
```

4．生成测试报表

执行脚本后，在 reports 文件夹中生成一个包含样式的 asset 文件夹和一个 report3.html 文件，如图 8-45 所示。

右击生成的测试报告，在弹出的快捷菜单中选择"Open In"→"Browser"→"Chrome"命令，打开测试报告，如图 8-46 所示。测试报告详情如图 8-47 所示。

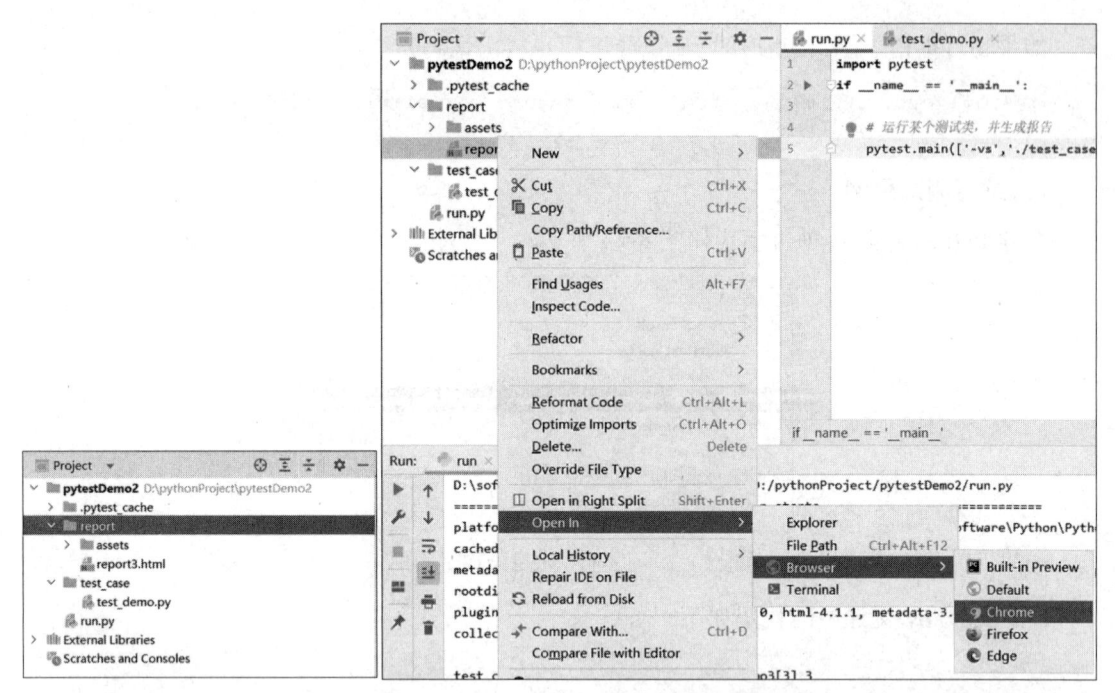

图 8-45 测试报告

图 8-46 打开测试报告

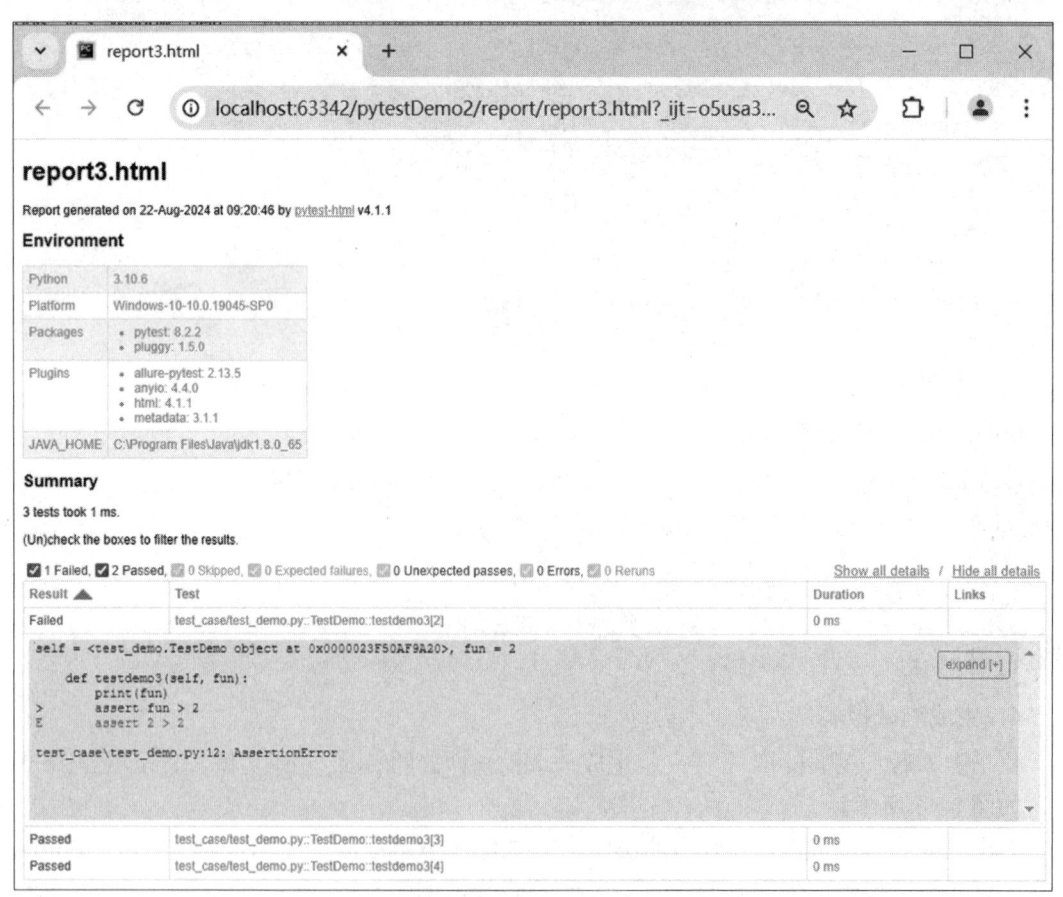

图 8-47 测试报告详情

【练习与实训】

1. 输入小写的字符串。如果字符串的前缀为 ab，则将前缀 ab 替换为 ef 并打印替换后字符串，返回文字"替换前缀后的字符串为："和替换后字符串；如果后缀为 cd 且前缀不为 ab，则将字符串中所有的 cd 替换为 gh 并打印替换后字符串，返回文字"替换 cd 后的字符串为："和替换后字符串；否则将字符串的全部字母转换为大写并打印转换后的字符串，返回文字"将字母转换为大写的字符串为："和转换后的字符串。编写代码，使用 pytest 编写测试类对编写的代码进行测试，测试类使用 fixture 的 params 参数实现参数化测试，满足语句覆盖，并且验证期望结果值与实际返回值是否一致。

2. 根据流程图编写程序，实现相应分析处理并显示结果，如图 8-48 所示。编写代码，使用 pytest 编写测试类，以对编写的代码进行测试，在测试类中设计最少的测试数据满足语句覆盖测试，测试类使用 fixture 的 params 参数或@pytest.mark.parameterize()实现参数化测试，并且验证期望结果值与实际返回值是否一致。

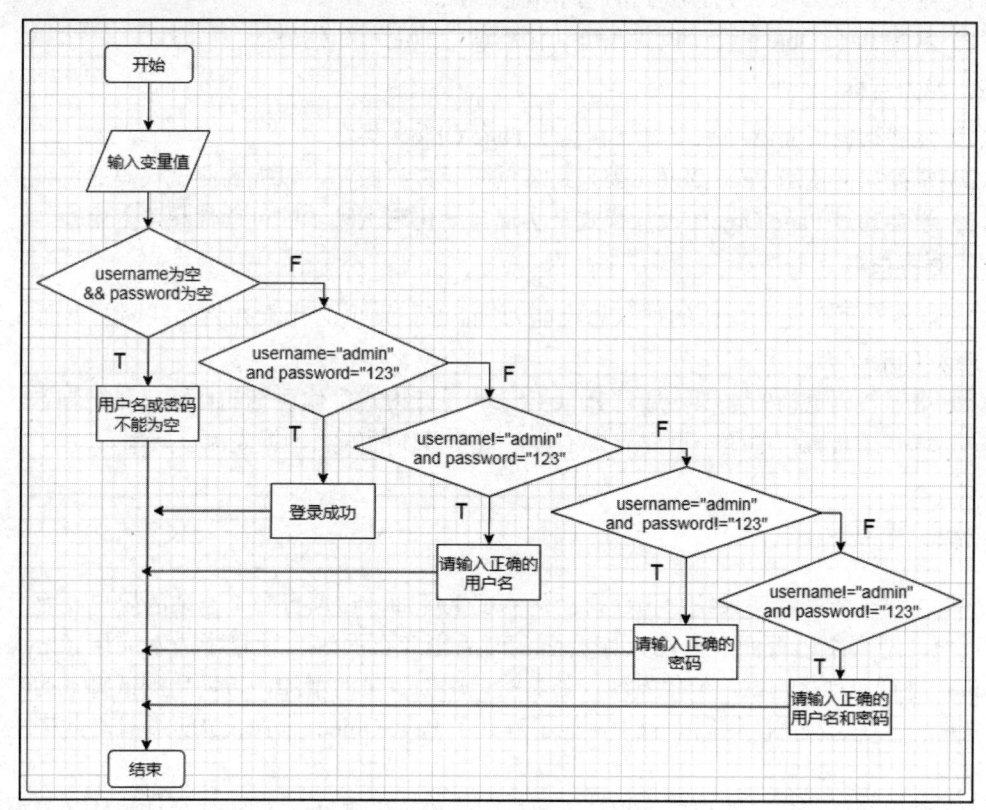

图 8-48　流程图

第 9 章

Page Object 设计模式

学习目标

1. 知识目标

（1）理解 Page Object 设计模式的基本概念和原理。
（2）掌握 Page Object 设计模式在自动化测试中的应用和优势。

2. 能力目标

（1）能够根据页面结构独立设计和实现 Page Object 类。
（2）掌握如何使用 Page Object 类来封装页面元素和操作，以提高测试代码的可维护性。
（3）学会通过 Page Object 设计模式来实现自动化测试脚本的可读性和可复用性。

3. 素养目标

（1）培养对页面元素操作的抽象思维能力，能够识别页面元素并将和共同的页面元素抽象为 Page Object 类。
（2）培养代码重构的意识，通过 Page Object 设计模式优化现有的自动化测试脚本。
（3）培养团队协作中统一页面元素定位策略和操作的方法，提高测试效率。

任务情境

小李在一个资产管理系统中担任自动化测试工程师，该项目具有复杂的用户界面，包括登录页面、用户中心页面、商品入库页面、商品出库页面等。项目中成功应用了 pytest 和 Selenium 进行自动化测试，但他发现，随着测试用例数量的增加，自动化测试脚本的维护成本越来越高。在一次团队代码审查中，他了解到了 Page Object 设计模式，并且对此产生了浓厚的兴趣。

为了确保测试的稳定性和可维护性，项目团队决定采用 Page Object 设计模式来组织测试代码。小李的任务如下。

（1）学习并理解 Page Object 设计模式的原理和实现方法。
（2）根据用户注册页面的结构，设计并实现对应的 Page Object 类。
（3）使用 Page Object 类重构现有的自动化测试脚本，确保每个页面元素和操作都被适当地封装。
（4）与团队成员分享 Page Object 设计模式的实践经验，并且推广其在项目中的应用。

小李希望通过这些任务，提高自己编写高质量自动化测试代码的能力，并且推动团队测试代码的标准化和模块化，从而提高整个团队的测试效率和代码质量。

9.1 认识 Page Object 设计模式

Page Object 设计模式是一种被广泛应用于 Web 自动化测试的技术，它有助于保持测试代码的整洁性、可读性和可维护性。

Page Object 设计模式用于将页面元素映射到独立的对象上。这样可以将页面操作封装在一个类中，使自动化测试脚本更加简洁和易于维护。

使用 Page Object 设计模式的目的如下。

（1）提高可维护性：将页面元素和操作封装在单独的类中，便于维护和修改。随着 Web 应用的变化，只需要更新 Page Object 类即可，而不需要修改大量的自动化测试脚本。

（2）增强代码的可读性：通过直观的方法名和属性名，提高自动化测试脚本的可读性。

（3）促进代码复用：相同的 Page Object 类可以在多个测试用例中重复使用，减小重复代码率。

Page Object 设计模式的核心要点如下。

（1）页面类：每个页面都对应一个页面类，页面类封装了该页面中所有的元素和操作。

（2）元素定位：页面类中包含页面元素的定位信息，如 ID、Xpath 等。

（3）操作封装：页面类提供操作元素的方法，如单击按钮、输入文本等。

9.2 实现 Page Object 设计模式

9.2.1 使用 Page Object 设计模式的简单案例

以下两个测试用例实现的是登录功能的验证。第一个测试用例测试的登录数据为"hrteacher/123456"，第二个测试用例测试的登录数据为"admin/123456"。两个测试用例的步骤相同，如下所示。

（1）打开浏览器。
（2）进入登录页面。
（3）输入用户名、密码。
（4）单击登录按钮。
（5）得到页面的标题，并且进行验证。

Page Object 设计模式

```
import unittest

from selenium import webdriver
from selenium.webdriver.common.by import By

class MyTestCase(unittest.TestCase):

    def setUp(self) -> None:
        # 打开浏览器，最大化窗口并打开登录页面
        driver = webdriver.Chrome()
        driver.maximize_window()
        driver.implicitly_wait(10)
        driver.get("http://localhost:8080/suthr/logon")
```

```python
    def tearDown(self) -> None:
        # 退出驱动
        self.driver.close()
        self.driver.quit()

    def test_Login_01(self):
        # 输入用户名、密码,单击登录按钮
        driver.find_element(By.ID, "username").send_keys("hrteacher")
        driver.find_element(By.ID, "password").send_keys("123456")
        driver.find_element(By.ID, "loginBtn").click()
        # 得到页面的标题
        actual = driver.title
        # 断言"个人中心"是当前的标题
        self.assertEqual(actual, "个人中心")

    def test_Login_02(self):
        # 输入用户名、密码,单击登录按钮
        driver.find_element(By.ID, "username").send_keys("admin")
        driver.find_element(By.ID, "password").send_keys("123456")
        driver.find_element(By.ID, "loginBtn").click()
        # 得到页面的标题
        actual = driver.title
        # 断言"个人中心"是当前的标题
        self.assertEqual(actual, "个人中心")

if __name__ == '__main__':
    unittest.main()
```

从以上代码中可以看出,如果将用户名元素的 ID 修改为 usr,则在 test_Login_01 和 test_Login_02 这两个测试用例中输入用户名的语句都需要修改,分别修改为 driver.find_element(By.ID, "usr").send_keys("hrteacher")和 driver.find_element(By.ID, "usr").send_keys("admin"),这不利于自动化测试项目的维护。

根据 Page Object 设计模式的核心要点,可以对以上测试用例进行修改。

(1)新建登录页面的脚本文件 LoginPage.py,将登录页面的元素和操作分别提取出来。

首先使用__init__()方法,引入测试用例文件中定义的驱动。然后定义登录页面中各个元素的定位信息。最后定义登录页面中的每个元素的操作。还可以定义某个操作场景,如登录场景,代码如下。

```python
from selenium.webdriver.common.by import By

class LoginPage:

    def __init__(self, driver):
        self.driver = driver
    # 用户名
    username_loc = (By.ID, "username")
```

```python
    # 密码
    password_loc = (By.ID, "password")
    # 提交
    submit_loc = (By.ID, "loginBtn")

    # 输入用户名
    def enter_username(self, value):
        self.driver.find_element(*self.username_loc).send_keys(value)

    # 输入密码
    def enter_password(self, value):
        self.driver.find_element(*self.password_loc).send_keys(value)

    # 单击登录按钮
    def submit(self):
        self.driver.find_element(*self.submit_loc).click()

    # 登录操作
    def login(self, username, password):
        # 调用输入用户名方法
        self.enter_username(username)
        # 调用输入密码方法
        self.enter_password(password)
        # 调用提交方法
        self.submit()
```

（2）修改测试用例文件，代码如下。

```python
import unittest

from selenium import webdriver
from LoginPage import LoginPage

class MyTestCase(unittest.TestCase):

    def setUp(self) -> None:
        # 打开浏览器，最大化窗口并打开登录页面
        driver = webdriver.Chrome()
        driver.maximize_window()
        driver.implicitly_wait(10)
        driver.get("http://localhost:8080/suthr/logon")

    def tearDown(self) -> None:
        # 退出驱动
        self.driver.close()
        self.driver.quit()

    def test_Login_1(self):
        # 实例化 LoginPage 类
        loginPage = LoginPage(self.driver)
```

```python
        # 调用login()方法，登录系统
        loginPage.login(username="hrteacher", password="123456")

        # 得到页面的标题
        actual = self.driver.title
        # 断言"个人中心"是当前的标题
        self.assertEqual(actual, "个人中心")

    def test_Login_2(self):
        # 实例化LoginPage类
        loginPage = LoginPage(self.driver)
        # 调用login()方法，登录系统
        loginPage.login(username="admin", password="123456")

        # 得到页面的标题
        actual = self.driver.title
        # 断言"个人中心"是当前的标题
        self.assertEqual(actual, "个人中心")

if __name__ == '__main__':
    unittest.main()
```

使用 Page Object 设计模式进行修改后，可以看到用户名元素的 ID 发生更改后（如元素 username 的 ID 由 username 更改为 usr），只需要在登录页面的脚本文件 LoginPage.py 中将用户名的路径 username_loc = (By.ID, 'username')更改为 username_loc = (By.ID, 'usr')就可以了。这提高了代码的可维护性，增强了代码的可读性，提高了代码复用率，减少了重复代码。

9.2.2 优化 Page Object 框架结构

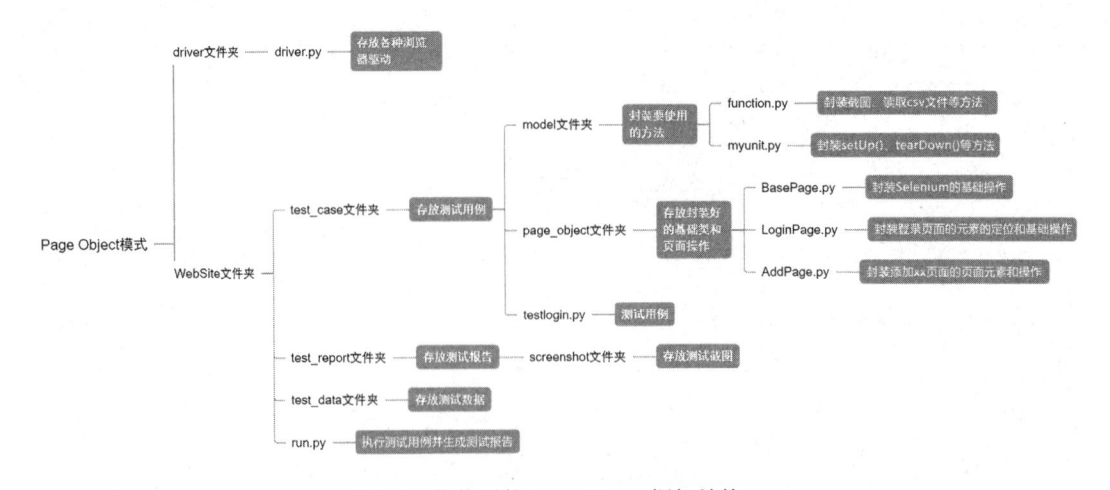

优化后的 Page Object 框架结构如图 9-1 所示。优化后的 Page Object 框架将浏览器驱动单独提取出来，放在 driver 文件夹下的 driver.py 文件中。将与测试用例相关的部分放在 WebSite 文件夹下并分成了 4 个模块。

图 9-1 优化后的 Page Object 框架结构

（1）test_case 文件夹用于存放与测试用例相关的脚本，test_case 文件夹下又分成了 3 个子模块。

- model 文件夹：主要功能是封装要使用的方法。其中包含两个脚本文件。function.py 文件用于封装截图、读取 CSV 文件、获取项目根目录等方法。myunit.py 文件用于封装 setUp()、tearDown()等方法。
- page_object 文件夹：用于存放封装好的基础类页面和各个页面元素和操作。在图 9-1 中，可以看到 page_object 文件夹中有 3 个文件。BasePage.py 文件是一个基础类页面，封装了 Selenium 的基础操作，如单击、输入数据、清除数据等。LoginPage.py 文件封装了登录页面的元素定位和页面操作，如输入用户名、输入密码等操作方法。Add Page.py 文件封装了添加用户页面的元素的定位和页面操作，如输入电话号码、昵称、性别等操作方法。如果需要添加其他页面，则添加到 page_object 文件夹中即可。
- 测试用例脚本：每个被测试页面新建一个自动化测试脚本文件，以 test 开头。例如，登录页面的自动化测试脚本名为 testlogin.py。

（2）test_report 文件夹：用于存放生成的测试报告，其中含有一个子文件夹 screenshot，用于存放测试截图。

（3）test_data 文件夹：用于存放测试数据，常用的格式有 CSV、JSON 等。

（4）run.py 文件：执行测试用例并生成测试报告。

下面将按照图 9-1 的框架结构，实现每个模块的内容。

（1）driver.py 文件用于存放各种浏览器驱动。

（2）function.py 文件用于封装截图、读取 CSV 文件等方法。

（3）myunit.py 文件用于封装 setUp()、tearDown()等方法。

（4）BasePage.py 文件封装了 Selenium 的基础操作，如单击、输入数据、清除数据等。

（5）LoginPage.py 文件封装了登录页面元素的定位和页面操作。

（6）testlogin.py 文件封装了登录页面的测试用例。

（7）info.csv 文件用于存放 CSV 格式的测试数据。

（8）run.py 文件用于执行测试用例并生成测试报告。

具体的实现代码如下。

（1）driver.py 文件中的代码如下。

```
from selenium import webdriver

def driver():
    # 实例化 Chrome 浏览器驱动
    driver=webdriver.Chrome()
    # 浏览器最大化，设置智能等待
    driver.maximize_window()
    driver.implicitly_wait(10)
    #打开 Chrome 浏览器，返回 Chrome 浏览器驱动
    return driver
```

（2）function.py 文件中的代码如下。

```
import os
```

```python
import csv

def root_dir():
    #获取当前模块所在路径
    func_path=os.path.dirname(__file__)
    #获取test_case目录
    base_dir=os.path.dirname(func_path)
    #将路径转换为字符串
    base_dir=str(base_dir)
    #对路径的字符串进行替换
    base_dir=base_dir.replace('\\','/')
    #获取项目文件的根目录
    base=base_dir.split('/WebSite')[0]
    return base

#截图方法
def save_img(driver,filename):
    base_dir = root_dir()
    #指定存放截图的路径
    filepath=base_dir+'/Website/test_report/screenshot/'+filename
    driver.get_screenshot_as_file(filepath)

#查找最新的测试报告
def latest_report(report_dir):
    lists = os.listdir(report_dir)
    lists.sort(key=lambda fn: os.path.getatime(report_dir + '\\' + fn))
    file = os.path.join(report_dir, lists[-1])
    return file


#文件路径需要修改成自己的文件路径
def get_csv_file(filepath, line=-1):
    with open(filepath, 'r', encoding='utf-8-sig') as file:
        reader=csv.reader(file)
        for index,row in enumerate(reader):
            if index==line:
                break
            print(row)
        return row

#读取CSV文件,当ignoreTitle=true时,忽略首行,返回的数据不包括首行。否则,返回的数据中包括首行
def get_csv(file, ignoreTitle = True):
    #通过open()方法打开文件
    with open(file, mode='r', encoding="utf-8") as file:
        #通过reader()方法读取文件
        rows = csv.reader(file)
        list = []
        i = 0
```

function()方法

```
        #逐行读取 rows 变量中的数据，将结果追加到 list 变量中
        if(ignoreTitle):
            for row in rows:
                if i != 0:
                    list.append(row)
                i = i + 1
        else:
            for row in rows:
                list.append(row)

        print(list)
    #返回结果 list
    return list
```

（3）myunit.py 文件中的代码如下。

```
import unittest
from driver.driver import *

class StartEnd(unittest.TestCase):
    def setUp(self):
        self.driver=driver()

    def tearDown(self):
        self.driver.quit()
```

（4）BasePage.py 文件中的代码如下。

```
from time import sleep
class Page():
    """"基础类，用于所有页面对象类继承"""
    def __init__(self, driver):
        # 通过__init__()方法初始化实例的属性，传入 Chrome 浏览器驱动 driver
        self.driver = driver
            # 请将 base_url 更换为本地服务器的地址和端口
        self.base_url = 'http://127.0.0.1:8080'
        self.timeout = 10

    # 封装 open()方法
    def open(self, url):
        url_ = self.base_url + url
        print("Test page is %s" % url_)
        self.driver.get(url_)
        sleep(2)
        assert self.driver.current_url == url_, 'Did not land on %s' % url_

    # 封装 find_element()方法
    def findElement(self, *loc):
        return self.driver.find_element(*loc)
```

```python
# 封装 find_elements()方法
def findElements(self, *loc):
    return self.driver.find_elements(*loc)
# 封装 send_keys()方法
def sendKeys(self, value, *loc):
# def sendKeys(self, value, *loc):
    self.driver.find_element(*loc).send_keys(value)
# 封装 click()方法
def click(self, *loc):
    self.driver.find_element(*loc).click()
```

（5）LoginPage.py 文件中的代码如下。

```python
import time
from selenium.webdriver.common.by import By
from WebSite.test_case.page_object.BasePage import Page

class LoginPage(Page):
    # 用户名
    usr = (By.ID, "username")
    # 密码
    pwd = (By.ID, "password")
    # 登录
    loginBtw = (By.ID, "loginBtn")

    # 登录方法
    def login(self, usr = "hrteacher", pwd = "123456"):
        # 输入用户名
        self.sendKeys(usr, *self.usr)
        # 输入密码
        self.sendKeys(pwd, *self.pwd)
        # 单击登录按钮
        self.click(*self.loginBtw)
        time.sleep(2)

    # 得到成功时的某个元素的文本值
    def getSuccessfulText(self):
        # 得到登录成功的验证结果
        actual = self.driver.find_element(By.XPATH, "//h4[@class='block']").text
        return actual

    def getFailedText(self):
        # 得到登录失败的验证结果
        actual = self.driver.find_element(By.CLASS_NAME, "login-form").text
        print(actual)
        return actual

    def getResult(self):
        # 得到验证结果
```

LoginPage 页面

```
            time.sleep(2)
            # 定义结果变量
            result = ""
            if(self.driver.title == "登录"):
                result = self.getFailedText()
            else:
                result = self.getSuccessfulText()

            return result
```

（6）test_login.py 文件中的代码如下。

```
import time
import unittest

from ddt import ddt, data, unpack
from WebSite.test_case.model.function import *
from WebSite.test_case.model.myunit import StartEnd
from WebSite.test_case.page_object.LoginPage import LoginPage

@ddt
class testLogin(StartEnd):

    value = get_csv(root_dir()+"/Website/test_data/info.csv")

    @data(*value)
    @unpack
    def testLogin(self, username, password, expect):
        print(username)
        print(username, password, expect)
        login = LoginPage(self.driver)
        login.open("/suthr/logon")
        login.login(username, password)
        actual = login.getResult()
        print("期望结果为：",expect, "实际结果为：", actual)
        assert expect in actual
```

（7）info.csv 测试数据在 WebSite 文件夹下 test_data 文件夹下的 info.csv 文件中，info.csv 文件的内容如图 9-2 所示。

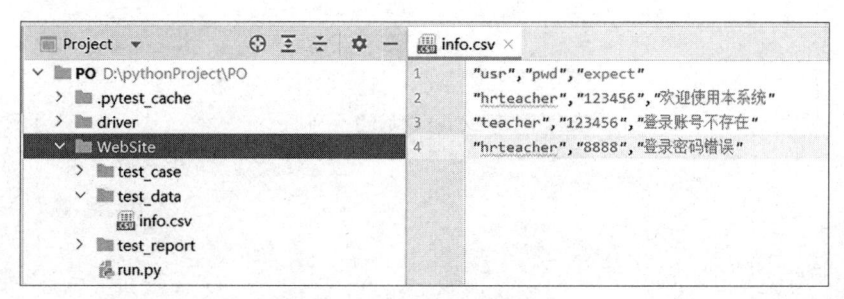

图 9-2　info.csv 文件的内容

（8）run.py 文件中的代码如下。

```
import time
import unittest
from WebSite.test_case.model.function import *
from HTMLTestRunner.HTMLTestRunner import HTMLTestRunner
if __name__ == '__main__':
    suite = unittest.defaultTestLoader.discover(root_dir() + "/WebSite/test_case", pattern="test*.py")
    # 执行测试用例
    now = time.strftime("%Y-%m-%d %H_%M_%S")
    # 将测试报告名称定义为 report_name，值为存放的位置 test_report 文件夹的绝对路径和测试报告名称
    report_name = root_dir() + '/WebSite/test_report/' + now + 'result.html'
    # 编辑测试报告的内容
    f = open(report_name, 'w', encoding="utf-8")
    # 实例化 HTMLTestRunner
    runner = HTMLTestRunner(stream=f, title="Test Report", description="localhost login test")
    # 执行测试套件
    runner.run(suite)
    f.close()
```

run.py 文件

（9）查看测试报告。执行 run.py 文件，执行测试用例之后，可以看到 test_report 文件夹下生成了一个测试报告。右击，在弹出的快捷菜单中选择"Open In"→"Browser"→"Chrome"命令，如图 9-3 所示。打开测试报告，测试报告的内容如图 9-4 所示。

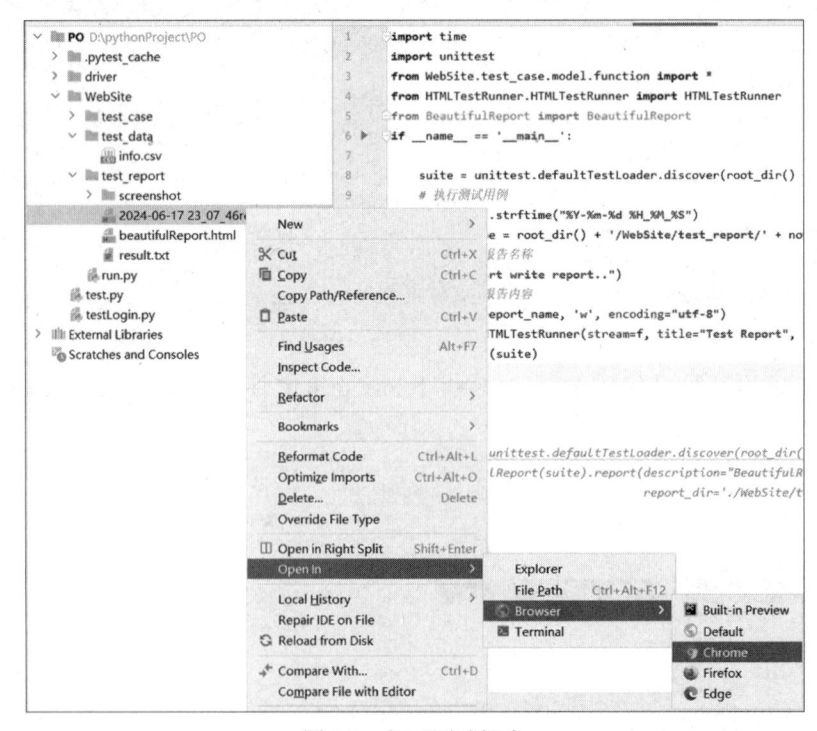

图 9-3　打开测试报告

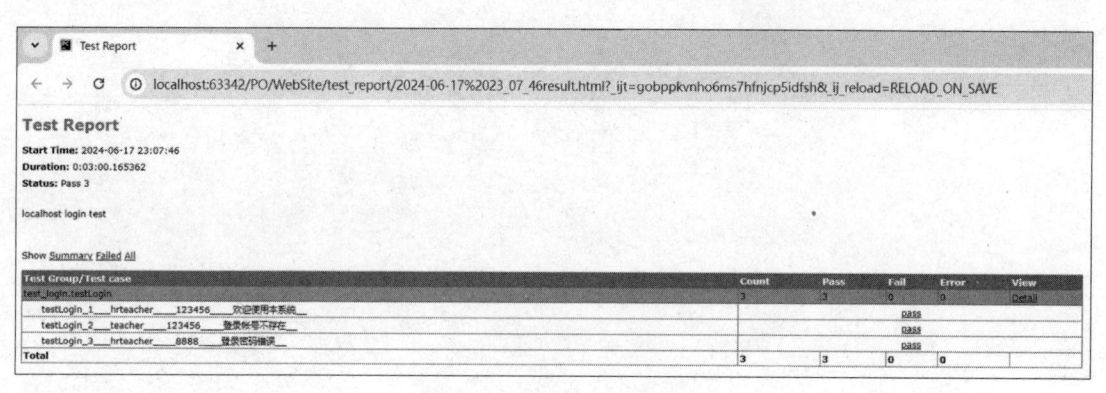

第 9 章 Page Object 设计模式

图 9-4 测试报告的内容

【练习与实训】

请根据本章所学习的登录案例，动手实践一下吧！

第 3 篇

App 自动化测试

第 10 章

Appium

> App 自动化
> 测试概述

学习目标

1. 知识目标

（1）理解 Appium 的基本概念及其在移动应用自动化测试中的作用。

（2）掌握 Appium 的工作原理，包括其客户端-服务器架构和与 WebDriver 协议的兼容性。

（3）学习 Appium 的环境搭建流程，包括 Node.js、npm 的安装，以及 Android SDK 或 iOS SDK 的配置。

（4）熟悉 Desired Capabilities 的配置方法，以及如何根据不同的测试需求进行会话设置。

（5）掌握移动应用中控件的多种定位方法，包括 ID 定位、class name 定位、XPath 定位、Accessibility ID 定位、Android uiautomator 定位等。

（6）了解 Appium 的常用 API，包括上下文操作、键盘操作、触摸操作，以及移动端测试的特有操作。

（7）学习常用的 adb 命令，以便在自动化测试中进行设备管理和操作。

（8）掌握 Appium Desktop 的操作方法，包括测试准备工作、控件定位、自动化测试脚本执行和调试。

2. 能力目标

（1）独立完成 Appium 环境的搭建，并且在实际设备或模拟器上执行测试。

（2）使用 Desired Capabilities 配置测试会话，并且根据实际情况调整参数以满足不同的测试需求。

（3）灵活运用 Appium 提供的控件定位方法，准确地找到并操作移动应用中的元素。

（4）编写包含键盘输入、触摸事件等操作的自动化测试脚本，实现对移动应用功能的全面测试。

（5）使用 Appium Desktop 进行自动化测试脚本的执行和调试，提高测试效率和准确性。

（6）通过 adb 命令对测试设备进行管理，包括安装和卸载应用、查看日志等。

3. 素养目标

（1）培养解决移动应用自动化测试中遇到的问题的能力，提高分析问题的能力和调试的技能。

（2）培养对新技术的学习能力和适应能力，以便快速掌握 Appium 的新特性。

（3）培养团队合作精神，通过分享和交流 Appium 的使用经验，共同提高测试团队的技术水平。

(4）培养持续学习和自我提升的意识，通过不断实践和总结，提高移动应用自动化测试的专业水平。

任务情境

小李在一家互联网公司担任自动化测试工程师，最近公司开发了一个新的 App，需要进行全面的自动化测试以确保 App 的质量。小李了解到 Appium 是一个强大的移动应用自动化测试工具，支持多种平台和编程语言，于是决定使用 Appium 来完成这项任务。

下面，我们和小李一起来学习如何使用 Appium。

10.1 Appium 简介

Appium 简介

【趣味探索】

Appium 就像是一位多才多艺的超级助手，它能够在智能手机和平板电脑上自动完成各种任务。想象一下，你有一个魔法盒子，只要你告诉它你想在手机或平板电脑上测试什么，它就能帮你完成。无论是打开一个应用、输入文字，还是滑动屏幕，Appium 都能轻松应对。

想象一下，你是一位餐厅老板，你的餐厅有一个点餐应用。你希望确保这个应用在不同型号的手机和平板电脑上都能完美运行。这时，Appium 就能大显身手了。它能够帮你自动打开应用，点击菜单，甚至模拟用户输入，来检查点餐流程是否顺畅。

【预备知识】

在使用 Appium 之前，就像学习烹饪一样，你需要准备一些基本的食材和工具。

（1）了解手机和平板电脑：就像了解厨房里的各种锅碗瓢盆一样，你需要熟悉手机和平板电脑的基本操作，知道怎么开机、怎么找到设置、怎么联网等。

（2）学习编程：就像学习做菜需要掌握切菜、炒菜的基本技巧，你需要学习一种编程语言，如 Python，这样你就能告诉 Appium 你想让它做什么。

（3）熟悉 Selenium：Selenium 就像烹饪界的食谱，Appium 是基于 Selenium 扩展而来的，所以了解 Selenium 就像是有了一本好的食谱，能帮助你更好地使用 Appium。

（4）使用模拟器：有时你没有那么多设备来进行测试，这时模拟器就像虚拟厨房，让你能在计算机上模拟各种设备进行测试。

（5）掌握测试框架：测试框架就像菜单，帮你组织和管理测试任务，确保每个环节都能得到检验。

（6）定位和操作元素：在 Appium 中，你需要学会如何找到屏幕上的按钮、输入框等元素，并且告诉 Appium 如何去操作它们，就像在厨房里找到需要的食材并处理它们。

（7）设置 Appium 环境：这就像准备好你的厨房，确保所有需要的工具和材料都在手边，这样就可以开始烹饪大餐了。

通过这些准备工作，你就可以使用 Appium 来测试你的移动应用了。就像烹饪一样，一开始可能会有些困难，但随着实践经验的积累，你会越来越熟练。

10.1.1　Appium 的工作原理

Appium 是一个强大的自动化测试工具，专门用于对 App 进行自动化测试。它基于客户端的服务器架构，通过模拟用户与 App 的交互来执行测试用例。

Appium 的工作原理如下。

（1）客户端-服务器架构。Appium 的核心是一个服务端应用程序，它在移动设备或模拟器上运行，并且监听来自客户端的 HTTP 请求。客户端可以是任何支持 HTTP 请求的编程语言编写的程序，如 Java、Python、Ruby 等。当客户端发送请求到服务端时，服务端会解析这些请求并执行相应的操作，之后将结果返回给客户端。

（2）会话管理。服务端管理着一个或多个会话，每个会话代表一个独立的测试进程。当客户端请求创建一个新的会话时，服务端会根据客户端提供的 desired capabilities（期望功能）来设置测试环境，包括设备名称、平台版本、应用包名等信息。一旦创建会话，客户端就可以通过这个会话来与 App 进行交互。

（3）元素定位与操作。Appium 使用一系列的元素定位策略来定位 App 界面上的元素，如 ID、类名、XPath 等。一旦元素被定位，Appium 就可以执行各种操作，如点击、长按、滑动、输入文本等。这些操作是通过模拟用户在设备上的物理交互来实现的，确保了测试的准确性和可靠性。

（4）支持多平台与多语言。Appium 的一个重要特性是它的跨平台能力。它不仅支持 Android 和 iOS 平台，还可以通过 WebDriverAgent 扩展来支持 Windows 应用的自动化测试。此外，Appium 支持多种编程语言，使开发者可以使用自己熟悉的语言来编写自动化测试脚本，这大大提高了开发效率和灵活性。

（5）与 Selenium 的兼容性。Appium 在设计时参考了 Selenium WebDriver 协议，因此它能够兼容 Selenium 的许多特性。这意味着开发者可以利用现有的 Selenium 知识和经验来快速上手 Appium，也可以在 Appium 中使用 Selenium 的测试框架和工具。

Appium 的详细工作流程如下。

（1）启动服务端。在移动设备或模拟器上启动服务端，它将开始监听来自客户端的 HTTP 请求。

（2）创建会话。客户端将包含 desired capabilities 的请求发送到服务端，服务端根据这些参数初始化测试环境并创建一个新的会话。

（3）元素定位。客户端通过会话发送元素定位请求，服务端使用 UI 自动化框架（如 iOS 的 UIAutomation 或 Android 的 UIAutomator）来定位元素。

（4）执行操作。一旦元素被定位，客户端就可以发送执行操作的请求，如点击、输入文本等。服务端将这些操作转换为相应的设备交互。

（5）获取结果。客户端可以请求获取当前应用的状态信息，如元素属性、屏幕截图等。

（6）结束会话。测试完成后，客户端发送结束会话的请求，服务端将清理测试环境并关闭会话。

Appium 的加载过程如图 10-1 所示。

第 10 章 Appium

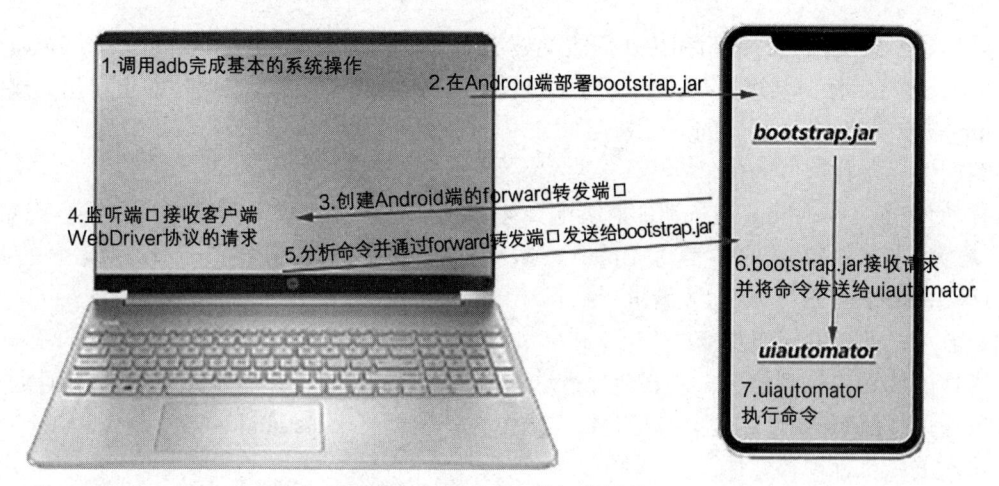

图 10-1 Appium 的加载过程

Appium 加载过程的详细流程如下。

（1）Appium 服务端开启 4723 端口（用于接收 WebDriver 客户端标准的 REST 请求，解析请求内容，调用对应的框架响应操作），调用 adb 完成基本的系统操作。

（2）在 Android 端部署 bootstrap.jar。bootstrap.jar 监听 Appium 服务端的 4724 端口并接收 Appium 的命令，最终将 Appium 的命令转换为 uiautomator 的命令来实现模拟操作。

（3）通过 bootstrap.jar 创建 Android 端的 forward 转发端口，建立到 Appium 服务端的 4724 端口的通道。

（4）Appium 服务端的监听端口 4723 接收客户端 WebDriver 协议的（HTTP+Session+POST+JSON）请求。

（5）Appium 服务端分析命令并通过 forward 转发端口发给 bootstrap.jar。

（6）bootstrap.jar 接收请求并将命令发送给 uiautomator。

（7）uiautomator 执行命令。

了解了 Appium 的基本原理，小李还想知道 Appium 是如何工作的。我们可以把 Appium 的工作过程想象成一个叫作"Appium 大冒险"的游戏。在这个游戏中，你是一个勇敢的小机器人，你的任务是通过一系列的传送门（端口）来完成各种任务。让我们一步步来看看这个游戏是怎么玩的。

第一关：开启神秘传送门。

首先，你需要在自己的小岛（Android 设备）上打开一个神秘的传送门（Appium 服务端的 4723 端口）。这个传送门非常特别，它可以接收来自远方的信号（WebDriver 客户端的标准 REST 请求），并且能够理解这些信号的意思（解析请求内容）。当收到信号后，你会用你的魔法棒（adb）来完成一些基本的任务，如移动石头或砍掉挡路的树（完成基本的系统操作）。

第二关：安装神秘宝箱。

接下来，你需要在你的小岛上安装一个神秘的宝箱（bootstrap.jar）。这个宝箱可以监听远方的传送门（服务端的 4724 端口），并且接收来自那里的指令（Appium 的命令）。当收到指令后，你的宝箱会把它们变成一系列神秘的咒语（转换为 uiautomator 的命令），这些咒语可以让你的小岛做出各种神奇的动作，如让花朵开放或让小溪流动（实现模拟操作）。

第三关：建立传送通道。

189

现在，你需要在你的宝箱和传送门之间建立一个秘密通道（创建 Android 端的 forward 转发端口）。这样，任何从远方传来的信号都可以通过这个通道直接传送到你的宝箱里（建立到 Appium 服务端的 4724 端口的通道）。

第四关：接收远方的信号。

你的传送门（Appium 服务端的监听端口 4723）现在可以接收来自远方的信号了。这些信号都是使用一种特殊的语言发出的（WebDriver 协议），包含了一系列复杂的指令（HTTP+Session+POST+JSON）请求。

第五关：解析并转发指令。

当你的传送门收到信号后，它会分析这些信号（Appium 服务端分析命令），并且通过你的秘密通道（forward 转发端口）将它们发送给你的宝箱（bootstrap.jar）。

第六关：执行神秘咒语。

你的宝箱收到信号后，会立刻开始念出那些神秘的咒语（bootstrap.jar 接收请求并将命令发送给 uiautomator）。

第七关：魔法生效。

最后，你的小岛会根据宝箱念出的咒语做出相应的动作（uiautomator 执行命令）。例如，如果咒语是"打开花朵"，则小岛上的花朵就会立刻绽放。这样，你就完成了一次成功的冒险！

10.1.2 Appium 环境搭建

小李决定开始搭建 Appium 环境来实现第一个 Appium 的移动自动化应用，但是从哪里开始呢？下面我们将一步一步描述 Appium 环境的搭建过程。

特别说明：本节主要介绍 Android 平台上 Appium 环境的搭建及应用，对 iOS 或其他移动平台感兴趣的读者可以自行了解相关内容。

1. 搭建 Android 环境

（1）安装 JDK1.8。

（2）安装 Android SDK。

- 下载 Android SDK 的安装文件，安装到指定目录，如 D:\android-sdk。
- 确保安装了 Level 17 或以上的版本的 API。
- 新增环境变量 ANDROID_HOME，将其值设置为安装目录（路径中不要有中文），如 D:\android-sdk。
- Path 变量中新增参数%ANDROID_HOME%\tools;%ANDROID_HOME%\platform-tools。

注意：在 Windows 10 或 Windows 11 系统中应将 Path 变量中新增的参数分成两行输入到环境变量中，如图 10-2 所示。

```
%ANDROID_HOME%\tools
%ANDROID_HOME%\platform-tools
```

图 10-2　Path 变量中新增的参数

- 安装完成后，在 cmd 中输入"android"来查看安装是否成功（不需要再进行安装操作），如图 10-3 所示。

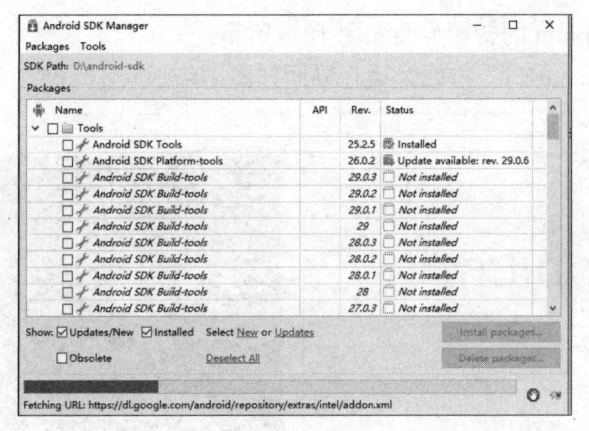

图 10-3　执行"android"命令显示的窗口

2．Appium 的安装

（1）下载并安装 Node.js，如图 10-4 所示。

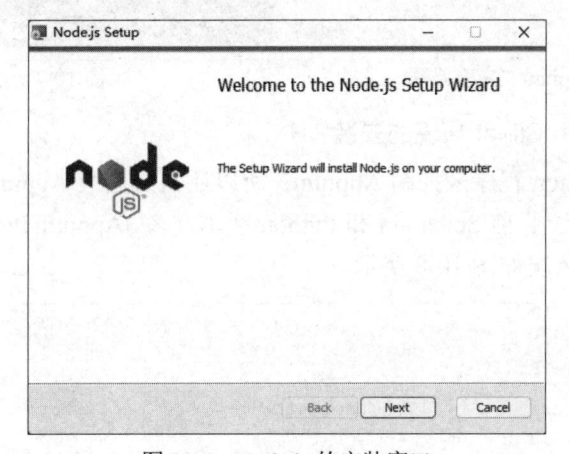

图 10-4　Node.js 的安装窗口

（2）从 Appium 官方网站下载 Appium-desktop 1.8（32/64 位系统通用）。

（3）安装 Appium-desktop。

建议在安装时使用默认路径，注意在安装开始时选中"仅为我安装（wnfc）"单选按钮，如图 10-5 所示。

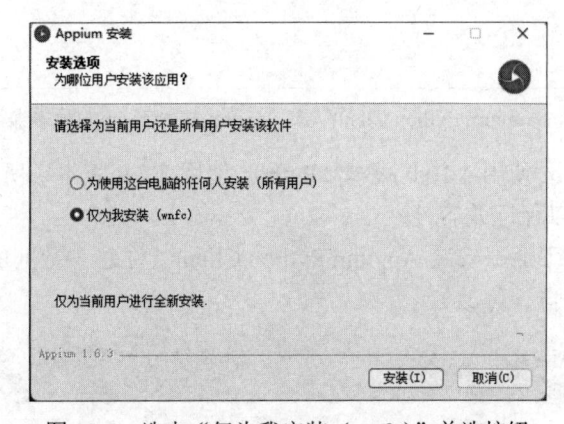

图 10-5　选中"仅为我安装（wnfc）"单选按钮

安装完成后，Appium 的初始界面如图 10-6 所示。

单击"Start Server v1.8.1"按钮，运行界面如图 10-7 所示。

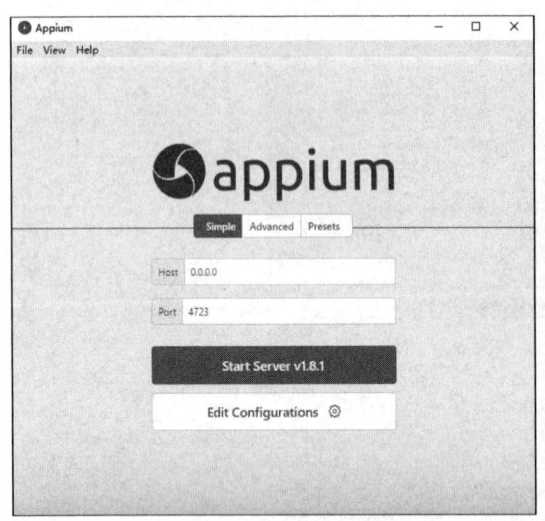

图 10-6　Appium 的初始界面　　　　图 10-7　运行界面

3．Appium Python Client 环境的安装

我们需要通过 Python 程序来控制 Appium，所以还需要安装 Appium Python Client 模块来帮助我们实现这一功能。目前 Selenium 和 Python 版本众多，Appium Python Client 与 Selenium 和 Python 的版本兼容情况如图 10-8 所示。

Appium Python Client	Selenium binding	Python version
3.0.0+	4.12.0+	3.8+
2.10.0 - 2.11.1	4.1.0 - 4.11.2	3.7+
2.2.0 - 2.9.0	4.1.0 - 4.9.0	3.7+
2.0.0 - 2.1.4	4.0.0	3.7+
1.0.0 - 1.1.0	3.x	3.7, 3.8
0.52 and below	3.x	2.7, 3.4 - 3.7

图 10-8　Appium Python Client 与 Selenium 和 Python 的版本兼容情况

在本书中，Selenium 使用 4.10.0 版本，Python 使用 3.7.6 版本，所以这里 Appium Python Client 使用 2.11.1 版本以保证兼容性。

运行 cmd，使用以下命令安装 Appium Python Client（注意参数间的空格，这里使用豆瓣镜像源，可以根据需要自行修改）。

```
pip install Appium-Python-Client==2.11.1 -i http://pypi.doub**.com/simple --trusted-host pypi.doub**.com
```

安装完成后，建议使用“pip show Appium-Python-Client”命令查看一下是否成功安装，成功安装的信息如图 10-9 所示。

```
C:\Users\Administrator>pip show Appium-Python-Client
Name: Appium-Python-Client
Version: 2.11.1
Summary: Python client for Appium
Home-page: http://appium.io/
Author: Isaac Murchie
Author-email: isaac@saucelabs.com
License: Apache 2.0
Location: c:\programdata\anaconda3\lib\site-packages
Requires: selenium
Required-by:
```

图 10-9　成功安装的信息

4. Android 模拟器的安装

目前市面上的 Android 模拟器有很多，本书使用雷电模拟器（为了保证运行速度，请开启计算机 BIOS 的 VT，如果雷电模拟器没有相关提示，则默认已开启），双击运行程序 dnplayer.exe，雷电模拟器的启动界面如图 10-10 所示。

图 10-10　雷电模拟器的启动界面

（1）修改性能设置。为了配合后面的练习与实训，对于雷电模拟器，我们需要进行一些设置。单击右侧的“设置”按钮，弹出“设置”对话框。在“性能设置”选项卡中选择“手机版”选项，将“分辨率”设置为“720×1280（dpi 320）”，“CPU”“内存”等根据计算机性能进行调整，如图 10-11 所示。

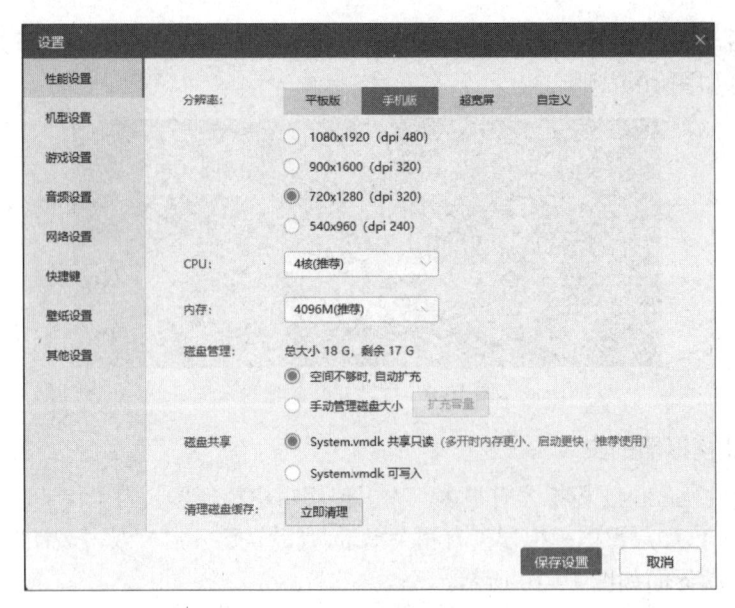

图 10-11 "设置"对话框

（2）启用指针位置选项。点击"系统应用"→"设置"按钮，选择"关于平板电脑"选项，连续点击 7 次版本号，开启开发者选项。返回，选择"系统"→"高级"→"开发者选项"选项，进入"开发者选项"界面，如图 10-12 所示，启用"指针位置"等选项，以方便坐标定位的操作。

在雷电模拟器的 vms 目录下新建一个空文本文件 debug.txt，重启雷电模拟器，在顶部会显示鼠标指针的坐标，如图 10-13 所示。

图 10-12 "开发者选项"界面　　　　图 10-13 鼠标指针的坐标

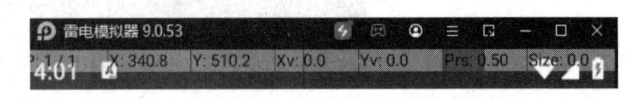

（3）安装 Appium 相关 APK。模拟器需要安装 Appium 相关 APK 才能与 Appium-desktop 正常通信。这里直接使用已经做好的 appium1.8 工具箱的批处理执行文件"一键安装 apk.bat"，双击完成 APK 的安装，如图 10-14 所示，雷电模拟器桌面显示安装好的部分 APK，如图 10-15 所示。

图 10-14 安装 Appium 相关 APK

图 10-15 安装好的部分 APK

10.2 Desired Capabilities 解析

通过前面的学习，小李终于完成了 Appium 环境的搭建。他发现，要使用 Python 编写程序还需要了解有关 Desired Capabilities 的设置。那让我们先来了解一下什么是 Desired Capabilities。

Desired Capabilities 是我们在启动一个 Appium 会话时向服务器发送的一组键值对参数。这些参数详细定义了测试环境的各项配置，包括设备类型、操作系统版本、应用信息、自动化行为偏好等，帮助 Appium 精准识别并适配测试设备，确保自动化测试脚本能在目标环境中稳定、高效地执行。

接下来，让我们通过一个案例来学习如何对 Desired Capabilities 进行配置。

```
{
    "platformName": "Android",              # 指定自动化测试的目标平台为 Android
    "deviceName": "Android Emulator",       # 指定测试设备为 Android 模拟器
    "platformVersion": "9",                 # 指定设备版本号为 9
    "app": "/path/to/my.app",               # 指定要测试的 App 的路径
    "automationName": "UiAutomator2",       # 指定使用的自动化框架为 UiAutomator2
    "newCommandTimeout": 120,               # 将命令超时时间设置为 120 秒
    "noReset": true,                        # 指示 Appium 在会话开始时不要重置 App
    "appPackage": "com.example.myapp",      # 指定 App 的包名
    "appActivity": ".MainActivity",         # 指定启动 App 时加载的活动（Activity）
    "launchTimeout": 60,                    # 将 App 启动的超时时间设置为 60 秒
    // 其他可能的配置项...
}
```

参数说明如下。

（1）platformName：指定自动化测试的目标平台。对于 Android 平台，这个值应该是 Android。

（2）deviceName：指定连接到计算机的设备或模拟器的名称。在实际设备上执行测试时，可以使用设备的 UDID 或其他标识符。对于模拟器，可以是模拟器的名称或任何能被 adb 识别的标识符。在本章使用的雷电模拟器的第一个设备名为 emulator-5554。

（3）platformVersion：指定设备版本号，Android 可以通过点击"设置"→"关于"按钮来查看具体的版本号。本章使用的雷电模拟器的设备版本号为 9。

（4）app：指定要测试的 App 的路径。对于 Android，这通常是 APK 文件的路径。

（5）automationName：指定 Appium 使用的自动化框架。对于 Android，可以选择 UiAutomator1、UiAutomator2 或 Espresso。

（6）newCommandTimeout：指定执行命令的超时时间（以秒为单位）。如果服务器在指定的时间内没有收到客户端的命令，则会话将关闭。根据自动化测试脚本的复杂性，可能需要增加这个超时时间。

（7）noReset：当设置为 true 时，这个参数告诉 Appium 在启动 App 之前不要重置 App。

（8）appPackage 和 appActivity：appPackage 指定 App 的包名，它是 App 在设备上的唯一标识。appActivity 指定在启动 App 时默认打开的活动（Activity）的名称。通常，这是 App 的启动屏幕或主 Activity。

（9）launchTimeout：指定 App 启动的超时时间（以秒为单位）。如果 App 在指定的时间内没有成功启动，则测试将失败。

接下来我们来看一段 Python 代码，这段代码通过 Desired Capabilities 设置实现了一个 App 的 Appium 初始化。

```python
from appium import webdriver
from appium.options.android import UiAutomator2Options
import os

# 获取当前项目的根路径
apk_path = os.path.abspath(os.path.join(os.path.dirname(__file__), ".."))

# 获取待测 APK 文件路径
apk_file = f"{apk_path}\\new_demo\\com.youba.calculate10.apk"  # 使用原始字符串避免转义问题

# 定义 custom_opts
custom_opts = {
    "platformName": "Android",
    "deviceName": "emulator-5554",
    "platformVersion": "9",
    "app": apk_file,
    "appPackage": "com.youba.calculate",
    "appActivity": "com.youba.calculate.MainActivity",
    "newCommandTimeout": 60,
    "automationName": "UiAutomator2",
    "sessionOverride": True,
    "noReset": True,
    "fullReset": False,
    "unicodeKeyboard": True,
    "resetKeyboard": True,
    "noSign": True,
}

options = UiAutomator2Options()
if options is not None:
    options.load_capabilities(custom_opts)
```

```
# 创建 WebDriver 实例
driver = webdriver.Remote('http://localhost:4723/wd/hub', options=options)
```

以上代码实现了对 com.youba.calculate10.apk 的 Appium 初始化。变量使用了设备名 emulator-5554，同时指出 Android 版本为 9，并且给出了相应的 appPackage 和 appActivity，这些都是 Appium 自动化程序必需的 Desired Capabilities 参数，后面我们会结合 adb 命令介绍如何获取这些参数。这里值得一提的是，由于使用了较新的 Appium Python Client 的版本，不同于旧版本，需要导入 UiAutomator2Options 创建实例 options，并且通过调用 load_capabilities() 方法来加载 Desired Capabilities，最后将 options 作为参数创建 WebDriver 实例，完成 Appium 的初始化。

10.3 控件定位

学完前面的内容，小李已经迫不及待想要通过控件定位实现自动化操作了。在 App 的自动化测试中，控件定位是一个重要的步骤。Appium 提供了多种控件定位方法，以便测试人员能够准确地找到并操作 App 中的 UI 元素。

10.3.1 使用 ID 定位控件

使用 ID 定位控件是最直接的方法，类似于 Web 自动化中的 ID 定位，通过元素的唯一标识符（ID）来定位控件。语法格式如下：

```
driver.find_element(MobileBy.ID, "<element_id>").<action>
```

（1）driver：已初始化的 Appium WebDriver 对象，用于与 Appium 服务器通信并执行操作。

（2）MobileBy.ID：定位策略，指示通过元素的 ID 进行查找。需要通过导入语句"from appium.webdriver.common.mobileby import MobileBy"实现。

（3）<element_id>：待定位元素的 ID 字符串，通常形如 package_name:id/resource_name，反映元素在 App XML 布局文件中的唯一标识。

（4）<action>：对定位到的元素执行的操作，如 click()、send_keys()等。

下面是一个案例，注意元素控件 ID 的格式。

```
driver.find_element(MobileBy.ID, "com.youba.calculate:id/btn_one").click()
```

10.3.2 使用 class name 定位控件

在 Android 中，控件的 class name 通常是 View 的子类，如 android.widget.Button。语法格式如下：

```
driver.find_element(MobileBy.CLASS_NAME, "<class_name>").<action>
```

（1）driver：已初始化的 WebDriver 对象。

（2）MobileBy.CLASS_NAME：定位策略，指定通过元素的 CSS class 属性进行查找。

（3）<class_name>：待定位元素的 CSS class 名称字符串，如 android.widget.Button 或 UIInputTextField 等，应与元素在 HTML（对于 WebView）或原生应用中的实际类名相匹配。

（4）<action>：对定位到的元素执行的操作，如 click()、send_keys()等。

假设 App 中登录按钮的类名为 android.widget.Button，并且它具有唯一的类名标识（在同一页面中没有其他具有相同类名的按钮），则可通过以下代码进行定位并点击。

```
driver.find_element(MobileBy.CLASS_NAME, "android.widget.Button").click()
```

尽管 class name 定位在 Web 测试中被广泛应用，但在 App 中可能不如 ID 定位精确，因为多个元素可能使用相同的类名。如果需要使用 class name 定位，则应确保所选类名在当前上下文中是唯一且稳定的，或者结合其他定位策略（如父元素、索引等）以提高定位的精确性。在实际应用中，优先考虑使用 ID 或其他更具有唯一性的属性进行定位。如果必须使用 class name 进行定位，则建议先进行元素检查，确认其在当前页面布局中的唯一性。

10.3.3 使用 XPath 定位控件

使用 XPath 定位控件是一种功能强大的定位方法，它允许通过控件的属性和层级关系来定位元素。XPath 使用路径表达式来定位控件，这在控件 ID 或 class name 不明显时特别有用。语法格式如下。

```
driver.find_element(MobileBy.XPATH, "<xpath_expression>").<action>
```

假设 App 中发送按钮的属性为 resource-id="com.example.app:id/sendBtn"，文本内容为"登录"，可以使用以下 XPath 表达式进行定位并点击。

```
driver.find_element(MobileBy.XPATH, "//android.widget.Button[@resource-id='com.example.app:id/sendBtn' and @text='发送']") .click()
```

XPath 的写法和优先级策略如下。

（1）如果只包含 resource-id 且唯一，则直接使用 resource-id，如//android.XX.XXX[@resource-id="com.duowan.mobile:id/rb_main"]。

（2）如果只存在 text 且唯一，则直接用 text，如//android.XX.XXX[@text="直播"]。

（3）如果只存在 content-desc 且唯一，则直接用 content-desc，如//android.XX.XXX[@content-desc="热门推荐"]。

（4）如果不满足前 3 条且存在 resource-id、text、content-desc，三者取其二或取其三能唯一定位，则其 Xpath 类似于//X.XX.XXX[@resource-id="abc" and @text="狂热" and @content-desc="推荐"]。

（5）如果不满足前 4 条，则递归地寻找其父节点，直到找到唯一的父节点。再从其父节点开始，取绝对路径（元素索引）来进行唯一定位，其 Xpath 类似于//X.XX.XXX[@resource-id="android:id/list"]/X.XX.XXX[1]/X.XX.XXX[2]。

10.3.4 使用 Accessibility ID 定位控件

Accessibility ID 是 Android 和 iOS 平台上用于辅助功能的唯一标识符。通过 Accessibility ID 定位可以找到具有特定辅助功能属性的控件。语法格式如下。

```
driver.find_element(MobileBy.ACCESSIBILITY_ID, "<accessibility_id>").<action>
```

（1）driver：已初始化的 WebDriver 对象。

（2）MobileBy.ACCESSIBILITY_ID：定位策略，指定通过元素的 Accessibility ID 属性进行查找。

（3）<accessibility_id>：待定位元素的 Accessibility ID 字符串，通常是开发者为提高辅助功能而赋予元素的唯一标识符，如 login_button 或 product_list 等。

（4）<action>：对定位到的元素执行的操作，如 click()、send_keys()等。

假设 App 中注册按钮的 accessibilityIdentifier 属性被设置为 reg_button，则可通过以下代码进行定位并点击。

```
driver.find_element(MobileBy.ACCESSIBILITY_ID, "reg_button").click()
```

在 iOS 中，accessibilityIdentifier 属性被广泛用于无障碍测试和自动化测试，因为它可以由开发者直接设置并确保其唯一性。在 Android 中，虽然没有直接对应的 accessibilityIdentifier 属性，但可以通过设置 contentDescription 属性并在 Appium 中使用 Accessibility ID 定位，只要保证 contentDescription 在 App 中唯一且被正确设置。

10.3.5 使用 Android uiautomator 定位

Android uiautomator 定位是针对 Android 平台的一种定位方法，它使用 uiautomator 的属性来定位控件。语法格式如下。

```
driver.find_element(MobileBy.ANDROID_UIAUTOMATOR,
"<uiautomator_expression>").<action>
```

（1）driver：已初始化的 WebDriver 对象。

（2）MobileBy.ANDROID_UIAUTOMATOR：定位策略，指定通过 uiautomator 表达式来定位。

（3）<uiautomator_expression>：待定位元素的 uiautomator 表达式字符串，使用 uiautomator 库提供的 UiSelector 类方法构造。

（4）<action>：对定位到的元素执行的操作，如 click()、send_keys()等。

假设 App 中返回按钮的 resource-id 为 com.example.app:id/backBtn，文本内容为"返回"，可以使用以下 uiautomator 表达式进行定位并点击。

```
driver.find_element(MobileBy.ANDROID_UIAUTOMATOR,
"new UiSelector().resourceId('com.example.app:id/backBtn').text('返回')").click()
```

10.3.6 使用 uiautomatorviewer、inspect 定位

uiautomatorviewer 是一个可视化工具，用于查看 Android App 的 UI 层级结构。inspect 定位可以通过分析 uiautomatorviewer 中的层级信息来辅助定位控件。

在 Android SDK 的安装目录的 tools 目录下，双击执行 uiautomatorviewer.bat 即可打开 uiautomatorviewer，如图 10-16 所示。

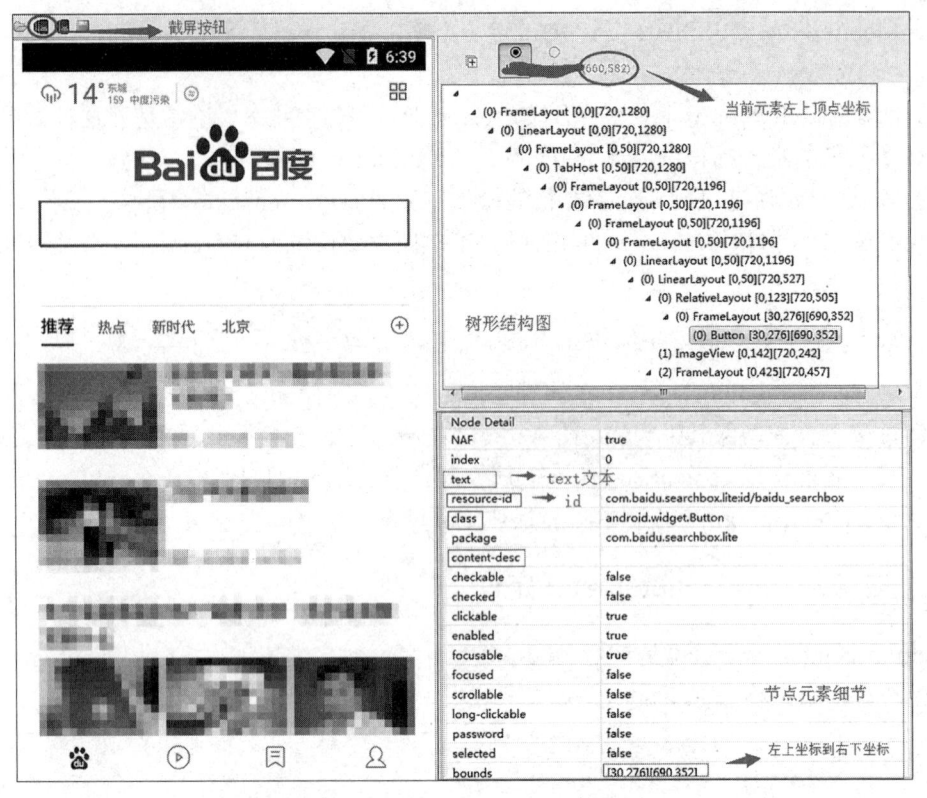

图 10-16 uiautomatorviewer 的界面

通过点击左上角的截屏按钮，可以将 Android 设备（模拟器）的画面同步显示在左侧窗口，点击左侧窗口的控件即可在右侧下方看到相应的属性，同时可以在右侧上方看到 Android 的 XML 树形结构。

10.4 Appium 的常用 API

学到这里，小李想尽快使用 Appium 编写一个简单的自动化测试脚本，除了前面的内容，他还需要学习 Appium 的常用 API，用于模拟用户对 App 的操作。

10.4.1 上下文操作

上下文操作在 Appium 自动化测试中指的是在同一个测试会话中切换 App 的不同上下文环境，以便与不同类型的界面进行交互。Appium 支持两种主要的上下文类型。

（1）NATIVE_APP：代表原生应用的上下文，即非嵌入式 Web 浏览器之外的原生用户界面元素。在此上下文中，可以定位和操作应用中的原生控件，如按钮、文本框、列表项等。

（2）WEBVIEW_<context_id>：表示应用中嵌入的 WebView 组件所加载的网页内容。每个 WebView 都有一个唯一的 context_id，在该上下文中，可以使用类似于 Web 自动化测试的技术（如 CSS 选择器、XPath 等）来定位和操作页面元素。

下面我们来看几个案例。
案例1：查询当前上下文。

```
current_context = driver.current_context
print(f"当前上下文：{current_context}")
```

通过调用 driver.current_context 获取当前活跃的上下文，这对于确定接下来要进行操作的环境非常重要。输出结果可能是 NATIVE_APP 或某个具体的 WEBVIEW_<context_id>。

案例2：切换到原生应用上下文。

```
driver.switch_to.context("NATIVE_APP")
```

当从 WebView 返回到原生应用的其他部分进行操作时，使用 switch_to.context()方法指定 NATIVE_APP 作为目标上下文。这将使后续的元素定位和操作指令作用于原生应用界面。

案例3：切换到特定的 WebView 上下文。

```
webview_contexts = driver.contexts
target_webview = [c for c in webview_contexts if c.startswith('WEBVIEW_')][0]
driver.switch_to.context(target_webview)
```

首先通过 driver.contexts 获取所有可用上下文的列表。然后从中筛选出所有以 WEBVIEW_ 开头的上下文（表示 WebView 环境），并且选择其中一个（此处取第一个）。最后使用 switch_to.context()方法切换到选定的 WebView 上下文。这样，后续的定位和操作指令将作用于该 WebView 内部的网页元素。

案例4：在 WebView 中进行 Web 元素定位与操作。

```
driver.find_element(By.XPATH,
'//input[@name="username"]').send_keys("test_user")
driver.find_element(By.CSS_SELECTOR, 'button[type="submit"]').click()
```

在切换到 WEBVIEW_<context_id>上下文后，可以使用标准的 Web 元素定位策略（如 By.XPATH、By.CSS_SELECTOR 等）来定位页面元素，并且执行 send_keys()、click()等操作。

案例5：从 WebView 返回到原生应用上下文。

```
driver.switch_to.context("NATIVE_APP")
```

当在 WebView 中完成所需操作后，再次调用 switch_to.context("NATIVE_APP")方法将测试焦点切换回原生应用上下文，以便继续对非 WebView 部分的原生 UI 元素进行操作。

10.4.2 键盘操作

键盘操作包括模拟键盘输入、按键事件等，用于测试 App 的文本输入功能。
（1）在文本框中输入文本和清除文本框中的内容。

```
text_input = driver.find_element(MobileBy.ID, "com.test:id/text_editor")
text_input.send_keys("test@example.com")
text_input.clear()
```

首先定位到 MobileBy.ID 为 com.test:id/text_editor 的文本框元素。然后调用其 send_keys() 方法传入待输入的文本字符串 test@example.com。最后调用 clear()方法清空文本框中的内容。

（2）按键事件。

```
# 按下键盘上的回车键
driver.press_keycode(66)

# 释放键盘上的回车键
driver.release_keycode(66)
```

在 Android 系统中，回车键的键码是 66。这里我们先按下回车键，再释放它。这可以模拟用户在输入文本后按下回车键的行为。

（3）组合键操作。

```
# 模拟按下 Ctrl+C 组合键
driver.keyevent('ctrl', 'keycode', 67)

# 模拟按下 Ctrl+V 组合键
driver.keyevent('ctrl', 'keycode', 86)
```

在这个案例中，我们模拟了 Ctrl+C 和 Ctrl+V 的组合键操作。注意，这里的 ctrl 参数表示我们正在模拟一个控制键的组合操作，而 keycode 参数表示我们要模拟的特定键的键码。

10.4.3 触摸操作

触摸操作包括点击、长按、滑动等，用于模拟用户与 App 的触摸交互。

1. 点击

对 Android 控件元素进行单指点击操作经常使用 click()方法，要注意的是，Appium 也提供了一个可以对控件元素坐标进行点击的操作方法 tap()。

tap()方法的基本语法格式如下。

```
tap(positions, duration)
```

其中，positions 是一个最多包含 5 个屏幕点坐标的列表，格式如[(100, 20), (100, 60)]。duration 表示按住的时间（单位为毫秒）。

2. 长按

long_press()方法用于模拟用户长时间按住屏幕某处或某个元素的动作。

long_press()方法的基本语法格式如下。

```
long_press(element=长按元素, duration=毫秒时间)
```

下面看一个案例。

```
from appium.webdriver.common.touch_action import TouchAction

# 长按屏幕上的绝对坐标(x, y)，持续时间为 1 秒
action = TouchAction(driver)
action.long_press(x=100, y=200, duration=1000).release()
action.perform()
```

```
# 长按某个元素（假设已定位到一个名为 long_press_me 的元素）
long_press_element = driver.find_element_by_id('long_press_me')
action = TouchAction(driver)
action.long_press(element=long_press_element, duration=1000).release()
action.perform()
```

这里使用了 TouchAction 类和 long_press() 方法进行触摸操作。

注意：TouchAction 类可以支持链式操作，使用连续的圆点操作符来完成一系列的操作，而且最后一定要通过调用 perform() 方法来执行操作，如果不写则不执行。

3. 滑动

滑动操作模拟用户从屏幕上的一点滑动到另一点的动作，常用于滚动页面、切换视图或触发特定手势。在 Appium 中经常使用 swipe() 方法进行滑动操作。

swipe() 方法的基本语法格式如下。

```
swipe(起始 x 坐标,起始 y 坐标,结束 x 坐标,结束 y 坐标,持续时间(ms))
```

下面看一个案例。

```
#屏幕的宽度和高度
width = driver.get_window_size()['width']
height= driver.get_window_size()['height']
print(width,height)

#从手机屏幕底部中间位置（width/2,height）向上滑动到屏幕中央位置，滑动时间为2s
driver.swipe(width/2,height, width/2, height/2,2000)
```

这是向上滑动一次，如图 10-17 所示。

```
# 循环 3 次操作:从手机屏幕中间位置（width/2,height/2）向上滑动到屏幕高度 1/3 位置
for i in range(3):
    driver.swipe(width/2,height/2, width/2, height/3, 2000)
    sleep(1)
```

这是循环向上滑动 3 次，如图 10-18 所示。

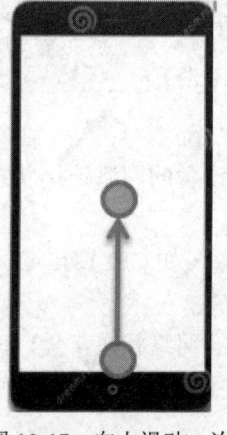

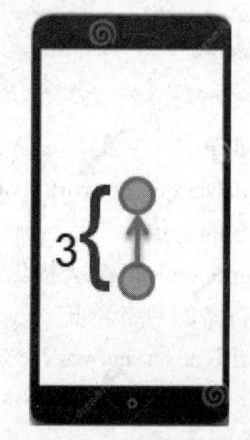

图 10-17　向上滑动一次　　　　图 10-18　循环向上滑动 3 次

在编写代码时，一般应考虑不同设备的代码适配性，因此应尽量使用比例而不是宽度和

高度像素来进行滑动的定位控制。同时为了方便获取坐标，应开启移动设备（模拟器）开发者选项的指针位置选项，这样就可以通过顶部坐标信息来获取坐标。

10.4.4 移动端特有的操作

移动端特有的操作有设备方向旋转、网络状态设置、地理位置模拟等。

1．设备方向旋转

模拟设备屏幕从一种方向（如竖屏）旋转至另一种方向（如横屏）。

```
# 将设备方向旋转至横屏（landscape）
driver.orientation = 'LANDSCAPE'

# 将设备方向旋转回竖屏（portrait）
driver.orientation = 'PORTRAIT'
```

代码说明如下。

将 driver.orientation 属性设置为 LANDSCAPE 或 PORTRAIT 即可将设备屏幕方向分别旋转为横向或纵向。这将模拟用户实际手持设备时的屏幕旋转行为，有助于测试 App 在不同屏幕方向下的布局适应性和功能表现。

2．网络状态设置

模拟不同的网络环境（如 Wi-Fi、蜂窝数据、无网络等），以测试 App 在网络变化条件下的响应。

```
# 获取当前网络连接状态
current_state = driver.get_network_connection()

# 将网络状态设置为仅启用蜂窝数据（无 Wi-Fi）
driver.set_network_connection(NetworkConnection.CELLULAR_ONLY)

# 将网络状态设置为禁用所有网络（无网络连接）
driver.set_network_connection(NetworkConnection.NONE)

# 恢复到原始网络状态
driver.set_network_connection(current_state)
```

代码说明如下。

（1）使用 driver.get_network_connection()方法获取当前设备的网络连接状态，返回一个包含网络类型组合的整数。

（2）NetworkConnection 类提供了预定义的网络状态常量，如 CELLULAR_ONLY、NONE 等，用于设置特定的网络环境。

（3）使用 driver.set_network_connection()方法传入所需的网络状态常量，可以改变设备的网络连接情况。在测试结束后，恢复到原始网络状态以避免影响后续测试或设备的正常使用。

3．地理位置模拟

模拟设备的地理位置以测试依赖位置服务的应用的功能。

```
# 定义一个地理位置对象
fake_location = Location(latitude=37.7749, longitude=-122.4194, altitude=0)

# 设置模拟地理位置
driver.location = fake_location
```

代码说明如下。

（1）在 desired_caps 中设置 locationServicesAuthorized=True，假设设备已授权使用位置服务。在实际测试中，确保设备已开启位置权限。

（2）创建一个 Location 对象，指定所需的纬度、经度和海拔值，代表要模拟的地理位置。

（3）将 Location 对象赋值给 driver.location 属性，以模拟设备位于该特定位置。这有助于测试应用中与位置相关的功能，如地图定位、附近服务查询等。

10.4.5 其他常用操作

其他常用操作如截屏、获取元素的属性值、等待条件等，都是自动化测试中常用的 API。

1. 截屏

捕获设备当前屏幕的图像，以便记录测试过程或验证视觉效果。

```
# 截取屏幕并保存为 PNG 文件
screenshot_path = '/path/to/save/screenshot.png'
driver.save_screenshot(screenshot_path)

# 或者直接获取屏幕截图的二进制数据
screenshot_data = driver.get_screenshot_as_png()
```

代码说明如下。

（1）使用 driver.save_screenshot()方法，传入保存截图的路径，如/path/to/save/screenshot.png，Appium 会将当前屏幕图像保存为 PNG 格式的文件。

（2）如果需要获取屏幕截图的二进制数据，则可以使用 driver.get_screenshot_as_png()方法，返回值可以直接用于进一步处理或上传至远程服务器。

2. 获取元素的属性值

获取元素的属性值，如文本、标签名、资源 ID 等，用于验证元素状态或作为后续操作的基础。

```
# 定位一个元素
element = driver.find_element(MobileBy.ID, 'some_element_id')

# 获取元素的属性值
text = element.text  # 获取元素内文本
tag_name = element.tag_name  # 获取元素标签名
resource_id = element.get_attribute('resource-id')  # 获取资源 ID

print(f'Text: {text}, Tag Name: {tag_name}, Resource ID: {resource_id}')
```

代码说明如下。

（1）使用 driver.find_element()方法定位元素，这里通过 Mobile By.ID 策略和元素 ID 进行定位。

（2）调用元素对象的属性或方法来获取其特定的属性值。

- element.text：获取元素内显示的文本。
- element.tag_name：获取元素的 HTML 或 XML 标签名。
- element.get_attribute('resource-id')：获取元素的 resource-id 属性，这是一个在 Android 应用中常见的用于标识元素的独特 ID。

3．等待条件

确保在执行某些操作前，页面或元素达到预期状态，以提高测试的稳定性。

```
from selenium.webdriver.support.ui import WebDriverWait
from selenium.webdriver.support import expected_conditions as EC

# 等待元素出现并可见，最长等待 10 秒
wait = WebDriverWait(driver, 10)
element = wait.until(EC.presence_of_element_located((By.ID, 'some_element_id')))

# 或者等待元素内文本等于特定值，最长等待 10 秒
wait = WebDriverWait(driver, 10)
element = wait.until(EC.text_to_be_present_in_element((By.ID,
'some_text_element'), 'Expected Text'))

# 或者等待元素不可见，最长等待 10 秒
wait = WebDriverWait(driver, 10)
wait.until(EC.invisibility_of_element_located((By.ID, 'some_hidden_element')))
```

代码说明如下。

（1）使用 WebDriverWait 类创建一个等待实例，指定驱动器对象（driver）和最大等待时间（如 10 秒）。

（2）使用 wait.until()方法，传入一个期望条件（expected_condition）。这里列举了 3 种常见的条件。

- EC.presence_of_element_located((By.ID, 'some_element_id'))：等待指定 ID 的元素存在并可见。
- EC.text_to_be_present_in_element((By.ID, 'some_text_element'), 'Expected Text')：等待指定 ID 的元素内的文本等于指定值。
- EC.invisibility_of_element_located((By.ID, 'some_hidden_element'))：等待指定 ID 的元素不可见。

10.5 常用的 adb 命令

小李想拿平时常用的 Android App 来练练手，但他还不知道如何设置

Desired Capabilities 的一些参数，如 deviceName、appActivity 等。下面我们将学习常用的 adb 命令来解决这些遗留问题。

adb（android debug bridge）是 Android 设备的调试工具，通过 adb 命令可以与设备进行通信，执行各种操作，如安装应用、卸载应用、复制文件、查看设备日志等。

1. 查看连接设备

```
adb devices
```

该命令用于列出当前连接到计算机的 Android 设备或模拟器。输出结果会显示设备的序列号（或模拟器 ID）及设备状态（如 device 表示设备已连接并准备就绪），如图 10-19 所示。

```
C:\Users\Administrator>adb devices
List of devices attached
* daemon not running. starting it now at tcp:5037 *
* daemon started successfully *
emulator-5554   device
```

图 10-19 “adb devices”命令的执行结果

2. 查找 appPackage 和 appActivity

```
adb shell dumpsys window w |findstr \/ |findstr name=
```

该命令适合在运行 Android 的 App 时，获取当前 App 的 appPackage 和 appActivity，如图 10-20 所示。

```
C:\Users\Administrator>adb shell dumpsys window w |findstr \/ |findstr name=
      mSurface=Surface(name=PointerLocation)/@0x780b9e3
      mSurface=Surface(name=StatusBar)/@0xd749d6a
      mSurface=Surface(name=com.youba.calculate/com.youba.calculate.MainActivity)/@0x61ce4ac
       mAnimationIsEntrance=true       mSurface=Surface(name=com.android.systemui.ImageWallpaper)/@0xc99825b
```

图 10-20 获取当前 App 的 appPackage 和 appActivity

在图 10-20 中，com.youba.calculate 是 appPackage, com.youba.calculate.MainActivity 是 appActivity。

如果只有 Android 的安装 APK 文件，可以采用 Android SDK 中的 appt 命令来获取 appPackage 和 appActivity。该命令在 Android SDK 目录的 build-tools 目录的版本目录下。

获取 appPackage：

```
aapt dump badging /path/xxx.apk | find "package"
```

获取 appActivity：

```
aapt dump badging /path/xxx.apk | find "launchable-activity"
```

执行效果如图 10-21 所示。

```
C:\Users\Administrator\Desktop\untitled2\new_demo>aapt dump badging com.youba.calculate10.apk | find "package"
package: name='com.youba.calculate' versionCode='10' versionName='2.0.6' platformBuildVersionName=''

C:\Users\Administrator\Desktop\untitled2\new_demo>aapt dump badging com.youba.calculate10.apk | find "launchable-activit
y"
launchable-activity: name='com.youba.calculate.MainActivity'  label='' icon=''
```

图 10-21 执行效果

3. 安装 App

```
adb install path/to/app.apk
```

该命令用于将本地指定路径（如 path/to/app.apk）下的 APK 文件安装到已连接的 Android 设备上。如果安装成功，则显示 Success；如果安装失败，则会给出相应的错误提示。

4. 卸载 App

```
adb uninstall com.example.app.package
```

该命令用于卸载设备上已安装的 App，指定要卸载的 App 的包名（如 com.example.app.package）。如果卸载成功，则显示 Success。

5. 推送文件到设备

```
adb push local/path remote/path
```

该命令用于将本地计算机上的文件（local/path）复制到设备的指定路径（remote/path）。这对于将测试数据、配置文件或更新包等传输到设备上非常有用。

6. 从设备拉取文件

```
adb pull remote/path local/path
```

与 push 命令相反，pull 命令用于将文件从设备上（remote/path）复制到本地计算机的指定目录（local/path）。此操作常用于获取设备的日志文件、崩溃报告或用户数据等。

7. 查看设备日志

```
adb logcat
```

该命令用于实时显示设备上的系统日志和应用日志。这些日志对于调试 App、分析异常行为和监控系统事件至关重要。

8. 过滤并保存特定日志到文件

```
adb logcat -s TAG1 TAG2 *:S > log.txt
```

使用 adb logcat 命令的选项可以过滤日志输出。在这个案例中，-s TAG1 TAG2 表示只显示包含 TAG1 或 TAG2 标签的日志。*:S 表示抑制所有其他（未指定的）标签的日志输出。> 重定向符号将筛选后的日志输出保存到名为 log.txt 的本地文件中，而不是在终端中显示。

9. 启动指定 App

```
adb shell am start -n com.example.app.package/.MainActivity
```

先使用"adb shell"命令进入设备的命令行环境，再执行 am start 命令启动指定应用的特定 Activity。这里的 -n 参数指定了应用包名（com.example.app.package）和 Activity 全名（.MainActivity），用于启动 App 的主界面。

10. 重启设备

```
adb reboot
```

使用 adb reboot 命令可以使设备立即重启。这对于清除设备状态、解决临时性问题或进行系统级别的测试很有用。

10.6 Appium Desktop 的操作方法

小李对如何使用前面安装的 Appium Desktop 感到很好奇，Appium Desktop 是一个图形界面工具，它提供了一种方便的方式来配置和执行 Appium 测试。下面我们来看看如何使用它。

10.6.1 测试准备工作

在启动 Appium Desktop 进行自动化测试之前，需要进行一系列细致的准备工作，以确保测试环境稳定、设备状态正确，以及自动化测试脚本能够准确地与目标应用交互。首先，配置 Desired Capabilities 至关重要，它是连接 Appium 服务器时传递的一组键值对，用于描述待测试设备的特性、App 的信息和测试要求。例如，设置平台名称（Android）、操作系统版本、设备名称或 UDID、应用包名与主 Activity、是否允许自动启动应用等。这些参数确保 Appium 能正确识别和操控目标设备，并且与正确的 App 建立通信。

接下来，明确要测试的 App。如果是新版本测试，需要确保已获取最新的 APK 文件，并且将其放在 Appium 可访问的路径。如果是持续集成环境，则可能需要设置自动下载最新构建版本的机制。测试过程中可能涉及的多个应用版本或变体应妥善管理，以确保自动化测试脚本指向正确的应用文件。

设备与模拟器的设置也是关键环节。选择合适的物理设备或模拟器，考虑其硬件配置、操作系统版本与待测应用的兼容性。对于模拟器，可能需要预先配置各项硬件参数、网络状况、地理位置等，以模拟真实用户场景。确保设备已连接到计算机，USB 调试模式已开启（Android）。

此外，还需要检查设备资源，如剩余的存储空间、电池电量等，以确保满足测试需求。清理不必要的应用缓存、数据，或者恢复出厂设置以获得干净的测试环境。对于依赖特定权限或设置的应用，如 GPS、通知、摄像头等，需要提前在设备上开启相应权限，并且确认应用已获取授权。

10.6.2 控件定位

Appium Desktop 提供了控件定位功能，通过它可以直接在 App 界面上查找和定位控件，启动 Appium Desktop 后，单击查看器按钮就可以进行控件定位操作，如图 10-22 所示。

图 10-22 Appium Desktop 的查看器按钮

点击查看器按钮后显示的界面如图 10-23 所示，我们可以创建一个新的 Desired Capabilities，先使用提供的编辑器进行配置，再点击"Start Session"按钮，这样就可以自动启动 Android 设备对应的 App。

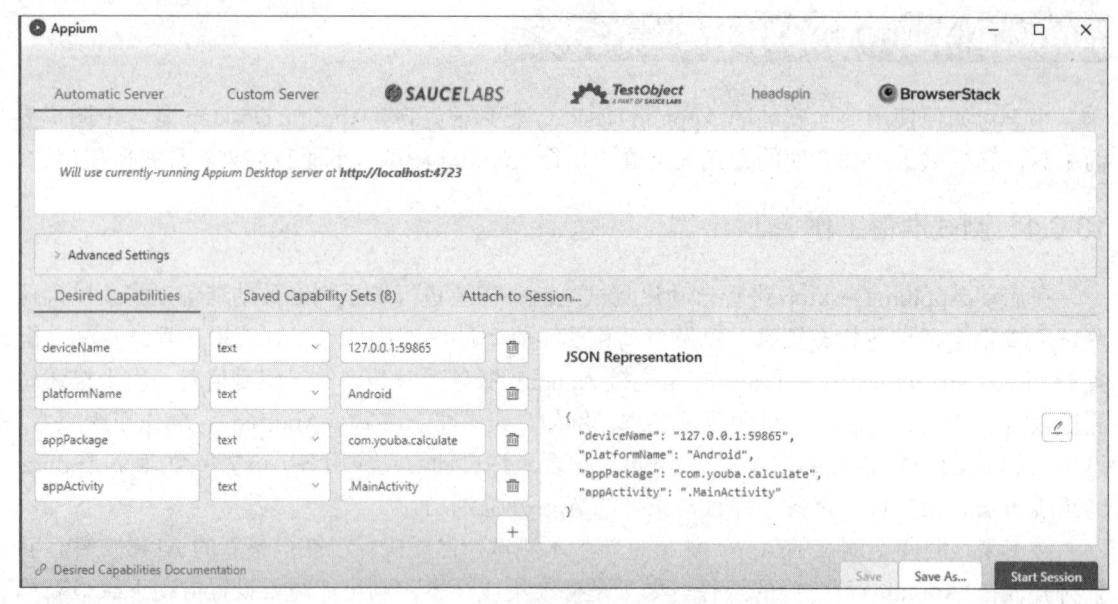

图 10-23　点击查看器按钮后显示的界面

当开始会话后,界面左侧和之前的截屏工具类似,也会出现 Android 设备的同步画面,不同的是,Appium Desktop 还提供了点击、滑动等操作,如图 10-24 所示。

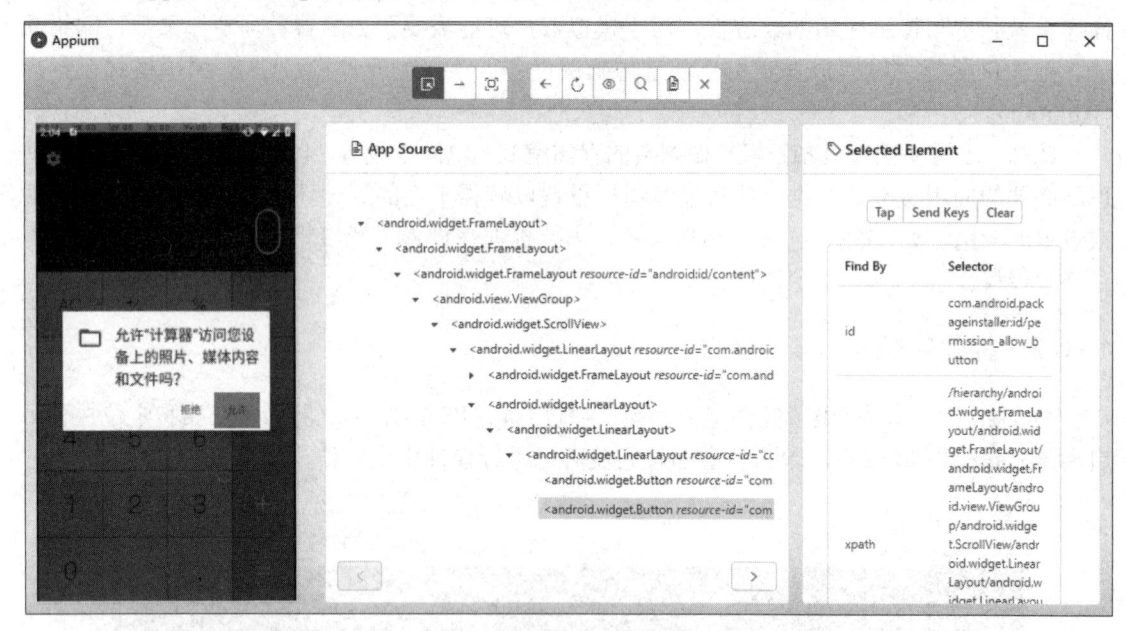

图 10-24　开始会话后的界面

在如图 10-24 所示的界面中,上方一排按钮分别为选择元素(Select Elements)、按坐标滑动(Swipe By Coordinates)、按坐标点击(Tap By Coordinates)、返回(Back)、刷新源代码和截图(Refresh Source & Screenshot)、录制(Recording)、查找元素(SearchForElement)、复制 XML 源代码到剪贴板(Copy XML Source to Clipboard)、退出会话和关闭查看器(Quit Session & Close Inspector)。其中,常用的主要是按坐标滑动、按坐标点击等按钮。

界面中间显示的是 App 的源代码结构,右侧为选择元素的不同定位方式的表达式。同时提供了常用的 3 个操作：坐标点击（Tap）、输入字符（Send Keys）和清除输入框（Clear）。

注意：在使用查看器的过程中不要同时运行 Appium 自动化程序，以免出现端口占用的冲突。

10.6.3 脚本执行和调试

在运行过程中，Appium Desktop 实时展示详细的日志，涵盖 Appium 服务器、设备操作、应用交互等各层面信息，有助于快速识别潜在问题，如元素定位失败、网络请求异常、设备操作超时等，如图 10-25 所示。日志级别可以灵活调整，确保在获取必要调试信息的同时避免冗余干扰。

图 10-25　Appium Desktop 通过日志输出进行错误定位

【练习与实训】

使用 Python 编写一个 Appium 的自动化测试脚本，完成以下测试任务。

（1）搭建 Android 和 Appium 环境。

（2）安装并打开 Appium Desktop 和雷电模拟器。

（3）将提供的计算器 APK 文件（com.youba.calculate10.apk）拖入雷电模拟器进行安装。

（4）使用 adb 命令获取设备名称、appPackage 和 appActivity 等参数值，编写 Desired Capabilities，完成 Appium 的初始化。

（5）执行 uiautomatorviewer.bat 文件，使用截图工具获取计算器界面的数字 1 和数字 2 及等号的元素定位，编写使用计算器计算 1+2=？的自动化程序。

（6）使用 pytest 编写计算器计算 1+2=3 的测试用例方法。

（7）调试自动化测试脚本，提交最终项目代码和自动化测试的视频。

【想一想】

如果在测试 App 时，需要对某个控件元素进行点击，发现无法通过前面介绍的几种定位方法进行定位，则能够采用什么方法实现模拟点击？

第 11 章

uiautomator 2

学习目标

1. 知识目标
（1）了解 uiautomator 2 的基本概念和工作原理。
（2）掌握 uiautomator 2 环境的搭建步骤和要求。
（3）熟悉 uiautomator 2 中常见的元素定位方法。
（4）学习并理解 uiautomator 2 中常见 API 的使用方法。

2. 能力目标
（1）能够独立配置并验证 uiautomator 2 的开发环境。
（2）在实践操作中熟练使用 uiautomator 2 进行元素定位的方法。
（3）能够编写简单的 uiautomator 2 脚本来执行基本的测试任务。
（4）运用 API 解决在测试过程中遇到的具体问题。

3. 素养目标
（1）培养良好的测试设计思维，理解自动化测试对保证软件质量的意义。
（2）增强团队协作意识，在项目中有效沟通 uiautomator 2 测试策略。
（3）提高解决问题的能力，优化测试方案。

任务情境

小杰是一名移动应用开发专业的学生，在参与学校的一项移动应用开发项目时，他被分配到了自动化测试任务。项目组要求使用 uiautomator 2 作为自动化测试工具，以提高测试效率和准确性。小杰之前只接触过一些基本的单元测试和 Web 自动化测试，对移动应用的自动化测试并不熟悉。

在开始编写自动化测试脚本之前，小杰需要先了解 uiautomator 2 的基本概念，掌握其环境的搭建方法，并且熟悉其提供的元素定位方法和 API 的使用方法。下面就让我们和小杰一起开始 uiautomator 2 的学习之旅吧！

11.1 uiautomator 2 环境搭建

11.1.1 什么是 uiautomator 2

在搭建 uiautomator 2 环境前，我们先来了解一下什么是 uiautomator 2。

uiautomator 2 是一个 Android 平台上的自动化测试框架，它的设计目的是简化和加速对 Android 应用的用户界面进行自动化测试的过程。

uiautomator 2 的核心工作原理基于对 Android UI 框架的访问和操作。它利用设备上的 UI 控件和属性来定位与识别屏幕上的元素。开发者可以编写自动化测试脚本，使用 uiautomator 2 提供的 API 来模拟用户操作，如点击按钮、输入文本、滑动列表等。这些操作会被执行，并且测试框架会捕获应用的反馈，如 UI 的变化、事件的触发、数据的加载等，以验证应用的行为是否符合预定的测试用例。

uiautomator 2 的特点如下。

（1）跨版本兼容性：uiautomator 2 支持多个版本的 Android 系统，使在不同版本的设备上进行测试成为可能。

（2）强大的元素定位：uiautomator 2 提供了多种方法来定位元素，包括 ID、文本、属性等，确保了自动化测试脚本的精确性。

（3）灵活的脚本编写：uiautomator 2 支持使用多种编程语言编写自动化测试脚本，如 Java、Kotlin 等，使自动化测试脚本的编写更加灵活和高效。

（4）并发执行能力：uiautomator 2 能够同时在多个设备上执行自动化测试脚本，大大提高了测试的效率。

（5）集成其他测试工具：uiautomator 2 可以与其他测试框架和工具集成，如 Espresso、Appium 等，以满足更复杂的测试需求。

（6）丰富的 API 和工具：uiautomator 2 提供了丰富的 API 和工具，帮助开发者进行更深层次的测试，包括对通知、权限、多窗口模式等的支持。

（7）可视化测试：通过 uiautomator 2 的可视化工具，开发者可以直观地查看和分析 UI 布局，更好地理解应用的 UI 结构和编写自动化测试脚本。

11.1.2 uiautomator 2 的环境搭建

小杰打算先在自己的计算机上完成 uiautomator 2 环境的搭建，步骤如下。

1．搭建 Android 环境

请参考第 10 章 Appium 环境搭建中 Android 环境的搭建过程，这里不再赘述。

2．安装 Android 模拟器

这里继续使用第 10 章 Appium 环境搭建中介绍的雷电模拟器，具体安装和使用过程请参考第 10 章的相关内容，这里也不再赘述。

3．安装 uiautomator 2

（1）先通过 pip 命令完成 uiautomator 2 的安装，注意，这里指定了版本，命令如下。

```
pip install uiautomator2==2.16.26
```

如果需要指定国内镜像才能完成 uiautomator 2 的下载和安装，则可以参考下面的命令。

```
pip install uiautomator2==2.16.26 -i https://pypi.tuna.tsingh**.edu.cn/simple
```

安装完成后可以通过"pip show uiautomator2"命令查看是否安装成功,如图 11-1 所示即为成功。

图 11-1 uiautomator 2 安装成功

(2)打开 Android 模拟器(雷电模拟器),执行 cmd 命令,在命令行窗口中输入以下命令。

```
python -m uiautomator2 init
```

雷电模拟器的桌面会生成一个名为 ATX 的小黄车图标,如图 11-2 所示。

点击"ATX"图标,ATX 的设置界面如图 11-3 所示,在使用时一般不需要再修改配置。

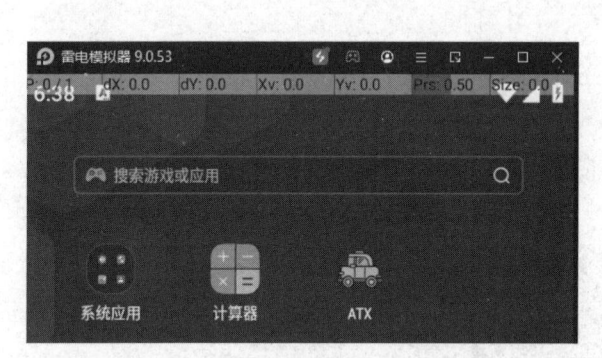

图 11-2 在雷电模拟器中安装 ATX　　　图 11-3 ATX 的设置界面

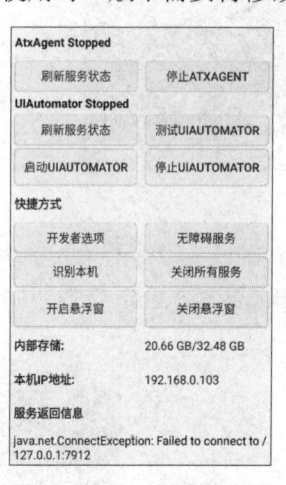

(3)安装 Weditor。Weditor 是一个提供浏览器界面操作,用于移动应用自动化测试的辅助工具,特别针对 Android 平台。其主要功能如下。

- 元素定位与分析。
- 脚本编写辅助。
- 远程设备操作。
- 调试代码。
- 界面化操作。

安装 0.6.5 或以上版本的 Weditor 可能会遇到下面编码错误。

```
UnicodeDecodeError: 'gbk' codec can't decode byte 0xad in position 825:
illegal multibyte sequence
```

为避免上面的错误,这里直接安装 0.6.4 版本的 Weditor,同时为了快速下载,使用了国内镜像源。

```
pip install weditor==0.6.4 -i https://pypi.tuna.tsingh**.edu.cn/simple
```

（4）启动 Weditor，执行 cmd 命令行并输入以下命令。

```
python -m weditor
```

在浏览器中打开 Weditor 界面，如图 11-4 所示。

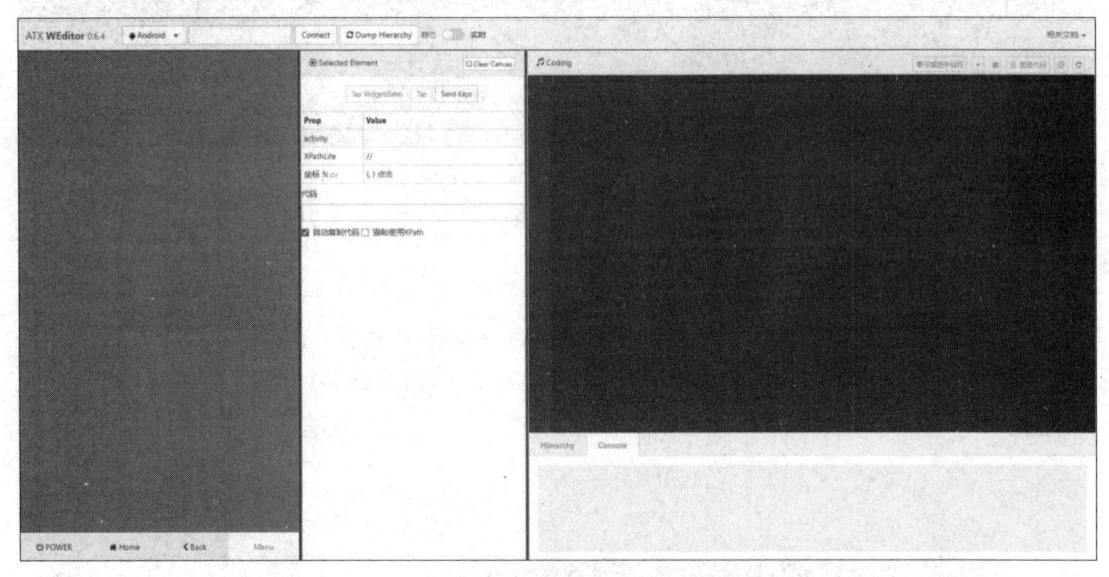

图 11-4 Weditor 界面

（5）在设备顶部的输入框中输入"emulator-5554"，点击"Connect"按钮，连接成功后，点击"Dump Hierarchy"按钮同步模拟器画面，如图 11-5 所示。

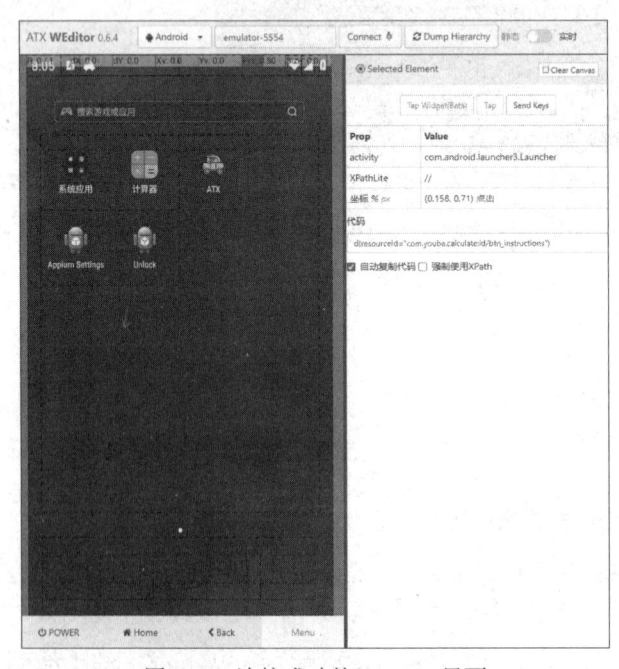

图 11-5 连接成功的 Weditor 界面

11.2 常见的定位方式

完成了 uiautomator 2 环境的搭建，小杰想了解一下常见的定位方式。那么定位方式有哪些呢？

1. 使用 Resource ID 定位

Resource ID 是 Android 开发过程中赋予每个 UI 组件的唯一标识符，通常在 XML 布局文件中定义。通过 Resource ID 定位元素是最直接且稳定的定位方式。示例代码如下。

```
import uiautomator2 as u2

d = u2.connect(device_name)
button = d(resourceId="com.example.app:id/login_button")
button.click()
```

在以上代码中，resourceId 参数接收形如 package_name:id/element_id 的字符串，其中，package_name 是应用的包名，element_id 是在 XML 布局文件中定义的该按钮的 ID。Device 对象通过 resourceId 找到指定的按钮并执行点击操作。

2. 使用文本内容定位

对于显示特定文本的元素，如按钮、文本视图等，可以直接根据其显示的文字内容进行定位。示例代码如下。

```
import uiautomator2 as u2

d = u2.connect(device_name)
agree_text = d(text="我同意隐私政策")
agree_text.click()
```

在以上代码中，text 参数用于匹配屏幕上所有包含 "我同意隐私政策" 文本的元素，选择第一个匹配项并触发点击事件。

3. 使用 Class 属性定位

根据 UI 元素的类名（控件类型）进行定位，适用于需要定位某一类特定控件的情况，如所有的 EditText 或 Button。示例代码如下。

```
import uiautomator2 as u2

d = u2.connect(device_name)
all_edittexts = d(className="android.widget.EditText")
first_edittext = all_edittexts[0]
first_edittext.set_text("输入的内容")
```

这个示例查找设备上所有类名为 android.widget.EditText 的元素（文本输入框），选取第一个元素并将其文本内容设置为 "输入的内容"。

4. 使用 Content Description 定位

Content Description 是为无障碍功能（如 TalkBack）设置的描述性文字，有时也用于自动化测试中的元素定位。示例代码如下。

```
import uiautomator2 as u2

d = u2.connect(device_name)
settings_icon = d(description="设置")
settings_icon.click()
```

在以上代码中，description 参数用于匹配具有指定内容描述的元素，如一个带有"设置"描述的图标，最后执行点击操作。

5．使用 Index 索引定位

当同一类型的多个元素难以通过其他属性区分时，可以使用索引来定位它们在同级元素列表中的位置。

```
import uiautomator2 as u2

d = u2.connect(device_name)
list_items = d(className="android.widget.TextView", index=2)
list_items.click()
```

在以上代码中，index 参数指定了所有类名为 android.widget.TextView 的元素的第 3 个元素（索引从 0 开始）。

6．使用 XPath 定位

XPath 是一种在 XML 文档中定位节点的语言，uiautomator 2 支持通过编写 XPath 表达式来精确地定位元素。示例代码如下。

```
import uiautomator2 as u2

d = u2.connect(device_name)
complex_element = 
d.xpath('//android.widget.FrameLayout/android.widget.LinearLayout[2]/android.widget.Button')
complex_element.click()
```

在以上代码中，使用 XPath 表达式定位嵌套结构中的特定按钮：从根节点开始，找到第一个 FrameLayout，在其子元素中找到第二个 LinearLayout，再在第二个 LinearLayout 的子元素中定位所需的 Button，最后执行点击操作。

7．组合属性进行定位

在实际应用中，单一属性可能不足以唯一确定一个元素，此时可以组合多个属性进行定位。示例代码如下。

```
import uiautomator2 as u2

d = u2.connect(device_name)
specific_button = d(className="android.widget.Button", 
resourceId="com.example.app:id/unique_button", text="确认")
specific_button.click()
```

在以上代码中，同时使用 className、resourceId 和 text 三个属性来精确定位一个按钮，确保即使在复杂界面中也能准确找到并点击该按钮。

8. 使用父元素与子元素关系定位

使用元素之间的父子关系也可以进行定位,特别是在元素本身属性不唯一但其在某个独特上下文中的情况下。示例代码如下。

```
import uiautomator2 as u2

d = u2.connect(device_name)
parent_layout = d(className="android.widget.RelativeLayout", resourceId="com.example.app:id/container")
child_button = parent_layout.child(className="android.widget.Button", text="提交")
child_button.click()
```

在以上代码中,首先通过 resourceId 和 className 定位到一个特定的 RelativeLayout 容器,然后在其子元素中查找具有指定 text 属性的按钮并点击。

9. 使用 SwipeSelector 与 RecyclerView 定位

对于特殊控件,如 SwipeSelector 和 RecyclerView 等滚动列表,uiautomator 2 提供了专用方法进行定位。这里以 RecyclerView 为例。

```
import uiautomator2 as u2

d = u2.connect(device_name)
recycler_view = d(className="androidx.recyclerview.widget.RecyclerView")
target_item = recycler_view.child(index=5, className="android.widget.TextView", text="目标项")
target_item.click()
```

在以上代码中,首先定位到 RecyclerView,然后通过索引、类名和文本内容在其中定位到特定条目,并且对其执行点击操作。

11.3 常见 API 的使用方法

了解了元素定位,小杰对于完成一个自动化测试程序已经跃跃欲试了。那么在使用 uiautomator 2 进行自动化测试时,当通过各种定位方式找到目标元素后,如何熟练使用其提供的各种 API 来与这些元素进行交互或获取它们的状态呢?常见 API 的使用方法如下。

1. 元素交互操作

点击(click()):点击指定元素。

```
import uiautomator2 as u2

d = u2.connect(device_name)
login_button = d(resourceId="com.example.app:id/login_button")
login_button.click()
```

长按(long_click()):长按指定元素一定的时间。

```
login_button.long_click(duration=2000)   # 长按 2 秒
```

输入文本（set_text()）：在文本框或可编辑区域中输入文本。

```
username_field = d(resourceId="com.example.app:id/username_edittext")
username_field.set_text("test_user")
```

滑动（swipe()）：在屏幕或元素上执行滑动手势。

```
# 屏幕水平滑动
d.swipe(start_x, start_y, end_x, end_y)

# 元素内部垂直滑动
scrollable_view = d(resourceId="com.example.app:id/scroll_view")
scrollable_view.swipe("up", steps=5)   # 向上滑动 5 步
```

拖曳（drag()）：将元素从一个点拖曳到另一个点。

```
source_view = d(resourceId="com.example.app:id/source_view")
target_view = d(resourceId="com.example.app:id/target_view")
source_view.drag(target_view.info['bounds']['centerX'],
target_view.info['bounds']['centerY'])
```

2．元素状态查询

获取属性值（get_attribute()）：获取元素的特定属性值，如文本、可见性等。

```
title_text = d(resourceId="com.example.app:id/title").get_attribute('text')
d(resourceId="com.example.app:id/settings_button").get_attribute('visible')
```

检查元素是否存在（exists）：判断元素是否存在于当前视图中。

```
if d(resourceId="com.example.app:id/success_message").exists:
    print("Success message is displayed.")
else:
    print("Success message not found.")
```

等待元素出现（wait_exists()）：阻塞直到指定元素出现在屏幕上，或者超时返回。

```
d(resourceId="com.example.app:id/loading_indicator").wait_exists(timeout=10000)
```

3．其他实用的 API

截图（screenshot()）：将当前屏幕快照保存到指定路径。

```
d.screenshot("/path/to/save/screenshot.png")
```

设备信息与操作如下。

（1）设备旋转（rotate()）：改变设备的方向。

```
d.rotate(orientation='landscape')   # 改为横向
```

（2）获取设备信息（info）：获取设备的详细信息，如屏幕尺寸、当前应用包名等。

```
device_info = d.info
print(device_info['displayWidth'], device_info['displayHeight'])
```

（3）清除应用数据（clear_app_data()）：清理指定应用的数据。

```
d.clear_app_data("com.example.app")
```

11.4 编译运行方式

通过前面的学习，小杰准备开始编写第一个的自动化测试程序，那么下面我们来看一个计算器的实例，并且通过运行 Python 程序实现模拟器内 App 的自动运行。

```python
device_name = 'emulator-5554'
app_package = "com.youba.calculate"
d = u2.connect(device_name)        # 连接安卓设备，使用"adb devices"命令查看
pid = d.app_wait(app_package)      # 等待应用运行
#获取当前项目的根路径
apk_path = os.path.abspath(os.path.join(os.path.dirname(__file__),".."))
#获取待测试的 APK 文件的路径
apk_file = "\\u2_demo\\com.youba.calculate10.apk"

# 判断 APK 是否已安装
if not d(packageName=app_package).exists:
    # 安装 APK
    d.app_install(apk_path + apk_file)

if pid:  # 如果 App 进程存在，先停止该 App
    print(app_package, " pid is %d" % pid)
    d.app_stop(app_package)

# 获取屏幕的宽度和高度
width, height = d.window_size()[0], d.window_size()[1]
print('屏幕的宽度和高度:', width, height)

d.implicitly_wait(10.0)

# 启动 App，stop=True 表示启动 App 前停止 App
d.app_start(app_package, stop=True)

# 获取 1
d(resourceId="com.youba.calculate:id/btn_one").click();
sleep(1)

# 获取+
d(resourceId="com.youba.calculate:id/btn_plus").click();
sleep(1)

# 获取 2
d(resourceId="com.youba.calculate:id/btn_two").click();
sleep(1)
```

```
# 获取=
d(resourceId="com.youba.calculate:id/btn_equal").click();

sleep(2)
```

以上程序主要通过 uiautomator 2 实现对计算器 App 进行 1+2=?的计算操作。需要注意的是，device_name 和 Appium 的获取方法一样，也是通过执行"adb devices"命令来得到当前 Android 设备的名称。另外，不同于 Appium，这里 uiautomator 2 只需要获取 App 的包名就可以实现自动化控制，获取包名的命令如下。

```
adb shell dumpsys window | findstr mCurrentFocus
```

获取结果中竖杠（|）前面的内容作为包名。

当运行以上程序时，会通过发送指令给模拟器内安装的 ATX，然后控制模拟器运行计算器 App。在运行过程中，不需要执行"python -m editor"命令打开辅助工具。但在编写自动化测试程序代码的过程中，需要通过 Weditor 来获取相关元素的定位及进行其他脚本调试等操作。

【练习与实训】

使用 Python 编写一个 uiautomator 2 的自动化测试脚本，完成以下测试任务。

（1）搭建 Android 和 uiautomator 2 环境。

（2）安装 uiautomator 2、Weditor 和雷电模拟器。

（3）将提供的计算器 APK 文件（com.youba.calculate10.apk）拖入雷电模拟器进行安装。

（4）使用 adb 命令获取设备名称、appPackage 和 appActivity 等参数值，编写 uiautomator 2 的框架和初始化代码。

（5）执行"python -m editor"命令，通过 Wedtior 的浏览器界面获取计算器界面的数字 2、数字 3 和等号的元素定位，编写使用计算器计算 2×3=? 的自动化测试程序。

（6）通过 pytest 编写使用计算器计算 2×3=6 的测试用例方法。

（7）调试自动化测试脚本，提交最终项目代码和自动化测试的视频。

【想一想】

如果通过 uiautomator 2 进行 App 界面的返回操作，一般有哪些方式可以实现？

第 12 章

自动化测试项目实战

学习目标

1. 知识目标

（1）理解京东购物商城 Web 端和 App 的业务流程和用户交互特点。
（2）掌握不同端自动化测试的特点和挑战。

2. 能力目标

（1）能够分析并确定京东购物商城 Web 端和 App 的测试任务要求。
（2）准备适用于 Web 端和 App 的自动化测试环境，包括但不限于浏览器、移动设备模拟器、测试框架等。
（3）设计符合京东购物商城业务流程的测试用例，包括功能测试、性能测试、兼容性测试等。
（4）编写能够覆盖京东购物商城 Web 端和 App 的自动化测试脚本，使用 Python 语言和 WebDriver。

3. 素养目标

（1）培养对复杂业务流程的分析和理解能力。
（2）培养在面对不同测试环境和测试对象时的适应能力和创新思维。
（3）培养在自动化测试过程中解决问题的能力和持续改进的意识。

任务情境

小李是一位有着一定自动化测试基础的软件测试工程师，最近他被分配了一个新的项目——京东购物商城的自动化测试。该项目不仅包括 Web 端的测试，还涉及 App 的测试。小李需要在有限的时间内完成测试任务的需求分析、测试环境的搭建、测试用例的设计，以及自动化测试脚本的编写、调试等工作。

12.1 Web 自动化测试实战项目

12.1.1 测试项目需求分析

1. 京东商城 Web 端自动化测试的要求

（1）安装并配置 Webdriver 所需的测试环境。

京东 Web 端测试
任务解析

（2）安装并配置 unittest。

Web 端测试内容如下。

（1）电子商务网站分类导航。

（2）电子商务网站的分类查找导航。

（3）电子商务网站的商品详情。

（4）将商品添加到购物车。

测试步骤如下。

（1）根据测试内容编写测试用例，使用 WebDriver 和 unittest 编写测试方法，自动化测试脚本建议使用 Page Object 设计模式。

（2）设计自动化测试脚本，执行并查看结果，并且调试成功，录制脚本执行过程中关键步骤的视频。

2．主要操作内容

具体操作步骤如下。

（1）访问京东 Web 端首页。

（2）在页面左侧的导航栏中选择"手机/运营商/数码"的"数码"选项。

（3）选择左侧导航栏中"娱乐影音"分类的子类"蓝牙/无线耳机"选项。

（4）进行商品筛选并单击"查询"按钮。

（5）单击商品列表的第一个商品（选择默认类型款式颜色）。

（6）设置商品数量，单击"加入购物车"按钮。

（7）单击"去购物车结算"按钮。

3．Selenium 测试的数据驱动设置

请结合表 12-1 将选购商品相关数据编写为 CSV 文件（使用 utf-8 编码），对前面操作步骤的（3）～（6）进行数据驱动的参数化，实现商品选购操作的循环遍历。

表 12-1 选购商品相关数据

品牌	佩戴方式	特色功能	场景	数量
漫步者 EDIFIER	半入耳式	超级快充	运动耳机	3
华为 HUAWEI	头戴式	超长续航	音乐耳机	2
森海塞尔 SENNHEISER	头戴式	超长续航	游戏耳机	4

4．断言设计

断言目的：保证最后结算购物车查看的所有商品名称和数量与之前添加的商品名称和数量相同。

（1）商品名称的断言：assertEquals（购物车查看到的商品名称，CSV 数据表中对应的商品名称）。

（2）商品数量的断言：assertEquals（购物车查看到的商品数量，CSV 数据表中对应的商品数量）。

5．注意事项

Selenium 自动化测试的注意事项如下。

（1）请使用 unittest 来完成测试代码的编写。

（2）如果有随机弹窗，请使用条件判断处理（如果定位到弹窗的关闭按钮，建议使用 try-except 处理）。

（3）尽量减少强制等待，多使用隐式或显式等待。

（4）京东 Web 测试必须登录才能将商品提交到购物车，有以下两种方式可以处理。

- 将登录的 cookie 提取出来，然后自动登录。
- 在测试过程中扫码登录，设置足够的强制等待时间。

12.1.2 测试环境准备

完成京东商城 Web 端自动化测试任务需要安装和使用以下测试工具。

（1）JDK：Java 开发工具包，是 Java 语言的重要组件，提供了丰富的类库和开发工具，是本次测试项目所需的核心工具之一。

（2）Python 和 PyCharm：Python 3.7 以上版本，PyCharm 社区版。

（3）Selenium：Selenium 是一个用于 Web 应用测试的自动化工具，通过模拟用户操作，实现 Web 应用的功能测试和回归测试。

（4）Chrome 浏览器及驱动：Chrome 浏览器及驱动是本测试项目所需的另一个核心工具，负责渲染 Web 页面并处理用户操作。

12.1.3 设计测试用例

根据 12.1.1 节中列出的 Web 端测试内容及表 12-1，在完成自动化测试脚本设计前，需要设计满足测试任务需求的测试用例。

以测试数据商品搜索功能中，按照 12-1 表第一行测试数据，搜索"数码"→"影音娱乐"→"蓝牙/无线耳机"页面的相关商品并按照要求将商品添加到购物车中的自动化操作为例，设计以下测试用例，如表 12-2 所示。

表 12-2　京东 Web 端测试用例

用例编号	001
模块名称	商品搜索（数码类）
页面位置	数码→影音娱乐→蓝牙/无线耳机
测试功能点	验证用户在京东商城 Web 端能够通过分类导航和商品筛选找到特定商品，并且将商品成功添加到购物车中
测试标题	商品搜索与购物车添加测试
重要级别	高
预置条件	能够正常进入到"娱乐影音"分类的子类"蓝牙/无线耳机"商品搜索页面
输入	1. 品牌：漫步者 EDIFIER。 2. 佩戴方式：半入耳式。 3. 特色功能：超级快充。 4. 场景：运动耳机。 5. 数量：3
执行步骤	1. 访问京东商城主页。 2. 在页面左侧的导航栏中选择"手机/运营商/数码"的"数码"选项。 3. 在"数码"分类页面中，选择左侧导航栏中的"娱乐影音"的"蓝牙/无线耳机"选项。

续表

执行步骤	4. 在"蓝牙/无线耳机"页面中，使用筛选功能，根据测试数据设置筛选条件。 5. 单击"查询"按钮，进行商品筛选。 6. 在筛选后的列表中，选择列表第一位的商品，进入商品详情页面。 7. 在商品详情页面中，设置商品数量为3，并且单击"加入购物车"按钮。 8. 单击页面右上角的购物车图标，进入购物车页面。 9. 在购物车页面中，单击"去购物车结算"按钮
预期结果	商品能够成功添加到购物车，数量设置正确。 购物车页面能够正确显示已添加的商品及其数量。 单击"去购物车结算"按钮后，能够跳转到结算页面

按照以上测试用例的模板，根据表 12-1 的测试数据，设计其他测试用例，此处不再赘述。

12.1.4 自动化测试脚本设计

根据 Page Object 设计模式编写自动化测试脚本，自动化测试脚本分为页面模型层、测试用例层、数据驱动层 3 部分，使用 WebDriver 和 unittest 编写测试方法，测试数据存放在 CSV 文件中。

编写自动化测试脚本的注意事项

（1）基础页面层（bas_page.py）的参考代码如下。

```python
from selenium.webdriver.common.by import By
from selenium.webdriver.remote.webdriver import WebDriver
import time

# Page Object 设计模式
class BasePage:
    def __init__(self, driver: WebDriver):
        self.driver = driver
    # 打开页面
    def open(self, url=None):
        if url is None:
            raise ValueError("URL must be provided.")
        self.driver.get(url)
    # 使用 ID 定位元素
    def find_by_id(self, id_):
        return self.driver.find_element(By.ID, id_)
    # 使用 name 定位元素
    def find_by_name(self, name):
        return self.driver.find_element(By.NAME, name)
    # 使用 class 定位元素
    def find_by_class_name(self, class_name):
        return self.driver.find_element(By.CLASS_NAME, class_name)
    # 使用 XPath 定位元素
    def find_by_xpath(self, xpath):
        return self.driver.find_element(By.XPATH, xpath)
    # 使用 CSS 定位元素
    def find_by_css_selector(self, css):
        return self.driver.find_element(By.CSS_SELECTOR, css)
    # 获取标题
```

```python
    def get_title(self):
        return self.driver.title
    # 获取页面 text，仅使用 Xpath 定位元素
    def get_text(self, xpath):
        return self.find_by_xpath(xpath).text
    # 执行 JavaScript 脚本
    def execute_script(self, script):
        self.driver.execute_script(script)
    # 封装休眠时间
    def sleep(self, sec):
        time.sleep(sec)
    # 切换最新页面
    def switch_to_latest_window(self):
        self.driver.switch_to.window(self.driver.window_handles[-1])
    # text 定位
    def find_by_link_text(self, text):
        return self.driver.find_element(By.LINK_TEXT, text)
```

代码解析如下。

- 导入了 By 类，这是 Selenium 4.0 版本推荐的元素定位方法。
- 导入了 WebDriverWait 和 expected_conditions 模块，以便使用显式等待。
- 添加了 wait_visible()、wait_not_visible() 和 wait_clickable()方法，这些方法使用显式等待来确保元素在进行操作前是可见的、不可见的或可单击的。

（2）测试用例层（JD_index.py）的参考代码如下。

```python
from selenium.webdriver.common.keys import Keys
from time import sleep
from Base import BasePage

class JD_page(BasePage):
    url = ''
    def JD_Start(self):
        # 在京东主页左侧的导航栏中选择 "数码" 选项
        self.by_xpath('//*[@id="J_cate"]/ul/li[2]/a[3]').click()
        self.window()
        # 选择 "娱乐影音" 的 "蓝牙/无线耳机" 选项

self.by_xpath('//*[@id="J_selector"]/div[3]/div/div[2]/div[1]/ul/li[1]/a').click()
        self.window()
        # 获取当前页面的 URL
        self.url = self.driver.current_url

    def JD_Find(self, Brand, Category, Wear, Connect, Quantity):
        self.open(self.url)
        self.by_link_text(Brand).click()
        self.by_xpath(f'//a[@rel="nofollow" and contains(text(),"' + Category +
'")]').click()
        self.by_link_text(Wear).click
```

```
        self.by_link_text(Connect).click
        sleep(2)
        self.by_xpath('//*[@id="J_goodsList"]/ul/li[1]/div/div[1]/a/img').click()
        self.window()
        self.by_id('buy-num').send_keys(Keys.BACK_SPACE,Quantity)
        self.sleep(2)
        self.by_id('InitCartUrl').click()
        self.by_id('GotoShoppingCart').click()
        sleep(3)
        self.by_link_text('删除选中的商品').click()
        self.by_xpath('//*[@class="dialog-
wrapper"]/div[1]/div/div/div/p/a[2]').click()
```

JD_page 类用于模拟用户在京东网站进行数码商品搜索和购买的行为。这个类提供了一个基础框架，可以用于创建具体的页面对象，通过继承 BasePage 类并添加特定页面的元素定位和操作来实现。

（3）数据驱动层（JD_test.py）的参考代码如下。

```python
import unittest
import json
import csv
import pandas as Pandas
from ddt import ddt, data, unpack
from JD_index import JD_page
from selenium import webdriver

# 创建列表存放数据
List = []
def get_data():
# JD.csv 文件存放测试数据
    with open('JD.csv', 'r', encoding='utf-8') as f:
        Jd_data = list(csv.reader(f))
        Jd_data = [x[:-2] for x in Jd_data[1:]]
        f.close()
    return Jd_data

@ddt
class MyTestCase(unittest.TestCase):
    driver = webdriver.Chrome()
    JD = JD_page(driver)

    # 获取 cookie 自动登录
    @classmethod
    def setUpClass(cls) -> None:
        cls.driver.maximize_window()
        cls.driver.implicitly_wait(5)
        cls.driver.delete_all_cookies()
    # 打开京东首页
        cls.driver.get('https://www.j**.com/')
        Jd = open('Get_cookies.json')
```

```python
            Cookies_list = json.load(Jd)
            for Cookie in Cookies_list:
                if 'expiry' in Cookie:
                    Cookie['expiry'] = int(Cookie['expiry'])
                cls.driver.add_cookie(Cookie)
            Jd.close()
            cls.driver.refresh()
            cls.JD.JD_Start()

    @data(*get_data())
    @unpack
    def test_JD(self,Num,Brand,Category,Wear,Connect,Quantity,Expect,Advance):
        self.JD.JD_Find(Brand,Category,Wear,Connect,Quantity)
        Actual1 = self.driver.find_element_by_xpath('//*[@id="cart-body"]/div[2]/div[4]/div[2]/div//div[1]/div[5]/div/div/input').get_attribute('value')
        Actual2 = self.driver.find_element_by_xpath('//*[@id="cart-body"]/div[2]/div[4]/div[2]/div//div/div[2]/div[1]/a').text
        try:
            self.assertEqual(Quantity,Actual1)
            self.assertEqual(Actual2,Advance)
        except AssertionError:
List.append([Num,Brand,Category,Wear,Connect,Quantity,Expect,Actual1,Advance,Actual2,'失败'])
        else:
List.append([Num,Brand,Category,Wear,Connect,Quantity,Expect,Actual1,Advance,Actual2,'成功'])

    @classmethod
 def tearDownClass(cls) -> None:
 # Result.csv 存放自动化测试脚本执行后的测试结果数据
        with open('Result.csv','w',newline='',encoding='utf-8-sig') as Csvfile:
            FileName = ['编号', '品牌', '类型', '佩戴方式', '有无线', '数量', '期待数量', '实际数量', '预购买商品', '实际购买商品', '结果']
            Write = csv.writer(Csvfile)
            Write.writerow(FileName)
            Write.writerows(List)
            Csvfile.close()
        Df = Pandas.read_csv('Result.csv',encoding='utf-8')
        Excel = 'Result.csv'.replace('.csv','.xlsx')
        Df.to_excel(Excel,index=False)

if __name__ == '__main__':
unittest.main()
```

说明：JD.csv 和 Result.csv 文件见教材配套的源代码资源包。

12.2　App 自动化测试实战项目

12.2.1　测试项目需求分析

1．京东商城 App 端自动化测试任务的基本要求

（1）安装配置 Android 所需的测试环境。
（2）安装配置 Appium 所需的测试环境。
（3）安装安卓模拟器(真机)所需的测试环境。
测试步骤如下。
（1）检查 Android SDK 环境、Appium 环境及安卓模拟器连接是否正常。
（2）导入 Appium 和 unittest，设置 Desired Capabilities。
（3）在安卓模拟器安装测试 APK，使用 uiautomatorviewer 或 Appium Inspect 工具对操作画面进行截图，并且获取自动化测试脚本所需相关元素定位。
（4）设计测试用例，使用 Appium 和 unittest 编写测试方法。
（5）执行 unittest 的自动化测试脚本，查看执行结果。

2．App 测试的主要操作内容

打开京东 App（从第一次安装启动的引导页面开始），点击导航按钮"生鲜"（如果首页没有，则可以左右滑动查找），如图 12-1 所示。

点击搜索框，输入"小龙虾"，点击右侧的"搜索"按钮，点击"筛选"按钮，筛选界面如图 12-2 所示，完成后点击"确定"按钮。

图 12-1　点击"生鲜"按钮　　　　　图 12-2　筛选界面

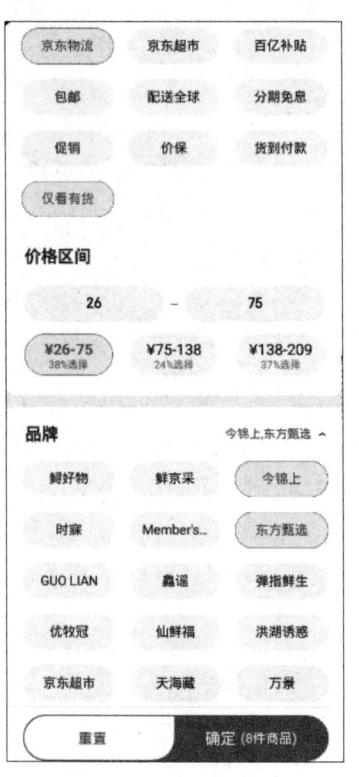

点击列表的第一个商品图片，左右滑动浏览所有商品大图，向上滑动，分别点击顶部的"评价""详情""推荐"按钮。点击顶部的"商品"按钮，向上滑动到"已选"区域并点击，选择第二种类型（数量为 2），加入购物车，点击"去购物车结算"按钮。

3．注意事项

京东 App 自动化测试的注意事项如下。

（1）请安装安卓端的京东 App（在雷电模拟器中搜索手机京东，下载并安装 App）。

（2）请使用 Appium 和 unittest 编写和执行测试方法。

（3）设置 noReset="false"，保证每次测试从安装初始状态开始。

（4）将最后购物车界面的商品名称和数量与之前购物车窗口添加的商品名称和数量进行断言。

（5）请使用条件判断处理不定时弹出的信息窗口。

（6）尽量减少强制等待，多使用隐式或者显式等待。

12.2.2　测试环境准备

完成 App 测试任务需要安装和使用以下测试工具。

（1）Android SDK：Android SDK 是 Android 应用开发所需的软件工具包，提供了丰富的 API 和开发文档，是本测试项目的基础。

（2）Appium1.8.0+、Node.js 8.9+、Appium-desktop 1.8（32/64 位系统通用），Appium Python Client 2.11.1（本书 Selenium 采用 4.10.0 版本，Python 使用 3.7.6 版本，所以这里 Appium Python Client 使用 2.11.1 版本以保证兼容性。）

（3）Android 模拟器：推荐使用雷电模拟器。

（4）uiautomatorviewer 工具：uiautomatorviewer 是 Android SDK 中提供的一种 UI 自动化测试工具，它是一个图形界面工具，用于查看和分析测试生成的布局树。

通常，UI Automator Viewer 的 JAR 文件可能位于类似以下路径的路径之一。

（1）android-sdk/tools/lib/uiautomatorviewer.jar。

（2）android-sdk/platform-tools/uiautomatorviewer.jar。

12.2.3　自动化测试脚本设计

AppiumTest.py 的参考代码如下。

编写自动化测试脚本的注意事项

```
from appium.webdriver.common.appiumby import AppiumBy
from appium.webdriver.common.touch_action import TouchAction
from selenium.webdriver.support.ui import WebDriverWait
from selenium.webdriver.support import expected_conditions as EC
from selenium.webdriver.common.by import By

import unittest
from time import sleep
from appium import webdriver


# 定义一个继承unittest.TestCase 的测试类
```

```python
class AppiumTest(unittest.TestCase):
    # 每个测试方法在执行前都会调用 setup_method() 方法
    def setup_method(self, method):
        options = webdriver.ChromeOptions()
        # 设置所需的 Desired Capabilities
        options.add_argument("platformName:Android")  # 将平台设置为 Android
        options.add_argument("deviceName:emulator-5556")  # 设置设备名称
        options.add_argument("platformVersion:5.1")  # 设置平台版本
        options.add_argument("appPackage:com.jingdong.app.mall")  # 设置应用包名
        options.add_argument("appActivity:.main.MainActivity")  # 设置应用的启动 Activity
        options.add_argument("sessionOverride:true")  # 允许会话覆盖
        options.add_argument("noReset:false")  # 测试前不重置应用
        options.add_argument("fullReset:false")  # 测试前不完全重置应用
        options.add_argument("unicodeKeyboard:true")  # 使用 Unicode 键盘
        options.add_argument("resetKeyboard:true")  # 重置键盘
        options.add_argument("noSign:true")  # 不需要签名

        # 设置 Appium 服务器地址
        self.driver = webdriver.Remote(
            command_executor='http://localhost:4723/wd/hub',  # Appium 服务器的 URL
            options=options
        )
        self.driver.implicitly_wait(20)  # 设置隐式等待时间为 20 秒

    # 每个测试方法在执行后都会调用 teardown_method() 方法
    def teardown_method(self, method):
        self.driver.quit()  # 关闭驱动, 结束会话

    # 定义一个测试方法
    def test_app(self):
        # 等待并点击"同意"按钮
        WebDriverWait(self.driver, 10).until(EC.element_to_be_clickable((By.XPATH, "//*[@text='同意']"))).click()
        sleep(10)  # 等待 10 秒
        # 等待并点击"生鲜"按钮
        WebDriverWait(self.driver, 10).until(EC.element_to_be_clickable((By.XPATH, "//*[@text='生鲜']"))).click()
        sleep(10)  # 等待 10 秒
        # 等待并点击搜索框
        element = WebDriverWait(self.driver, 5).until(EC.element_to_be_clickable((By.XPATH, "//*[@resource-id='com.jd.lib.search.feature:id/a2s']")))
        action = TouchAction(self.driver)
        action.tap(element.size['width'] / 2, element.size['height'] / 2).perform()
        sleep(5)  # 等待 5 秒
        self.driver.find_element(By.ID, "com.jd.lib.search.feature:id/a2s").send_keys('小龙虾')
```

```python
        self.driver.find_element(By.XPATH, "//*[@text='搜索']").click()
        sleep(5)  # 等待5秒
        # 点击"筛选"按钮
        self.driver.find_element(By.XPATH, "//*[@text='筛选']").click()
        sleep(5)  # 等待5秒
        action.tap([(267, 181)]).perform()  # 执行点击操作
        sleep(5)  # 等待5秒
        self.driver.find_element(By.XPATH,
"com.jd.lib.search.feature:id/sg").send_keys('26')
        sleep(5)  # 等待5秒
        self.driver.find_element(By.XPATH,
"com.jd.lib.search.feature:id/s9").send_keys('75')
        sleep(5)  # 等待5秒
        action.tap([(442, 778)]).perform()  # 执行点击操作
        sleep(3)  # 等待3秒
        action.tap([(438, 566)]).perform()  # 执行点击操作
        self.driver.find_element(By.ID, "com.jd.lib.search.feature:id/a7d").click()
        sleep(3)  # 等待3秒
        self.driver.find_element(By.ID, "com.jd.lib.search.feature:id/uy").click()
        # 滑动图片
        for i in range(1, 10):
            self.driver.swipe(591, 340, 25, 370, 2000)  # 滑动操作
            sleep(1)  # 等待1秒
        self.driver.implicitly_wait(5)  # 将隐式等待时间设置为5秒
        self.driver.swipe(280, 1011, 245, 135, 3000)  # 滑动操作
        self.driver.find_element(By.ID,
"com.jd.lib.productdetail.feature:id/pd_tab2").click()
        sleep(1)  # 等待1秒
        self.driver.find_element(By.ID,
"com.jd.lib.productdetail.feature:id/pd_tab3").click()
        sleep(1)  # 等待1秒
        self.driver.find_element(By.ID,
"com.jd.lib.productdetail.feature:id/pd_tab4").click()
        sleep(1)  # 等待1秒
        # 点击"购买"按钮
        self.driver.find_element(By.ID,
"com.jd.lib.productdetail.feature:id/pd_tab1").click()
        self.driver.find_element(By.ID,
"com.jd.lib.productdetail.feature:id/pd_invite_friend").click()
        self.driver.implicitly_wait(5)  # 将隐式等待时间设置为5秒
        self.driver.swipe(417, 837, 410, 542, 2000)  # 滑动操作
        self.driver.implicitly_wait(5)  # 将隐式等待时间设置为5秒
        self.driver.find_element(By.ID,
"com.jd.lib.productdetail.feature:id/pd_style_count_add").click()
        self.driver.implicitly_wait(5)  # 将隐式等待时间设置为5秒
        self.driver.find_element(By.XPATH, "//*[@text='确定']").click()
        self.driver.implicitly_wait(5)  # 将隐式等待时间设置为5秒
        self.driver.find_element(By.ID,
```

```
"com.jd.lib.productdetail.feature:id/goto_shopcar").click()

# 判断当前脚本是否作为主程序运行
if __name__ == "__main__":
    unittest.main()
```

注意事项如下。

（1）setup_method()和teardown_method()方法用于设置和清理测试环境。

（2）test_app()方法中包含了一系列的操作，如点击、输入、滑动等。

（3）使用了WebDriverWait 和 EC 来等待元素可点击。

（4）使用了TouchAction 来执行复杂的触摸操作。

（5）使用了 sleep()方法来等待操作完成，这不是最佳实践，因为 sleep()方法会无条件等待，而不考虑元素是否真的准备好了。更好的做法是使用 WebDriverWait 和 EC 来等待元素状态。